辽宁省计算机基础教育学会规划教材

计算机软件基础

JISUANJI RUANJIAN JICHU

（第五版）

主编　李延珩　朱鸣华

编者　赵　晶　徐　薇　李延珩

　　　刘朝斌　李振业　张　瑾

　　　张丽萍　朱鸣华　闻丽华

大连理工大学出版社

DALIAN UNIVERSITY OF TECHNOLOGY PRESS

图书在版编目(CIP)数据

计算机软件基础/李延珩,朱鸣华主编. —5 版.
大连:大连理工大学出版社,2012.8
ISBN 978-7-5611-1354-7

Ⅰ.计… Ⅱ.①李… ②朱… Ⅲ.软件—高等学校—
教材 Ⅳ.TP31

中国版本图书馆 CIP 数据核字(2001)第 050337 号

大连理工大学出版社出版

地址:大连市软件园路 80 号   邮政编码:116023
发行:0411-84706041   邮购:0411-84706041   传真:0411-84707403
E-mail:dutp@dutp.cn   URL:http://www.dutp.cn
大连力佳印务有限公司印刷   大连理工大学出版社发行

幅面尺寸:185mm×260mm   印张:16.75   字数:310 千字
1998 年 2 月第 1 版   2012 年 8 月第 5 版
2012 年 8 月第 9 次印刷

责任编辑:王影琢   责任校对:达　理
封面设计:宋　蕾

ISBN 978-7-5611-1354-7   定价:32.80 元

前　言

　　计算机的迅速发展和普及促进了各个学科的相互渗透和发展,引起了现代社会人们工作方式、生活方式和思维方式的深刻变化。国家教育部高等学校工科计算机基础教育指导委员会针对非计算机专业的计算机基础教育明确提出了"大学计算机基础"、"计算机程序设计基础"、"计算机软件技术基础"、"计算机硬件技术基础"、"网络技术基础"、"数据库技术基础"六门核心课程的教学模式,本书是针对"计算机软件技术基础"课程的基本要求组织编写的。

　　全书共分5章:第1章数据结构与算法,该章采用C语言描述算法以增强实践性;第2章数据库技术基础,该章在介绍数据库技术与方法的基础上,为便于读者理解和掌握,给出数据库设计实例;第3章操作系统,该章增加了线程、嵌入式操作系统、分布式网络操作系统的介绍;第4章面向对象程序设计,该章在介绍C++程序设计基本方法的基础上,对目前流行的面向对象程序设计语言Java进行简单介绍;第5章软件工程基础,简要介绍软件工程的基本思想和方法。本书可安排36~54学时,其中讲授24~40学时,上机12~14学时,也可根据需要进行取舍,部分内容可安排学生自学。为了方便教学和读者学习,本书配有课件,需要者请与作者联系。

　　本次修订是在作者多年从事非计算机专业教学实践的基础上编写的,具有突出算法的思想性,淡化理论,面向应用及内容新颖等特点。针对近年来在大连理工大学和大连海事大学使用前几版教材的基础,积累多年教学实践,我们对本书内容又进行了补充和修订。

　　本书既可作为非计算机专业本科和研究生的计算机软件技术基础课程的教材,也可作为计算机等级考试的辅导教材、培训教材及广大计算机爱好者的自学用书。

　　本书由赵晶、徐薇、闻丽华(第 1 章),李延珩、张瑾、李振业(第 2 章),李延珩、刘朝斌(第 3 章),张丽萍、闻丽华(第 4 章),朱鸣华(第 5 章)编写。刘日升、刘润斌、曹桂琴教授对全书进行了认真审读并提出了具体的修改意见,还有一些老师为本书的出版和修订做了许多工作,在此一并感谢。

　　由于计算机技术发展迅速,本书内容涉及面广,加之作者水平有限,书中不妥和疏漏之处在所难免,真诚欢迎各位专家和读者批评指正。

编　者

2012 年 8 月

目　录

第1章

数据结构与算法

1.1　概　述

利用计算机进行数据处理是计算机应用的一个重要领域。数据是对客观事物的符号表示,是由大量的数据元素组成的。这些元素之间具有一定的逻辑关系,体现出一定的结构形式。数据需要存放在计算机中,因此数据在计算机内必须被有效地组织和表示,这样才有利于高效率地处理数据和迅速获取数据。也就是说,程序处理的对象是数据,而只有被结构化了的数据才能被有效地处理,这正是"数据结构"的内在含义。

"数据结构"是计算机程序设计的重要理论技术基础,学习这部分内容,可以帮助我们了解数据是如何构造的,以及数据是如何在计算机内表示和操作的,而这些知识对充分发挥计算机的效能,编制高质量的计算机应用程序是必不可少的。

1.1.1　数据结构化对数据处理的重要性

下面通过几个例子来理解必须对数据进行结构化的组织和表示,才能有效地处理数据。

【例 1-1】　在厚厚的一本字典中查一个字并不困难,因为字典中的数据在字典表中(如图 1-1(b))是按照字母递增的顺序排列,同时采用索引表(是一种索引存储结构,如图 1-1(a))与字典表相结合,通过缩小查找范围而实现快速查找。因此,字典中的数据应该按图 1-1 所示的方式进行组织,才能实现对数据处理的要求。

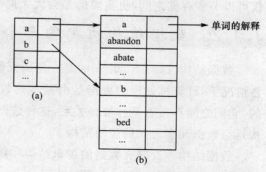

图 1-1　字典数据的组织形式

【例 1-2】　怎样构造城市间的通信网,既可以将所有的城市连接起来,又可以使所花费的代价最小?

对于这个问题,可以建立图形数据结构,如图 1-2(a)所示。其中以图中的圆圈表示城市,边表示连接两个城市间的通信线路,边上的值表示架设相应通信设施的代价。对于这样的图形数据结构,就可以按照构造最小生成树的算法来解决该问题,如图 1-2(b)所示。

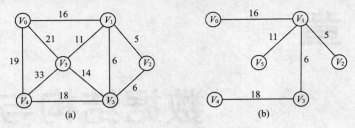

图 1-2　图形数据结构的应用

【例 1-3】　操作系统中的多级文件目录结构也是数据结构的典型例子。图 1-3 所示的文件目录结构在逻辑上是一种树形结构。数据元素是目录名或文件名,用矩形框表示目录,圆圈表示文件。很显然数据元素之间是一种层次连接关系。对这种类型数据的处理首先要解决它的数据的组织方式,即在计算机内部如何表示树形结构的数据。然后才能谈到对数据的操作。对数据的典型操作是找到特定路径下的文件,这就是所谓树的遍历问题。另外我们经常要增加或删除特定路径下的文件,这就是树的插入和删除操作。

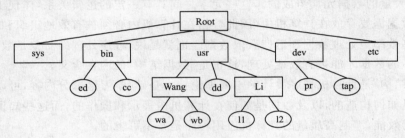

图 1-3　树形数据结构例子

通过上述例子可以了解到,数据结构中除了研究数据的逻辑结构、物理结构之外,还要研究对逻辑结构一定的数据在特定物理存储方式下的各种操作。而数据的有效组织不仅可以节省存储空间,更重要的是会大大提高数据处理的效率。

1.1.2　数据结构研究的三个主要问题

数据结构(Data Structure)是一门研究数据的组织、存储和运算一般方法的学科。通常情况下,计算机处理的数据是由基本的数据元素组成的,而数据元素都不是孤立存在的,它们之间存在着某种逻辑关系,这种数据元素之间的逻辑关系就是结构。通常数据结构是指数据元素之间的逻辑结构。

数据结构涉及研究数据的逻辑结构和物理结构以及它们之间的相互关系,并对这种结构定义相适应的运算。如图 1-4 所示。

1. 数据的逻辑结构

数据的逻辑结构,反映数据元素的逻辑关系。主要有四种基本数据结构:

(1)集合:数据元素之间同属于一个集合,别无其他关系;

(2)线性结构:结构中的元素之间存在一对一的线性关系;

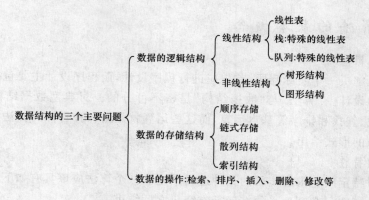

图 1-4 数据结构研究的三个主要问题

(3)树形结构:结构中的元素之间存在着一对多的层次关系;

(4)图形结构或网状结构:结构中的元素之间存在着多对多的任意关系。

图 1-5 给出了这四种基本结构的关系图。

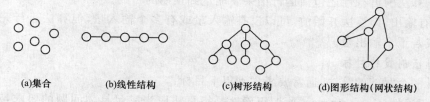

图 1-5 四种基本的数据结构

任何一种数据结构在逻辑上都可以表示为:数据结构 $B = (D, R)$,其中 D 是数据元素的集合;R 是 D 上的关系集合。

如 26 个英文字母表的数据结构可以表示为:

$B = (D, R)$

$D = \{a, b, c, \cdots, z\}$

$R = \{(a, b), (b, c), \cdots, (y, z)\}$

其中 (a, b) 表示在英文字母表中,a 与 b 的逻辑关系是 a 在 b 的前头。字母表中数据元素是一个对应一个的关系,所以是线性结构。

2. 数据的存储结构

数据的存储结构是数据元素在计算机内部的组织方式,即数据在存储空间中采用什么方式存储,也称为数据的物理结构,是数据被结构化的具体体现。通常情况下,一种数据的逻辑结构可以表示成多种存储方式。具体采用什么存储结构,主要从节省存储空间和提高数据处理效率两个方面着手。

3. 数据的操作

数据的操作就是数据的处理。数据的操作是定义在数据的逻辑结构上,但实现起来是在数据的物理结构上。因此数据在计算机内的有效组织将直接影响数据处理的效率。对各种数据结构在特定物理结构下的操作将以算法的形式给出。

1.1.3　算法的基本概念

1. 算法的概念

用计算机解决一个实际问题,首先应进行程序设计,而程序设计主要包括算法的设计和数据结构的设计。"算法"与"数据结构"是密不可分的。对典型数据结构可以进行插入、删除、修改、查找和排序等基本运算,而这些运算就是由各种各样的算法来实现的。算法通常以函数的形式给出。

2. 算法的特性

算法是对特定问题求解步骤的一种逻辑描述。一个算法应该具有如下特性:

(1)有穷性:即一个算法必须在运行有穷步之后结束。

(2)确定性:算法的每一步必须是确切地定义的,不允许出现多义性的解释,即对于相同的输入必须得到相同的结果。

(3)可行性:即算法的每一步都是能够实现的。比如,在算法中就不能出现分母为 0 的情况。算法的可行性还包括运行结果要能达到预期的目的。

(4)有输出:即算法开始前,可以没有输入量或有多个输入量,但算法运行完毕,必须有一个或若干个输出量。

3. 算法的设计目标

设计一个"好"的算法,通常要考虑到以下目标:

(1)正确性(Correctness):所谓正确性是指算法应当满足具体问题的要求,对于一切合法的输入都能产生满足规定说明要求的结果。

(2)易读性(Readability):算法主要是为了人的阅读与交流,所以要求算法要有助于人对算法的理解,以便更好地推广使用,让其充分发挥效用。

(3)健壮性(Robustness):是指当输入非法数据时,算法也能适当地做出反应或进行处理,而不会产生莫明其妙的输出结果,更不会死机和死循环。

(4)效率和存储量需求:所谓效率,指的是运行时间,即对于同规模的问题,哪种算法所用的时间少,哪种算法效率就高。存储量需求,是指解决相同规模的问题,所需的最大存储空间,哪种算法所用的空间少,相对来说就越好。

1.1.4　算法的复杂度

算法的性能评价是对问题规模与该算法在运行时所占用的空间与所耗费的时间给出一个数量关系的评价,用时间复杂度和空间复杂度来度量算法的复杂度。

1. 算法的渐近时间复杂度

算法的渐近时间复杂度不是一个算法运行时间的精确度量,而是用来评估算法的时间增长趋势,只与问题规模有关,应当抛弃具体机器条件,仅考虑算法本身的效率高低。为便于比较解决同一问题的不同算法的性能,通常以算法中基本运算重复运行的频度作为算法的时间度量标准。

算法的基本运算是指对算法运行时间影响最大的运算。通常应选择算法内重复运行次数最多的基本语句,作为算法运行时间量度。一般情况下是最深层循环内的基本语句。

如线性表的查找算法,是把要查找的数据与表中的元素进行比较作为基本运算;两个实数矩阵相乘的算法,是把两个实数相乘作为基本运算。

下面的例子是两个 n 阶矩阵相乘的算法,第6条语句是基本运算语句,其运行次数是 n^3 次。即 $T(n) = n^3$,其中 $T(n)$ 描述的是对于规模是 n 的问题的基本运算的运行次数。

随着问题规模 n 的增大,$T(n)$ 的增长趋势是什么?

我们以两个矩阵相乘的算法为例,由此引出算法时间复杂度的概念:

```
1. for i=1 to n              //n+1 次
2.     for j=1 to n          //n(n+1)次
3.     {
4.         b[i,j]=0;         //n² 次
5.         for k=1 to n      //n²(n+1)次
6.             b[i,j]=b[i,j]+a[i,k]*a[k,j];    //n³次
7.     }
```

设 $T(n)$ 和 $G(n)$ 是定义在正数集上的正函数。如果存在正的常数 C 和自然数 n,使得当 $n \geqslant n_0$ 时有 $T(n) \leqslant CG(n)$,则称函数 $T(n)$ 当 n 充分大时有上界,且 $G(n)$ 是它的一个上界,$G(n)$ 是 $T(n)$ 的同数量级函数。并把 $T(n)$ 表示成数量级的形式为:$T(n) = O(G(n))$。这时也称 $T(n)$ 的阶不高于 $G(n)$ 的阶。

我们把 $O(G(n))$ 称为算法的渐近时间复杂度,渐近时间复杂度反映出 $T(n)$ 变化所呈现的趋势,$G(n)$ 是算法的时间增长率的上界。

针对矩阵相乘的算法,$T(n) = n^3$,则有 $T(n) \leqslant 2n^3$(当 $n \geqslant 1$ 时),所以 $T(n) = O(n^3)$。即矩阵相乘算法的时间复杂度反映出算法的运行时间与问题规模 n 的三次方同阶。一般情况下,随着 n 的增大,$T(n)$ 增长较慢的算法为最优算法。

不同算法在基本操作重复运行的频度不同时,时间复杂度有可能相同,如 $T(n) = n^2 + 3n + 4$ 与 $T(n) = 4n^2 + 2n + 1$,它们的基本运算次数不同,但时间复杂度都是 $O(n^2)$。

常见的时间复杂度有常数时间复杂度 $O(1)$、多项式时间复杂度 $O(n)$、$O(n^2)$、$O(n^3)$、对数时间复杂度 $O(\log_2 n)$ 及指数时间复杂度 $O(2^n)$、$O(3^n)$ 等。

2. 空间复杂度

算法的空间复杂度是指算法中所需的辅助空间单元,并不包括原始输入数据所占的单元,因为它们只与问题本身有关,而与算法无关。上述例子中的辅助空间为变量 i, j, k。因为它们与问题的规模 n 无关,所以上述算法的空间复杂度 $S(n) = O(1)$。

1.2 线性表

1.2.1 线性表的基本概念

线性表(Linear List)是最常用且最简单的一种数据结构,它和后面要讲到的栈及队列都属于线性结构,这种结构的特点是,在数据元素的非空有限集中,数据元素都是相同的数据类型,除第一个和最后一个元素外,其他数据元素有且仅有一个前趋元素和一个后

继元素,第一个元素无前趋,最后一个元素无后继。在线性表中,数据元素之间是一个对应一个的线性关系,数据元素在线性表中的逻辑位置只取决于它们自己的序号。

　　简单地说,线性表是 n 个数据元素的有限序列。如:$(a_1,a_2,\cdots,a_i,\cdots,a_n)$,其中表中元素的个数 $n(n \geqslant 0)$ 称为表的长度,$n = 0$ 时称为空表。如用 26 个英文字母组成的线性表为(A,B,C,$\cdots$,Z),由一组有意义的数字组成的线性表为(23,45,78,110,134)。

　　线性表是一个相当灵活的数据结构,它的长度可根据需要增长或缩短,即对线性表的元素不仅可以进行访问,还可以进行插入和删除等操作。

　　对线性表进行的基本操作主要有如下几种:

　　(1)初始化:设定一个空的线性表。

　　(2)求长度:求出表中有多少个元素。

　　(3)取元素:求出表中某位置的元素。

　　(4)修改:修改表中给定元素的值。

　　(5)前插:在指定位置的元素之前插入一个元素,插入后表中长度加 1。

　　(6)删除:删除指定位置的元素,删除后表中长度减 1。

　　(7)检索:找出表中给定特征的数据元素。

　　(8)排序:按给定要求对表中元素重新排序。

1.2.2　线性表的存储结构及其运算

1.线性表的顺序存储结构

　　线性表的顺序存储结构就是把线性表中的数据元素按照逻辑顺序依次存放到一组连续的存储单元中。存储单元是由一定大小的字节构成的,每个数据元素对应一个存储单元。由于线性表中数据元素类型一致,所以每个数据元素所占的存储单元的大小是一样的。

　　假定这组连续存储单元的首地址为 b,每个数据元素所占的字节个数都为 m,即每个单元由 m 个字节组成,这组连续的内存空间是由 $maxlen$ 个单元构成,表中元素为 n 个,那么线性表的顺序存储结构如图 1-6 所示。通常把首地址又叫做起始位置或基地址。我们称具有顺序存储结构的线性表为顺序表。

　　由上所述,很容易得到线性表的第 i 个元素 a_i 的存储地址为:

$$\text{LOC}(a_i) = \text{LOC}(a_1) + (i-1) * m$$

　　所以顺序表适用于快速频繁存取数据元素的操作。

　　顺序存储结构也称为向量式存储结构,可用高级语言中的一维数组来描述。通常情况下,开辟的数组大小要考虑具体的问题要求,因为向量式的存储结构是静态分配的,是不能在程序运行时动态扩展存储空间的。若问题中数据元素的个数事先无法确定,特别是存在对线性表的插入操作,数组的大小就应按最大的规模定义,以满足追加空间的要求。这也带来了风险:预留空间过多,可能造成存储空间的浪费;预留空间不够,导致插入操作失败。

　　C 语言中定义一定大小的一维数组的方法为:

　　#define M 100 /* 定义 M 为常数 100,M 的值作为数组的最大容量 */

int V[M]；/ * V 是数组的名字,假设数组元素是整型类型 * /

线性表中的数据元素在一维数组中的存储方式如图 1-7 所示。

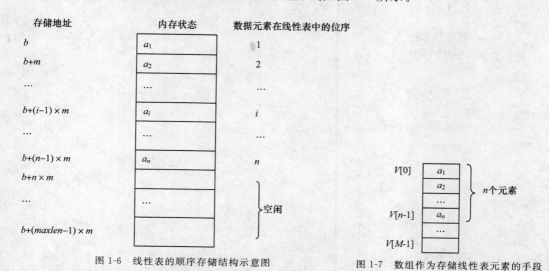

图 1-6　线性表的顺序存储结构示意图　　　　图 1-7　数组作为存储线性表元素的手段

2. 顺序表插入和删除运算

(1)顺序表插入运算

在顺序存储结构中,线性表的插入操作是指在线性表的第 i 个数据元素之前插入一个新的数据元素,首先从最后一个元素开始,直到第 i 个元素(共 $n-i+1$ 个元素)依次向后移动一个位置,把要插入的元素插入到空出的位置处,结果使长度为 n 的线性表(a_1, a_2,…,a_{i-1},a_i,…,a_n)变成长度为 $n+1$ 的线性表(a_1,a_2,…,a_{i-1},x,a_i,…,a_n)。合理的插入位置是:a_1 之前、a_n 之后、a_1 到 a_n 之间,即 $1 \leqslant i \leqslant n+1$。

(2)顺序表删除运算

在顺序存储结构中,线性表的删除操作是指删除线性表中第 i 个元素,则需从第 $i+1$ 个元素开始,直到最后一个元素(共 $n-i$ 个元素)依次向前移动一个位置。线性表的删除操作是使长度为 n 的线性表(a_1,a_2,…,a_{i-1},a_i,a_{i+1},…,a_n)变成长度为 $n-1$ 的线性表(a_1,a_2,…,a_{i-1},a_{i+1},…,a_n)。删除结束后,线性表的长度减 1。合理的删除位置是 $1 \leqslant i \leqslant n$。

(3)顺序表插入和删除运算的效率

在顺序表的表头前插入一个元素,需要移动表中所有的元素,若删除表头元素,也需要移动所有的元素。在平均情况下,在顺序表插入或删除一个元素,几乎表中一半的元素需要移动,因此在顺序表中插入或删除一个元素的效率是很低的,特别是在顺序表很长的情况下尤其突出。

(4)顺序表插入操作的算法

```
int insq(int i, int x, int V[ ], int M, int * p)
{
        / * M 是存储空间大小,p 是指针变量,指向存储了表长的变量 * /
        int n,j;
```

```
        n= * p; /* 获取表长 */
        if(n==M)
        {
            printf("overflow \n");
            return(0);
        }
        if((i<1)||(i>n+1))
        {
            printf("i is error \n");
            return(0);
        }
        else
        {
            for(j=n; j>=i; j——)
                V[j]=V[j-1];
            V[j]=x;
            * p=++n; /* 表长加 1,由 p 返回到函数调用处 */
            return(1);
        }
}
```

【例 1-4】 下面是一个实现上述算法的完整程序。

```
int insq(int i, int x, int V[ ], int M, int * p)
{
    /* 函数定义见"顺序表插入操作的算法" */
}
void main( )
{
    int M=10,n=4; /* M 是数组的大小,n 是表中元素个数,即表长 */
    int result,k;
    int V[10]={3,5,7,10};
    result=insq(2,4,V,M,&n);/* 函数调用,在第 2 个元素前插入 4 这个新元素 */
    if(result==1)
    {
        printf("SUCCESS ! \n");
        for(k=0;k<n;k++) printf("%d ",V[k]);
    }
    else printf("FAILURE!");
}
```

程序运行结果:

SUCCESS !

3 4 5 7 10

(5)顺序表删除操作的算法

```
int delsq(int i, int V[ ], int * p)
{
    / * 在顺序表中删除第 i 个元素 * /
    int n,j;
    n= * p;
    if((i<1)||(i>n))
    {
        printf("This element is not in the list \n");
        return(0);
    }
    else
    {
        for(j=i;j<n;j++)
            V[j-1]=V[j];
        * p= --n;
        return(1);
    }
}
```

3. 线性表顺序存储结构的优缺点

线性表中各数据元素在存储空间中是按逻辑顺序依次存放的。顺序存储结构便于随机存取表中的任一个数据元素,适用于需要频繁查找操作的线性表。但插入和删除操作需要移动将近一半的元素,尤其当线性表很大时,移动元素导致插入和删除操作效率很低。

另外,顺序存储结构是静态分配的,无法实现动态分配和扩展存储空间。当表中元素是动态变化时,需留出足够空间,这很可能造成浪费,若空间不够会造成线性表的上溢,导致对线性表的操作失败。

4. 线性表的链式存储结构

若线性表的总数基本稳定,且很少进行插入和删除,但需要频繁查找操作时,采用顺序存储结构非常方便。但在很多情况下,线性表是动态的,且需要大量的插入或删除操作,就不宜采用顺序存储结构了。

例如旅店服务系统的旅客信息管理问题,客流量是动态的,来客人时需把客人信息插入到旅客表中,客人退房时,需把客人信息从旅客表中删除。对这样的问题应采用下面介绍的链式存储结构。

每个数据元素对应内存一个存储空间,叫存储结点,简称结点。如图 1-8 所示。

| 数据域 | 指针域 |

图 1-8　存储结点示意图

结点可以由两个部分构成,如存放数据的数据域和存放指针的指针域。其中指针域是存放逻辑上相邻的下一个数据元素的物理地址。当然结点也可以是由多个部分组成的。

　　线性表的链式存储结构的含义是指,逻辑上相邻的数据元素在内存中的物理存储空间不一定相邻。例如,线性表为{a,b,c,d},则把它们以链式存储结构存储,所对应的存储空间可能如图1-9所示。

物理地址	存储内容	物理地址
1345	a	1400
1346	d	∧
…		…
1400	b	1536
…		…
1536	c	1346

图 1-9　链式存储结构示意图

　　线性表的链式存储结构可以形象地表示成链表,如图1-10所示。链表中的每个结点包含数据域和指针域两部分,数据域存放线性表的一个元素,指针域存放其后继结点的地址,最后一个结点的指针为空指针(用 ∧ 表示)。具有链式存储结构的线性表也称为线性链表或单链表。不带头结点的线性链表的逻辑状态如图1-10所示,头指针变量 L 指向链表中的第一个结点。

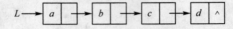

图 1-10　不带头结点的线性链表的逻辑示意图

　　带头结点的线性链表的逻辑状态如图1-11所示,头指针变量 L 指向链表中的头结点,头结点的指针域指向链表中的第一个结点。头结点的数据域可以根据需要存放有关信息。

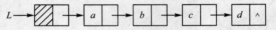

图 1-11　带头结点的线性链表的逻辑示意图

5. 链式存储结构的分配方式

　　线性表的存储空间可以在程序运行期间动态分配,因此在表长不确定时采用链式存储结构较好。如需要往线性表中插入一个数据元素,只需动态地申请一个存储结点,存放有关信息,并把新申请的结点插入到链表的适当位置上。删除一个结点意味着结点将被系统回收,增加到可利用空间的管理区。

　　在 C 语言中,malloc 函数用来动态申请结点,free 函数用来动态回收结点。

6. 线性链表的基本运算

　　链表的一个重要特点是插入、删除运算灵活方便,不需要移动结点,只要改变结点中指针域的值即可,因此提高了插入和删除运算的效率。链表的查找只能从头指针开始顺序查找,查找时间复杂度 为 $O(n)$。

　　(1)建立链表

　　建立链表的程序采用动态申请结点的方法,从键盘上输入结点的数据,当学号输入为零时将结束链表的建立。下面的例子显示如何建立学生成绩链表。

　　【例 1-5】　建立学生成绩链表。

```c
# include "stdio. h"
# include "malloc. h"
typedef struct student /* 定义链表中的结点类型 */
{
    int num;
    float score;
```

```
        struct student * link;
    }stu;
    stu * creat ( )
    {
        stu * head;
        stu * p1,* p2;
        int n=0;
        p1=p2=(stu * )malloc(sizeof(stu));
        printf("input number, score:");
        scanf("%d,%f",&p1->num,&p1->score);
        head=NULL;
        while(p1->num! =0)
        {
            n=n+1;
            if(n= =1) head=p1;
            else p2->link=p1;
            p2=p1;
            p1=(stu * )malloc(sizeof(stu));
            scanf("%d,%f",&p1->num,&p1->score);
        }
        p2->link=NULL;
        return(head);
    }
```

(2)线性链表的插入操作

假设单链表结点类型定义如下：

```
typedef struct node
{
    int data;
    struct node * link;
}JD;
```

要在单链表中的两个数据元素 a 和 b 之间插入一个数据元素 x，首先将指针 p 指向结点 a，然后生成一个新结点，使其数据域为 x，令结点 a 中的指针域指向新结点 x，x 的指针域则指向结点 b，即完成插入操作。插入结点时指针变化状况如图 1-12 所示。

```
void lbcr(JD * p, int x)
{    / * 在指针变量 p 所指向的结点之后插入新结点 * /
    JD * s；/ * 定义指向结点类型的指针 * /
    s=(JD * )malloc(sizeof(JD))；/ * 申请新结点,其地址存到指针变量 s 中 * /
    s->data=x;
    s->link=p->link；/ * 修改 s 结点指针域 * /
    p->link=s；/ * 修改 p 结点指针域 * /
}
```

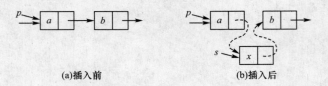

(a)插入前　　　　　　　　　(b)插入后

图 1-12　线性链表的插入操作示意图

（3）线性链表的删除操作

在如图 1-13 所示的单链表中删除结点 b 的操作，只需将结点 a 的指针域指向结点 c即可。

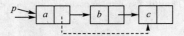

图 1-13　在单链表中删除结点时指针变化示意图

```
void lbsc(JD * p)
{
    JD * q;
    if(p->link! =NULL)
    {
        q=p->link; / * q 将指向 p 的后继结点 * /
        p->link=q->link; / * 修改 p 结点的指针域 * /
        free(q); / * 回收删除的结点 * /
    }
} / * 删除 p 结点的直接后继结点 * /
```

（4）线性链表的查找操作

设无表头结点的线性链表头指针为 h，沿着链表的开始结点往后找结点 x，若找到，则返回该结点在链表中的位置，否则返回空地址。

```
JD * lbcz(JD * h, int x)
{
    JD * p;
    p=h;
    while(p! =NULL && p->data! =x)
        p=p->link;
    return(p);
}
```

单链表中最后一个结点的指针域为空，如果将这个空指针改为指向头结点，整个链表就形成一个环。这种首尾相接的链表称为循环链表（Circular Linked List）。在循环链表中，从任一结点出发均可找到表中其他结点。循环链表的操作和线性链表基本一致。图1-14 所示为一个循环单链表。

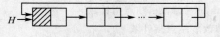

图 1-14　循环单链表示意图

7. 链式存储结构的优缺点

在链式存储结构中,由于逻辑上相邻的数据元素在物理存储上不必邻接,使得插入和删除操作灵活方便,不必移动结点,只要改变结点中的指针即可,插入和删除操作的效率较高。

但查找操作只能从头指针开始顺序查找,不适用于有大量频繁查找操作的表。

链式存储结构可以实现动态分配和扩展存储空间,当表是动态的时候,最好使用线性链表。

1.3 栈和队列

栈和队列是两种特殊的线性表,它们是运算要受到某些限制的线性表,因此也称为限定性的数据结构。栈和队列广泛应用在各种程序设计问题中。本节我们将要讨论栈和队列的定义、实现方法及其应用。

1.3.1 栈的概念

栈(Stack)是限定只能在表的一端进行插入和删除的线性表,允许插入和删除的一端叫栈顶(Top),不允许插入和删除的一端叫栈底(Bottom)。正因为只能在一端进行,因此后进入的元素只能先退出,所以这种结构也叫"后进先出"表,或"先进后出"表。

设栈 $s = (a_1, a_2, \cdots, a_{i-1}, a_i, \cdots, a_n)$,其中 a_1 是栈底元素,a_n 为栈顶元素,其原理示意图如图 1-15 所示。

通常对栈进行的运算有:设置一个空栈;插入一个新的栈顶元素(称为入栈);删除栈顶元素(称为出栈);读取栈顶元素。

凡是对数据的处理具有"后进先出"的特点,都可以用栈来操作。在生活中也有很多具有栈特性的例子:子弹夹可看成栈的结构,最后压入的子弹最先射出,而最先压入的子弹最后射出。

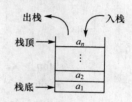

图 1-15 栈的示意图

1.3.2 栈的存储结构及其运算

1. 顺序栈

和线性表一样,栈也有顺序存储结构和链式存储结构两种表示方法。用顺序存储结构表示的栈称为顺序栈。

顺序栈利用一组连续的存储单元存放自栈底到栈顶的数据元素,通常可用一维数组设计栈。设置一个简单变量 top 指示栈顶位置,top 称为栈顶指针。我们约定 top 始终指向新数据元素将存放的位置。顺序栈的入栈和出栈示意图如图 1-16 所示。

top=0,表示栈空;top=stacksize,表示栈满,其中 stacksize 是栈的最大容量。当栈满时,若还有元素要入栈,栈将溢出,称为"上溢";反之,若 top=0,还要出栈,称为"下溢"。无论上溢还是下溢,程序中都要显示信息,以便处理。

设数组 s 是一个顺序栈,栈的最大容量 stacksize=5,初始状态 top=0。

下面分别给出在栈 s 中实现入栈和出栈的算法。

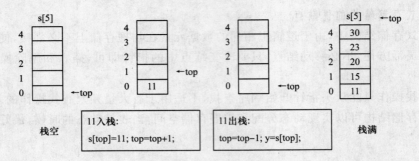

图 1-16　顺序栈的入栈和出栈示意图

入栈算法 push：

```
# define stacksize 100 / * 定义 stacksize 为常数 100 * /
int push(int s[ ], int x, int * ptop)
{
    int top;
    top= * ptop; / * 获得栈顶位置 * /
    if(top==stacksize)
    {
        printf("over flow");
        return(0);
    }
    else
    {
        s[top]=x;
        * ptop=++top; / * 栈顶指针加 1,返回新的栈顶位置 * /
        return(1);
    }
}
```

【例 1-6】　下面定义主函数,调用 push 函数。

```
void main( )
{
    static int s[100];
    int top=0,result;
    result=push(s,11,&top);
    if(result==1)
    {
        printf("SUCCESS! \n");
        printf("top=%d",top);
    }
    else printf("FAILURE!");
}
```

出栈算法 pop：

```
int pop(int s[ ], int * ptop, int * py)
{
    int top;
    top= * ptop;
    if(top==0)
    {
        printf("stack empty");
        return(0);
    }
    else
    {
        ——top;
        * py=s[top]; / * 返回栈顶元素 * /
        * ptop=top; / * 返回实际栈顶指针 * /
        return(1);
    }
}
```

【例 1-7】　下面定义主函数,调用 pop 函数。

```
void main( )
{
    static int s[20]={10,20,30};
    int top=3,result,y;
    result=pop(s,&top,&y);
    if(result==1)
    {
        printf("SUCCESS! \n");
        printf("top=%d,y=%d",top,y);
    }
    else printf("FAILURE!");
}
```

运行结果:

SUCCESS!

top=2,y=30

2. 链栈

栈的最大容量事先无法确定时,可以采用链式存储结构,即使用链表创建栈。如图 1-17 所示。链栈不易出现上溢,除非系统无可利用结点。

（1）使用链表来创建栈

```
# include <stdlib. h>
typedef struct stack_node
{
```

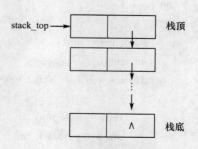

图 1-17　链栈示意图

```
    int data;
    struct stack_node * next;
}stack_list;
stack_list *  stack_top＝NULL;
```

stack_top 是一个指向栈链表顶端的结构指针,该指针的初始值是 NULL,表示目前的栈链表是空的。

(2)链栈的插入操作

下面给出插入新结点到栈链表的操作,函数 push( )的操作可以分为如下三个步骤:

①创建一个新结点后,存入要存放的数据。

②将新结点的指针指向原来栈指针所指的结点。

③新结点指针成为栈顶端的指针。

```
int push(int value)
{
    stack_list *  new_node＝NULL; / * 新结点指针 * /
    new_node＝(stack_list * ) malloc(sizeof(stack_list)); / * 分配结点内存 * /
    if(!  new_node)
    {
        printf("内存分配失败! /n")
        return  -1;
    }
    new_node->data＝value;
    new_node->next＝stack_top;
    stack_top＝new_node;
}
```

(3)链栈的数据取出操作

链栈的数据取出操作可以分为如下三个步骤:

①将栈指针指向下一个结点。

②取出原来栈指针所指结点的内容。

③释放原来栈指针所指结点的内存。

```
int pop( )
{
    stack_list *  top1;
    int temp;
    if(stack_top !  ＝NULL) / * 栈是否是空的 * /
    {
        top1＝stack_top;
        stack_top＝stack_top->next;
        temp＝top1->data;
        free(top1);
        return temp;
```

```
            }
        else
            return -1;
    }
```

1.3.3 栈的应用

由于栈的后进先出的运算原则,人们常常利用栈的记忆作用,帮助求解"回溯"一类的问题。如走迷宫问题,其求解过程是采用试错法,当某一路径受阻时,需要逆序退回,重新选择新路径,这样必须用栈记下曾经到达的每一状态,栈顶状态即是回退的第一站。另一类问题诸如子程序嵌套调用、中断处理等,当程序的流程准备转向别处运行时,为了保证程序将来能够正常返回,需利用栈记住断点的地址及有关信息。

1. 子程序的嵌套调用

子程序的调用与返回处理是利用栈来完成的。当程序的流程转向运行子程序前,必须将返回地址(即下一条指令的地址)和有关信息保留起来,当子过程运行完毕返回时,要从栈中获得返回地址,并恢复相关信息,以便从此返回地址处继续运行。

为简化子程序的嵌套调用原理,我们只在栈中保留断点处的返回地址,用语句标号表示,其示意图如图 1-18 所示。栈中还应保留的其他信息主要是子程序的形参,子程序的局部变量,调用程序的当前状态。

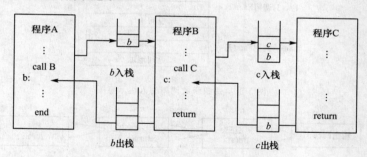

图 1-18 子程序的多重嵌套调用原理示意图

2. 递归调用

栈还有一个重要应用是在程序设计语言中实现递归问题。递归是解决复杂问题的一个方法,比如 n 的阶乘可以分解成求 $n-1$ 的阶乘,即 $n!=n*(n-1)!$,而 $n-1$ 的阶乘又可以进一步分解成求 $n-2$ 的阶乘,这样逐层分解下去,直到达到不需要再分解的最简单的情况,如 $1!=1$,此时可以沿着原来分解的逆过程逐步综合,直到解决原始问题。如果分解的小问题与原始问题有相同的结构,我们称原始问题是可以用递归方式解决的。如图 1-19 所示。

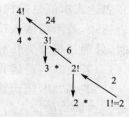

图 1-19 递归求解 4! 示意图

为了记住每次分解的状态和将来回去的地方,需要靠栈来实现。计算机解决递归问题是通过递归函数的调用实现的。递归函数简单地说就是在该函数的定义中出现了调用自己的情况。

每当调用一次递归函数时,必须在栈顶为被调用函数的形参、局部变量和被调用函数返回的地址分配工作单元,用来存放当前被调用函数正确运行的必备信息。每次返回时,从栈顶找到返回地址,并释放本次调用所分配的栈内工作单元。

例如,在数学上,阶乘函数的递归定义为

$fact(n)=1$ $(n=1)$

$fact(n)=n*fact(n-1)$ $(n>1)$

阶乘递归函数的算法描述如下:

```
long fact(int n)
{
    long s;
    if(n==1) s=1;
    else s=n*fact(n-1);
    return(s);
}
```

图 1-20 和图 1-21 是主函数调用递归函数 fact(3)的入栈和运行过程示意图。

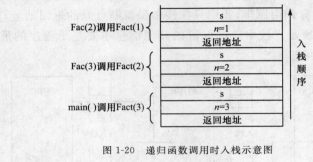

图 1-20   递归函数调用时入栈示意图

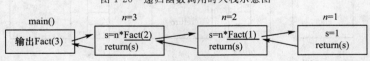

图 1-21   递归函数调用过程示意图

3.表达式求值

表达式求值也是栈应用的一个典型例子。计算机求解表达式的过程是:从左到右扫描表达式,若当前读入符号是操作数时,把操作数送进操作数栈;若当前读入符号是运算符时,处理过程分为几种情况:

(1)若是"(",进运算符栈,继续扫描表达式中的下一个符号。

(2)若是")",当运算符栈顶元素是"("时,则弹出栈顶元素,继续扫描表达式中的下一个符号。否则当前读入符号暂不处理,从操作数栈弹出两个操作数,从运算符栈弹出一个运算符,生成运算指令,把产生的运算结果送进操作数栈,继续处理当前读入符号。

(3)若当前读入符号是";",且运算符栈顶元素也是";"时,表达式求解结束,从操作数栈弹出表达式运算结果。否则从操作数栈弹出两个操作数,从运算符栈弹出一个运算符,生成运算指令,把产生的运算结果送进操作数栈,继续处理当前读入符号。

（4）若不是前面的三种情况，则把它与运算符栈顶元素的优先级作比较，若大于栈顶元素则进运算符栈，继续扫描下一个符号。否则从操作数栈弹出两个操作数，从运算符栈弹出一个运算符，生成运算指令，把产生的运算结果送进操作数栈，继续处理当前读入符号。

运算符优先级由高到低是：$*$ $/$ $+$ $-$（ ）；

图 1-22 是求表达式"$(A+B)*5+D$;"的过程。初始状态时，操作数栈为空，而把"；"号先放到运算符栈内。

图 1-22　求表达式"$(A+B)*5+D$;"的过程示意图

4. 地图四色问题

地图上的行政区可以采用最多四种颜色着色，且使相邻行政区颜色不同。这是计算机科学中证明过的著名"四色"定理。现在利用回溯算法对一幅给定地图着色。设给定地图有 7 个行政区，用编号 1～7 表示，有 a、b、c、d 四种颜色，如图 1-23 所示。

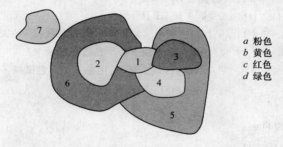

a 粉色
b 黄色
c 红色
d 绿色

图 1-23　地图上的行政区用四种颜色着色的示意图

算法的基本思想：从 1～7 号行政区开始逐个着色，对每一区域分别用 a、b、c、d 四种颜色逐个试探，若选中的颜色使得该区域与周围相邻的其他已着色的区域都不重色，则用栈记住该区域的颜色，否则用下一个颜色继续试探；若 4 种颜色都不符合要求，说明前面已着色区域所选的颜色存在问题，需出栈回溯，修改已着色区域的颜色。

设 n 代表行政区个数。该算法用二维数组 $R[n][n]$ 表示行政区是否相邻，若 i 区与 j 区相邻，则 $R[i][j]=1$，否则 $R[i][j]=0$，如图 1-24 所示。设一维数组 $S[n]$ 表示栈，用来记录每个行政区当前已着的颜色。针对本实例栈的变化如图 1-25 所示。

本算法用类 C 语言描述，并假设数组下标从 1 开始。

```
void mapcolor(char S[ ], int R[ ][ ], int n) /* 地图四色回溯算法 */
{
    char j; /* j 代表颜色 */
    int i; /* i 代表行政区号 */
    S[1]='a'; /* 1 号区域着 a 色 */
    i=2; j='a'; /* 栈顶指针指示准备着色区域 */
```

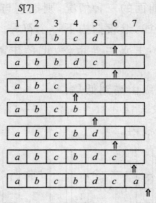

图 1-24　存储地图行政区相邻情况　　图 1-25　记住地图着色情况的栈

```
while(i<=n) /* 逐个区域试探 */
{
    while((j<='d')&&(i≤n)) /* 逐个颜色试探 */
    {
        k=1; /* k代表已着色的区域号 */
        while(k<i)&&(S[k]*R[i,k]! =j)
            k=k+1; /* 判断已着色区域 k 与准备着色区域 i 的关系:若不相邻,或相邻但
                    颜色不重,则判断下一个已着色区域 */
        if(k<i) j=j+1; /* 相邻区域重色时,用下一个颜色试探 */
        else
        {
            S[i]=j;
            i=i+1;
            j='a';
        } /* 若与相邻已着色区域都不重色,入栈记下当前颜色,继续对下一个区域从 a 色
          开始试探 */
    }
    if(j>'d')
    {
        i=i-1;
        j=S[i]+1;
    } /* 改变栈顶已着色区域的颜色 */
}
```

1.3.4　队列的概念

　　队列(Queue)也是线性表的一种特殊形式,是一种应用很广的数据结构。它是限定只能在表的一端进行插入,在表的另一端进行删除的线性表。这如同生活中排队购物一般,从一端进队,从另一端出队。所以这种结构称为先进先出表。

设队列 $q=(a_1,a_2,a_3,\cdots,a_n)$ 中，a_1 是允许删除的一端，称为队头（Front），a_n 是允许插入的一端，称为队尾（Rear），图 1-26 给出了队列的示意图。

队列的主要运算有：

（1）设置一个空队列；

（2）插入一个新的队尾元素，称为进队；

（3）删除队头元素，称为出队；

（4）读取队头元素。

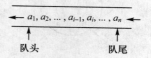

图 1-26　队列的示意图

1.3.5　队列的存储结构及其运算

1. 顺序存储结构

和栈一样，用顺序结构表示队列是一种简单的方法，在高级语言中通常用一维数组实现，其中 MAX 表示队列允许的最大容量，在队列的两端设置两个整型变量作指针，其中 front 为头指针，rear 为尾指针。在初始化建空队列时，令 rear＝front＝－1，当有新元素进队时，若队列非满，尾指针加 1；当有元素出队时，若队列非空，头指针加 1。因此，在非空队列中，头指针始终指向队头元素前一个位置，而尾指针始终指向队尾元素的位置（如图 1-27 所示）。

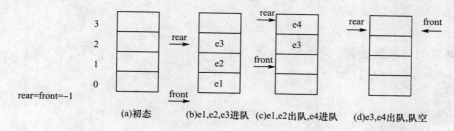

图 1-27　队列的顺序存储结构

线性队列队满的条件：rear＋1＝MAX；线性队列队空的条件：rear＝front。

假设当前为队列分配的最大空间为 4，当队列处于图 1-27（c）所示的状态时，即 rear＋1＝4 时队满，此时不能继续向队列中插入新元素了，但实际上队列可用空间并没有满，这是一种假溢出现象，解决这个问题的一个巧妙的办法是，将队列头尾相连形成一个环，这种头尾相接的队列称为循环队列，如图 1-28 所示。

参看图 1-29，若把循环队列的全部空间占满，会有 rear＝front，这与循环队列为空时的条件 rear＝front 相同。为了在实际应用中区别队空与队满，通常采用的处理方法是：如果队尾指针加 1 后等于队头指针即为队满，这样在循环队满时实际队列中只有 m－1 个元素，即少用了一个元素空间。

判别队满的关系式：（rear＋1）％ MAX＝front。其中 ％ 为取余数运算符，目的是正确计算出指针加 1 后的新位置。比如当指针位置处于 MAX－1 时，下一个位置应为"0"，而不是 MAX。

设 Q[MAX] 表示循环队列，循环队列进队算法：

图 1-28 循环队列示意图   图 1-29 循环队列中进队和出队时的指针变换过程

```
int EnQueue(int Q[ ], int x, int * pf, int * pr)
{
    int front, rear;
    front= * pf; rear= * pr;
    if((rear+1)%MAX==front) return(0);
    else
    {
        rear=(rear+1)%MAX;
        Q[rear]=x;
        * pr=rear;
        return(1);
    }
}
```

循环队列出队算法:

```
int DeQueue(int Q[ ], int * py, int * pf, int * pr)
{
    int front, rear;
    front= * pf;
    rear= * pr;
    if(rear==front) return(0);
    else
    {
        front=(front+1)%MAX;
        * py=Q[front];
        * pf=front;
        return(1);
    }
}
```

2. 链式存储结构

当队的容量无法预先估计时,可以采用链表作存储结构,
称链队列,在链表中可以附设头结点,头指针 front 始终指向头
结点,尾指针指向队尾结点,当 rear=front 时表示队空。其示
意图如图 1-30 所示。

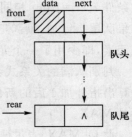

图 1-30 链队列示意图

1.3.6 队列的应用

在计算机操作系统中，队列技术得到广泛应用。比如分时系统中，多个用户程序排成队列，分时地循环使用 CPU 和主机；当队头的用户在给定的时间片内未完成工作，它就要放弃使用 CPU，而从队列中撤出，重新排到队尾，等待下一轮的分配。分时系统工作示意图如图 1-31 所示。

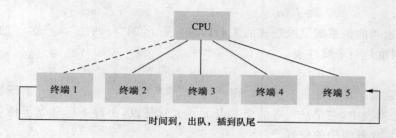

图 1-31 分时系统工作示意图

在操作系统中，输入输出缓冲区结构是队列机制作为中间传递信息手段的很好例子。当计算机对外设进行输出时，会遇到高速主机和低速外设的矛盾。比如计算机处理一批数据，并在打印机上输出。计算机处理单个数据的速度是 4 ms，而打印机打印单个处理好的数据需 15 ms。显然如果 CPU 每处理完一个数据，需等待一定的打印时间才去处理下一个数据的话，效率是极其低下的。通常的解决办法是，在内存中开辟一个缓冲区，主机每处理完一个数据，就送到缓冲区，而不需要等待外设。送到缓冲区的数据按时间顺序形成循环队列，打印机只需从缓冲区中依次取出数据打印。其工作原理示意图如图1-32 所示。

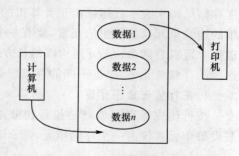

图 1-32 以循环队列设计输入输出缓冲区

1.4 数 组

前面我们讲述的三种线性数据结构（线性表、栈和队列）中的元素都是非结构的原子类型（Atomic Data Type），即其元素值是不可分解的。本节我们要讨论的数组结构类型则可看做是线性表的推广，数据元素仍然是一个数据结构的线性表。数组广泛应用于各种高级语言中，是我们比较熟悉的一种数据类型。

1.4.1 数组的定义

由于多维数组在实际应用中用得不多，我们在这里主要讨论二维数组。数学中的矩阵，管理中的一些报表都是二维数组，它们中的所有元素构成横成行、竖成列的矩阵表。例如一个 m 行 n 列的数组可以表示为如图 1-33 所示。

$$\begin{bmatrix} a_{11} & a_{12} & \cdots & a_{1n} \\ a_{21} & a_{22} & \cdots & a_{2n} \\ \cdots & \cdots & \cdots & \cdots \\ a_{m1} & a_{m2} & \cdots & a_{mn} \end{bmatrix}$$

图 1-33　m 行 n 列的数组

从逻辑结构上看，二维数组含有 $m \times n$ 个元素，每个元素都受行和列两个关系的约束。也就是说，二维数组中的每一行都是一个线性表：

$$a_i = (a_{i1}, a_{i2}, \cdots, a_{in}) \qquad (1 \leqslant i \leqslant m)$$

同行元素间的关系满足线性表的关系，即 a_{i1} 是 a_{i2} 的"行前趋"，a_{i2} 是 a_{i1} 的"行后继"。同样，每一列也是一个线性表：

$$a_j = (a_{1j}, a_{2j}, \cdots, a_{mj}) \qquad (1 \leqslant j \leqslant n)$$

列内元素也满足线性表的关系。因此，在二维数组中每一个数据元素既在一个行表中，又在一个列表中，它是在两者的交叉点上。也就是说，由行下标和列下标可以确定出这个数组元素在数组中的位置。

数组的运算主要是存取或修改相应的数组元素，一般不对数组作插入或删除运算。

1.4.2　数组的顺序存储结构

由于在数组建立之后，其元素个数和元素之间的关系不再发生变动，所以通常采用顺序存储结构来表示数组。由于计算机的存储单元是一维结构，而数组是多维结构，要用一维的连续单元存放数组的元素，就有一个存放次序的约定问题，例如一个 $m \times n$ 的数组在逻辑上可以看做由 m 行 n 列构成的长方矩阵，但在计算机内只能将它存放在 $m \times n$ 个地址连续的存储单元中，根据不同的存放形式可以按行优先顺序和按列优先顺序存放。

1. 按行优先顺序存放

按行优先顺序存放就是按行切分，将数组 A_{mn} 以行为主序存放，如图 1-34（a）所示。假设每个元素仅占一个存储单元，那么元素 a_{ij} 的存储地址可以通过下面的关系式计算：

$$\text{LOC}(a_{ij}) = \text{LOC}(a_{11}) + (i-1) * n + (j-1) \qquad (1 \leqslant i \leqslant m, 1 \leqslant j \leqslant n)$$

2. 按列优先顺序存放

如果数组按列切分，就得到按列优先顺序存放方式，将数组 A_{mn} 以列为主序存放如图 1-34（b）所示。

元素 a_{ij} 的地址计算公式为

$$\text{LOC}(a_{ij}) = \text{LOC}(a_{11}) + (j-1) * m + (i-1) \qquad (l \leqslant i \leqslant m, 1 \leqslant j \leqslant n)$$

对于数组，一旦规定了它的大小，便可为它分配存储空间，同时只要给出第一个元素的地址便可求得其余数组元素的存储位置。与顺序存储线性表相似，数组元素的存储位置是其下标的线性函数，因此存取数组中任一元素的时间是相等的，我们称这一特定的存储结构为随机存储结构。

1.4.3　矩阵的压缩存储

上述两种数组的顺序存储方法，对于绝大部分元素值不为零的数组是合适的。但是，如果数组中有很多元素的值为零时，采用上述存储方法会造成大量存储单元的浪费。因

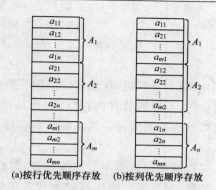

(a)按行优先顺序存放　(b)按列优先顺序存放

图 1-34　数组的顺序存储

此,对于某些特殊矩阵,必须考虑只存储非零元素的压缩存储结构。当值相同的元素或零元素在矩阵中分布具有一定规律时,称此类矩阵为特殊矩阵;反之无规律时,称为稀疏矩阵。

1. 特殊矩阵

(1)下三角阵

设下三角阵如图 1-35 所示。

$$A = \begin{bmatrix} a_{11} & 0 & 0 & \cdots & 0 \\ a_{21} & a_{22} & 0 & \cdots & 0 \\ \cdots & \cdots & \cdots & \cdots & \cdots \\ a_{n1} & a_{n2} & a_{n3} & \cdots & a_{nn} \end{bmatrix}$$

图 1-35　下三角阵 A_{nn}

若将其中非零元素按行优先顺序存放为

$$\{a_{11}, a_{21}, a_{22}, a_{31}, a_{32}, \cdots, a_{n1}, a_{n2}, \cdots, a_{nn}\}$$

则从第 1 行至第 $i-1$ 行的非零元素个数为

$$\sum_{k=1}^{i-1} k = \frac{i(i-1)}{2}$$

求非零元素 a_{ij} 地址的关系式为:

$$\text{LOC}(a_{ij}) = \text{LOC}(a_{11}) + i(i-1)/2 + (j-1) \qquad (1 \leqslant j \leqslant i \leqslant n)$$

(2)三对角阵

设三对角阵如图 1-36 所示。

$$A = \begin{bmatrix} a_{11} & a_{12} & 0 & \cdots & \cdots & \cdots & \cdots & 0 \\ a_{21} & a_{22} & a_{23} & 0 & \cdots & \cdots & \cdots & 0 \\ 0 & a_{32} & a_{33} & a_{34} & 0 & \cdots & \cdots & 0 \\ \cdots & \cdots & \cdots & \cdots & \cdots & \cdots & \cdots & \cdots \\ 0 & 0 & \cdots & \cdots & \cdots & a_{n-1,n-2} & a_{n-1,n-1} & a_{n-1,n} \\ 0 & 0 & \cdots & \cdots & \cdots & \cdots & a_{n,n-1} & a_{nn} \end{bmatrix}$$

图 1-36　三对角阵 A_{nn}

若将其中非零元素按行优先顺序存放为

$$\{a_{11}, a_{12}, a_{21}, a_{22}, a_{23}, a_{32}, a_{33}, a_{34}, \cdots, a_{n,n-1}, a_{nn}\}$$

则求取其中非零元素 a_{ij} 地址的关系式为

$$LOC(a_{ij}) = LOC(a_{11}) + 2(i-1) + (j-1)$$

$$(i = 1, j = 1, 2 \text{ 或 } i = n, j = n-1, n \text{ 或 } 1 < i < n, j = i-1, i, i+1)$$

2. 稀疏矩阵

稀疏矩阵在科学运算中应用十分广泛,在大量的高阶矩阵问题中,绝大部分元素是零值,压缩这种零元素占据的空间,不但能节省内存空间,而且能避免由大量零元素进行的无意义的运算,大大提高运算效率。下面讨论稀疏矩阵的存储方法及其运算。

(1)顺序存储结构

按照压缩存储的概念,只存储稀疏矩阵中的非零元素,那么除了存储非零元素的值之外,还必须同时记下它所在的行、列位置。顺序存储方式是用线性表结构表示数组,线性表的每一个结点对应稀疏矩阵中的一个非零元素,由线性表的不同结构,可以引出不同的压缩存储方法。

顺序存储结构最常用的表示方法是三元组表示法。即线性表中每个结点由三个字段组成,分别为该非零元素的行下标、列下标和值,按行优先顺序排列。例如稀疏矩阵 M 如图 1-37 所示,用三元组表示为如图 1-38 所示。

行	列	值
1	1	7
1	5	15
2	2	-4
3	4	-1
4	1	-2
4	6	21

$$M = \begin{bmatrix} 7 & 0 & 0 & 0 & 15 & 0 \\ 0 & -4 & 0 & 0 & 0 & 0 \\ 0 & 0 & 0 & -1 & 0 & 0 \\ -2 & 0 & 0 & 0 & 0 & 21 \end{bmatrix}$$

图 1-37　稀疏矩阵 M　　　　图 1-38　稀疏矩阵 M 的三元组表示

若行下标、列下标与值均占一个存储单元,非零元素个数为 N,那么这种方法需要 $3N$ 个存储单元,由于是按行优先顺序存放,因此行下标排列是递增有序;在检索数组元素时若用折半检索方法,则存取一个元素的时间为 $O(\log_2 N)$。

(2)链接存储结构

用顺序存储结构表示的矩阵适合那些不改变矩阵稀疏程度的运算,比如元素的存取及修改运算。而对于运算前后要改变矩阵的稀疏程度的运算,例如矩阵相加或相乘等运算会引起非零元素的位置或个数发生变动,而插入或删除操作会造成元素的移动,这时采用链表结构表示更为恰当。链接存储结构最常用的表示方法是十字链表结构。

十字链表结构是一种动态存储结构,在十字链表中,每个非零元素用一个结点表示,每个结点由五个数据域组成。

i, j, e:分别表示元素的行,列,数值。

down(下域):链接同一列中下一个非零元素指针。

right(右域):链接同一行中下一个非零元素指针。

每一行的非零元素通过 right 域链接成一个线性链表,同一列的非零元素通过 down 域链接成一个线性链表。因此,每一个非零元素既是第 i 行线性链表中的一个结点,又是

第 j 列线性链表中的一个结点,故称为十字链表。对于上面的稀疏矩阵 M,用十字链表表示的结构如图 1-39 所示。

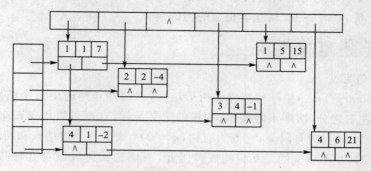

图 1-39 稀疏矩阵 M 的十字链表表示

1.5 树

树形结构是一类很重要的非线性数据结构,在这类结构中,元素结点之间存在明显的分支和层次关系。树形结构在客观世界中广泛存在,例如,人类家族关系中的家谱,各种社会组织机构都可以形象地用树形结构表示。同时树在计算机软件技术中也得到广泛应用,例如操作系统中的多级文件目录结构,高级语言中源程序的语法结构等。

1.5.1 树的定义

树(Tree)是由一个或多个结点组成的有限集 T ,其中有且仅有一个结点称为根结点(Root),其余结点可以分为 $m(m \geqslant 0)$ 个互不相交的有限集 T_1,T_2,…,T_m,其中每一个集合本身又是一棵树,称之为子树(Subtree)。这是一个递归的定义,即在树的定义中又用到树本身这个术语。根据上述定义,如图 1-40 所示的树中,A 是根结点,其余结点分成三个互不相交的集合 T_1、T_2、T_3,分别为根结点的三棵子树,而这三棵子树本身亦是树。

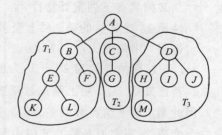

图 1-40 树示意图

下面介绍几个树形结构中的常用术语。

(1)结点:表示树中的元素,包含数据项及若干指向其子树的分支。

(2)结点的度(Degree):结点拥有的子树数。如图 1-40 中,结点 A 的度为 3,C 的度为 1。一棵树中度数最大的结点的度数称为树的度,图 1-40 中树的度为 3。

(3)叶子:度为零的结点,又称端结点。如结点 K 和 L 都是叶子结点。

(4)孩子:结点的子树的根称为该结点的孩子结点。如 A 结点的孩子结点是 B、C、D。

(5)双亲:对应上述称为孩子结点的上层结点称为这些结点的双亲。如 A 结点是 B、C、D 的双亲。

(6)兄弟:同一双亲的孩子。如结点 B、C、D 是兄弟。

(7)结点的层次:从根结点开始算起,根为第一层。如图 1-40 中树共分 4 层。

(8)深度:树中结点的最大层次数。如图 1-40 中树的深度为 4。

(9)森林:是 $m(m > 0)$ 棵互不相交的树的集合。

1.5.2 二叉树的概念

1.二叉树的定义

二叉树(Binary Tree)是一种特殊的树形结构,它的特点是树中每个结点只有两棵子树,且子树有左右之分,次序不能颠倒。和树的定义一样,它也可以用递归来定义,即二叉树是 $n(n \geqslant 0)$ 个结点的有限集,它或为空树($n = 0$),或由一个根结点和两棵分别称为左子树和右子树的、互不相交的二叉树构成。因此,一棵二叉树可以有五种基本形态,即空二叉树、仅有根结点、右子树为空、左子树为空、左右子树均非空,如图 1-41(a)~(e)所示。

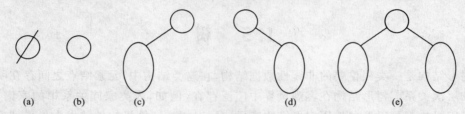

(a)   (b)   (c)   (d)   (e)

图 1-41　二叉树的五种基本形态

图 1-42 为一般二叉树的逻辑结构图。

2.二叉树的性质

二叉树具有下列重要特性:

性质 1:二叉树的第 i 层上至多有 $2^{i-1}(i \geqslant 1)$ 个结点。

证明:用归纳法:

$i = 1$,则结点数为 $2^0 = 1$,为根结点。

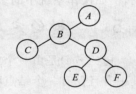

图 1-42　一棵二叉树

若已知第 $i-1$ 层上结点数至多为 $2^{(i-1)-1} = 2^{i-2}$ 个,由于二叉树每个结点度数最大为 2,因此第 i 层上结点数最多为第 $i-1$ 层上结点数的 2 倍,即 $2 \times 2^{i-2} = 2^{i-1}$。

性质 2:深度为 h 的二叉树中至多含有 $2^h - 1$ 个结点。

证明:利用性质 1 的结论可得,在深度为 h 的二叉树中最多含有结点数为

$$\sum_{i=1}^{h}(第\ i\ 层上的最大结点数) = \sum_{i=1}^{h} 2^{i-1} = 2^h - 1$$

性质 3:若在任意一棵二叉树中,有 n_0 个叶子结点,有 n_2 个度为 2 的结点,则必有

$$n_0 = n_2 + 1$$

证明略。

3.满二叉树和完全二叉树

满二叉树和完全二叉树是两种特殊形式的二叉树。满二叉树是指深度为 k 且含有 $2^k - 1$ 个结点的二叉树。图 1-43 是一棵深度为 4 的满二叉树,且编号顺序从根结点起,自上而下,自左至右。这种树的特点是每一层上的结点数都是最大结点数。

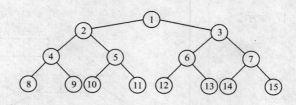

图 1-43　深度为 4 的满二叉树

　　完全二叉树是指深度为 k 的,有 n 个结点的,且其每一个结点都与深度为 k 的满二叉树中编号从 1 至 n 的结点一一对应的二叉树。如图 1-44(a)所示为完全二叉树,而图 1-44(b)所示则不是完全二叉树。

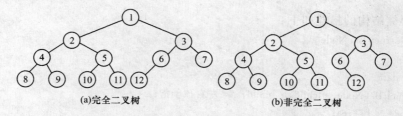

图 1-44　完全二叉树和非完全二叉树

4. 二叉树与树的主要区别

　　二叉树结点的子树要明确区分左子树和右子树,即使在结点只有一棵子树的情况下,也要明确指出该子树是左子树还是右子树。

1.5.3　二叉树的存储结构

　　二叉树可以用顺序或链式结构表示。

1. 顺序存储结构

　　二叉树的顺序存储结构用一组连续的存储单元存放二叉树的数据元素。通常按满二叉树的结点层次编号依次存放二叉树中数据元素。例如:图 1-44(a)的完全二叉树存放在如图 1-45(a)的一维数组中,结点在数组中的相对位置蕴含着结点之间的关系。如图 1-42 所示的一般二叉树,其存储形式如图 1-45(b)所示,从图中可以看出,一般二叉树的顺序存储将造成存储的浪费。

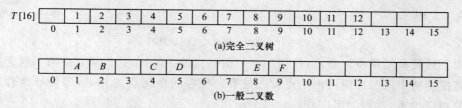

图 1-45　二叉树的顺序存储结构

2. 链式存储结构

　　通常用具有两个指针域的链表(二叉链表)作为二叉树的链式存储结构,其中每个结点由数据域 data、左指针域 lchild 和右指针域 rchild 组成。如图 1-46 所示。

　　针对不同的结点结构,其链式存储结构的形式也不相同。图 1-42 中的一般二叉树的二叉链表结构如图 1-47 所示。

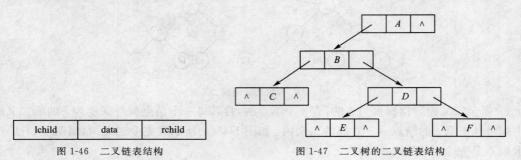

图 1-46　二叉链表结构　　　　　　图 1-47　二叉树的二叉链表结构

链式存储结构的描述如下：

```
typedef struct BiTNode
{
    int data;
    struct BiTNode * lchild, * rchild; / * 左右孩子指针 * /
}BiTNode, * BiTree;
```

3. 将树和森林转换为二叉树

由于二叉树可用二叉链表来表示，为了使一般树也用二叉链表表示，必须找出树与二叉树之间的对应关系。这样，给定一棵树，可以找到唯一的一棵二叉树与之对应。

将树转换成二叉树的方法是：

(1)每个孩子进行自左至右的排序，如图 1-48(a)所示；

(2)在兄弟之间加一连线，如图 1-48(b)所示；

(3)对每个结点，除了其左孩子外，去除其与其余孩子之间的连线，如图 1-48(c)所示；

(4)以树的根结点为轴心，将整棵树顺时针调整，如图 1-48(d)所示。

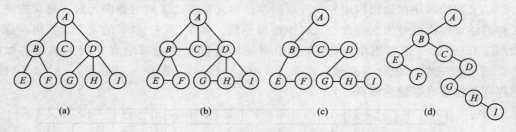

图 1-48　将树转换成二叉树示意图

由上述转换结果可以看出，任何一棵和树对应的二叉树，其根结点的右子树必空。

若把森林中第二棵树的根结点看成是第一棵树的根结点的兄弟，即可导出森林与二叉树的对应关系，过程如图 1-49(a)～(d)所示。

1.5.4　二叉树的遍历

1. 遍历定义及遍历算法

在二叉树的一些应用中，常常需要查找某个结点或对二叉树中全部结点进行某种处理，这就提出了二叉树的遍历问题。遍历二叉树是指按某条搜索路线巡访树中每个结点，

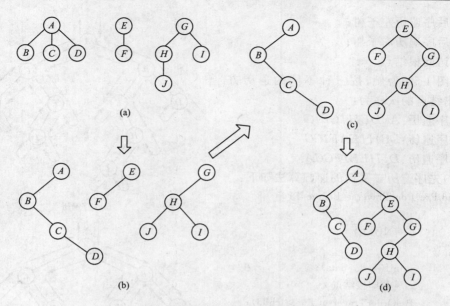

图 1-49 将森林转换成二叉树示意图

且每个结点只被访问一次。对于线性表之类的线性结构来说，遍历很容易实现，只需顺序扫描每个结点元素即可。由于二叉树是非线性结构，每个结点有两棵子树，因此需要人为设定搜索路径。

由于一棵非空二叉树是由根结点、左子树和右子树三个基本部分组成，因此遍历二叉树只要依次遍历这三个部分即可。若我们以 D、L、R 分别表示访问根结点、遍历左子树和遍历右子树，则可以有 DLR、LDR、LRD、DRL、RDL 和 RLD 六种遍历形式，若规定先左后右，那么上述六种可归并成三种情况：

DLR：先序遍历

LDR：中序遍历

LRD：后序遍历

由于二叉树是递归定义的，因此用递归定义描述二叉树的遍历就较清楚。

（1）先序遍历二叉树的算法

若二叉树为空，则为空操作。否则

①访问根结点；

②先序遍历左子树；

③先序遍历右子树。

（2）中序遍历二叉树的算法

若二叉树为空，则为空操作。否则

①中序遍历左子树；

②访问根结点；

③中序遍历右子树。

（3）后序遍历二叉树的算法

若二叉树为空，则为空操作。否则

①后序遍历左子树；

②后序遍历右子树；

③访问根结点。

以图 1-50 为例，按三种不同的遍历方式，输出结点的次序为：

先序遍历：ABDEHJCFIG

中序遍历：DBHJEAFICG

后序遍历：DJHEBIFGCA

（1）先序遍历二叉树的递归算法如下：

```
void PreOrderTraverse(BiTree T)
{
    if(T! =NULL)
    {
        printf(T->data);
        /* 打印根结点 */
        PreOrderTraverse(T->lchild);
        /* 先序遍历左子树 */
        PreOrderTraverse(T->rchild);
        /* 先序遍历右子树 */
    }
}
```

（2）中序遍历二叉树的递归算法如下：

```
void InOrderTraverse(BiTree T)
{
    if(T! =NULL)
    {
        InOrderTraverse(T->lchild);
        /* 中序遍历左子树 */
        printf(T->data);
        /* 打印根结点 */
        InOrderTraverse(T->rchild);
        /* 中序遍历右子树 */
    }
}
```

（3）后序遍历二叉树的递归算法如下：

```
void PostOrderTraverse(BiTree T)
{
    if(T! =NULL)
    {
        PostOrderTraverse(T->lchild); /* 后序遍历左子树 */
        PostOrderTraverse(T->rchild); /* 后序遍历右子树 */
```

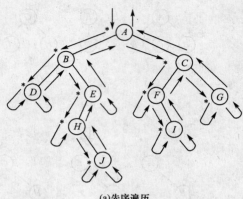

(a)先序遍历

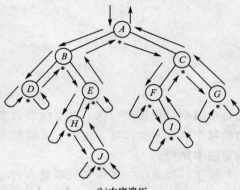

(b)中序遍历

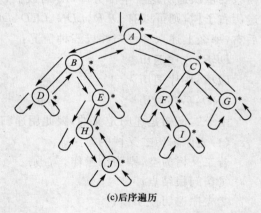

(c)后序遍历

图 1-50　遍历二叉树过程

```
        printf(T->data);/*打印根结点*/
    }
}
```

2. 遍历算法的应用

遍历算法是二叉树运算的基本算法,很多二叉树的操作可以在遍历算法基础上展开。

(1)建立一棵二叉树

在遍历过程中可生成结点,建立二叉树的存储结构,下面给出按先序遍历算法建立二叉链表的算法。对图 1-50(a)所示的二叉树,按下列顺序输入字符,其中 Φ 表示空树,输入时用空格代替:$ABD\Phi\Phi EH\Phi J\Phi\Phi\Phi CF\Phi I\Phi\Phi G\Phi\Phi$。

算法描述如下:

```
BiTree CreatBiTree( )
{/*按先序遍历顺序输入二叉树结点的值,Φ(空格)表示空树*/
    BiTree T;
    scanf(&ch);
    if(ch==' ') T=NULL;
    else
    {
        T=(BiTNode *)malloc(sizeof(BiTNode));
        T->data=ch;/*生成根结点*/
        T->lchild=CreatBiTree( );/*构造左子树*/
        T->rchild=CreatBiTree( );/*构造右子树*/
    }
    return(T);
}
```

(2)统计一棵二叉树中叶子结点个数

这个算法需要对二叉树进行遍历,判断被访问的结点是否为叶子结点,若是,则将计数值加 1。

```
int Countleaf(BiTree T)
{/*按先序遍历求叶子结点数*/
    int n1,n2;
    if(T==NULL) return(0);
    else if(T->lchild==NULL) &&(T->rchild==NULL)/*若是叶子结点则计数*/
        return(1);
    else
    {
        n1=Countleaf(T->lchild);/*递归调用左子树*/
        n2=Countleaf(T->rchild);/*递归调用右子树*/
        return(n1+n2);
    }
}
```

1.5.5 哈夫曼树及其应用

1. 哈夫曼树

哈夫曼(Huffman)树又称最优树,是一类带权路径长度最短的树,这种树在信息检索中很有用。

在这里我们首先要给出树的路径长度的概念,从一个结点到另一个结点之间的分支数目称为这对结点之间的路径长度。树的路径长度是从树的根结点到每一结点的路径长度之和。路径长度用 PL 表示。图 1-51 中(a)和(b)表示的两棵二叉树的路径长度分别为:

$$PL=0+1+2+2+3+4+5=17, PL=0+1+1+2+2+2+2+3=13$$

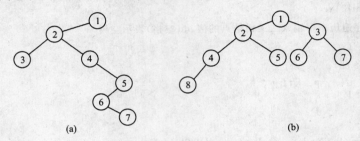

图 1-51 二叉树的路径长度

在任何二叉树中,都存在如下情况:

路径为 0 的结点至多只有 1 个、路径为 1 的结点至多只有两个、……、路径为 k 的结点至多只有 2^k 个。

从以上关系可以看出,在具有相同结点的二叉树中,其中达到最小路径长度的二叉树为完全二叉树。

现在我们进一步把上述概念推广到一般情况,考虑带权的结点。其结点带权路径长度为从该结点到根结点之间的路径长度与结点上权的乘积。树的带权路径长度为树中叶子结点的带权路径长度之和,记做:

$$WPL = \sum_{k=1}^{n} W_k L_k$$

其中,W_k 为树中每个叶子结点的权,L_k 为每个叶子结点到根结点的路径长度。WPL最小的二叉树就称做最优二叉树或哈夫曼树。

例如图 1-52 中所示的三棵二叉树,都有 4 个叶子结点 a、b、c、d,分别带权 7、5、2、4、它们带权路径长度分别为:

$$WPL = 7 \times 2 + 5 \times 2 + 2 \times 2 + 4 \times 2 = 36;$$
$$WPL = 7 \times 3 + 5 \times 3 + 2 \times 1 + 4 \times 2 = 46;$$
$$WPL = 7 \times 1 + 5 \times 2 + 2 \times 3 + 4 \times 3 = 35。$$

其中图 1-52(c)值最小。可以验证图 1-52(c)即为哈夫曼树。

由上述例子可见,加权后路径长度最小的不是完全二叉树,而是权大的叶子离根最近的二叉树。

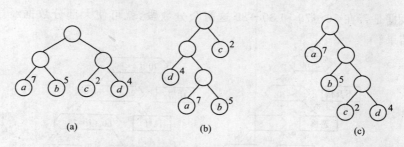

图 1-52　具有不同带权路径长度的二叉树

2. 构造哈夫曼树的算法

(1)根据给定的 n 个权值 $\{W_1,W_2,\cdots,W_n\}$ 构成 n 棵二叉树的集合 $F=\{T_1,T_2,\cdots,T_n\}$,其中每棵二叉树中只有一个带权为 W_i 的根结点。

(2)在 F 中选取两棵根结点权值最小的树作为左、右子树构造一棵新的二叉树,且置新的二叉树的根结点的权值为其左、右子树上根结点的权值之和。

(3)将新的二叉树加入 F 中,去除原两棵根结点权值最小的树。

(4)重复(2)和(3)直到 F 中只含一棵树为止,这棵树就是哈夫曼树,如图 1-53 所示。

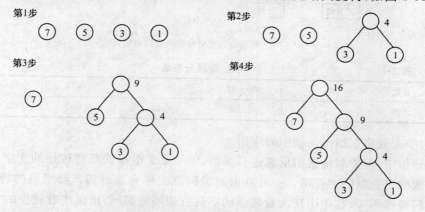

图 1-53　哈夫曼树的构造过程

3. 哈夫曼树的应用

(1)哈夫曼树在判定问题中的应用

在解决某些判定问题时,利用哈夫曼树可以得到最佳判定算法。

【例 1-8】　编制一个将学生百分成绩按分数段分级的程序。

分析:如果认为学生各分数段成绩分布是均匀的,则可用图 1-54(a)所示的判定结构来实现,我们把这种结构称为判定树。但实际的情况是学生的成绩在各分数段的分布是不均匀的,大多分布在 $70\sim79$ 和 $80\sim89$ 两个分数段。若其分布关系见表 1-1,则为了使大部分数据用较少的比较次数就能得出结果,则需要改造原有的判定树,可以用比例数作为权构造一棵哈夫曼树,即如图 1-54(b)所示的判定树,再将每一比较框中两次比较改为一次,得到如图 1-54(c)的判定树。

显然,根据哈夫曼树的思想,以学生成绩分布的比例为权值给出的最优判定算法(见图 1-54(c))能反映实际情况,即比例分布大的权值离根结点最近,出现的概率大。因此只要先判断数据是否在 70～79 和 80～89 这两个分数段,就可使大部分数据经过较少比较次数得出结果。

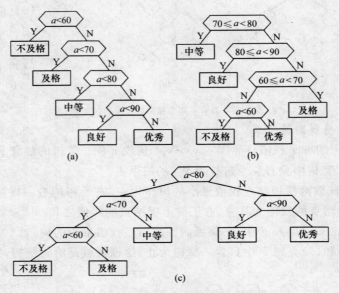

图 1-54　利用哈夫曼树得到的最佳判定算法

表 1-1　　　　　　　　　　　　　　　　　学生成绩分布表

分数	0～59	60～69	70～79	80～89	90～100
比例	0.05	0.15	0.40	0.30	0.10

(2)哈夫曼树在编码问题中的应用

在通信中,需要对传送的信息进行编码,例如发送电报就是将传送的文字转换成用 0 和 1 组成的二进制的字符串。一种常用的编码方法称为前缀码。前缀码的特点是,每个字符编码长度不等,其中出现次数较多的字符有较短的编码,出现次数较少的字符编码则较长,这样传送的信息总长便可减少。

哈夫曼树可用于构造使电文的编码总长最短的编码方案。具体做法如下:设需要编码的字符集合为 $\{d_1,d_2,\cdots,d_n\}$,它们在电文中出现的次数或频率集合为 $\{W_1,W_2,\cdots,W_n\}$,以 $d_1,d_2,\cdots,d_n$ 作为叶子结点,$W_1,W_2,\cdots,W_n$ 作为它们的权值,构造一棵哈夫曼树。规定哈夫曼树中的左分支代表 0,右分支代表 1,则从根结点到每个叶子结点所经过的路径分支组成的 0 和 1 的序列便为该结点对应字符的编码,我们称之为哈夫曼编码。

【例 1-9】　已知某电文中可能出现八个字符,假定从 $'A'\sim'H'$,其重复次数分别为 5,29,7,8,14,23,3,11,那么用哈夫曼算法所建的哈夫曼编码树如图 1-55 所示。

从图中可以看出,权值越大编码长度越短,权值越小编码长度越长。

哈夫曼编码为:

A:0001	B:10	C:1110	D:1111
E:110	F:01	G:0000	H:001

由于哈夫曼树的构成没有度为 1 的结点,因此有 n 个叶子结点的哈夫曼树共有 $2n-1$ 个结点。

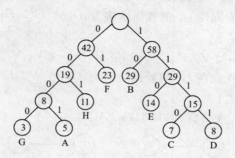

图 1-55 哈夫曼编码树

在哈夫曼树中,树的带权路径长度的含义是各个字符的码长与其出现次数或频率的乘积之和,也就是电文的代码总长或平均码长,所以采用哈夫曼树构造的编码是一种能使电文代码总长最短的不等长编码。

同时为便于译码,还必须保证任一字符的编码都不是其他字符编码的前缀。假设字符 'A' 和 'B' 的编码分别为 '0' 和 '00',则传送的字符串如果是 '0000',就可译成 'AAAA'、'ABA' 和 'BB' 等多种译法。这样的编码不能保证译码的唯一性,我们称之为具有二义性的译码。

然而,采用哈夫曼树进行编码,则不会产生上述二义性问题。因为,在哈夫曼树中,每个字符结点都是叶结点,它们不可能在根结点到其他字符结点的路径上,所以一个字符的哈夫曼编码不可能是另一个字符的哈夫曼编码的前缀,从而保证了译码的非二义性。

1.6 图

图是一种比线性表和树更为复杂的非线性数据结构。在线性表中,数据元素之间是线性关系,每个数据元素只有一个直接前驱和一个直接后继;在树形结构中,数据元素之间是层次关系,每一层上的数据元素可以和下一层的多个元素相关,但只能和上一层的一个元素相关;而在图的结构中,结点之间的关系可以是任意的,图中任意两个数据元素之间都可能相关,因此图的结构更为复杂,图的应用更为广泛。

1.6.1 图的基本概念

1. 有向图和无向图

图是由顶点集合及顶点间的关系集合组成的一种数据结构。图 G 的定义是:

$$G = (V, E)$$

其中:V 为顶点的有限集合,E 是 V 上关系的集合。

图分为有向图和无向图。图 1-56(a)为有向图,包含顶点的集合和有向弧的集合。设 $<X, Y>$ 表示一条弧,X 为弧尾,Y 为弧头;$<Y, X>$ 则表示另一条弧,Y 为弧尾,X 为弧头。如图 1-56(a)中的弧 $<V_1, V_3>$ 中,表示从顶点 V_1 指向 V_3。

图 1-56(b)为无向图,包含顶点的集合和无向边的集合。在无向图中,设(X,Y)表示一条边,而(Y,X)则表示同一条边。例如(V_1,V_2)和(V_2,V_1)表示同一条边。

描述图 1-56 所示的有向图 G_1 的数据结构为:$G_1 = (V1,E1)$

$V1 = \{ V_1,V_2,V_3,V_4 \}$

$E1 = \{ <V_1,V_3>,<V_3,V_4>,<V_2,V_1>,<V_2,V_4>,<V_4,V_1> \}$

描述图 1-56 所示的无向图 G_2 的数据结构为:$G_2 = (V2,E2)$

$V2 = \{ V_1,V_2,V_3,V_4 \}$

$E2 = \{ (V_1,V_3),(V_1,V_2),(V_2,V_4),(V_1,V_4) \}$

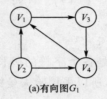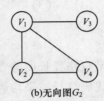

(a)有向图G_1　　　　(b)无向图G_2

图 1-56　图的示例

假定图的顶点数为 n,那么具有 $n(n-1)/2$ 条边的图为无向完全图,而具有 $n(n-1)$ 条弧的图为有向完全图,如图 1-57 所示。

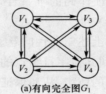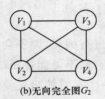

(a)有向完全图G_1　　　　(b)无向完全图G_2

图 1-57　$n=4$ 时的有向完全图和无向完全图示例

2.子图

图的一部分或自身都可称为图的子图。如图 1-58 所示。

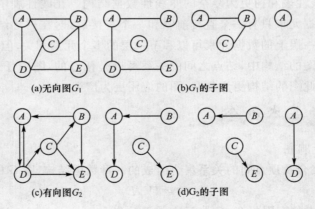

(a)无向图G_1　　　(b)G_1的子图

(c)有向图G_2　　　(d)G_2的子图

图 1-58　子图示例

3.顶点的度

所谓顶点的度(Degree)是指依附于该顶点的边数或弧数。出度和入度仅对有向图而言,出度(OutDegree)是指以该顶点为尾的弧数,入度(InDegree)是指以该顶点为头的弧数。

如图 1-56 中有向图 G_1 的顶点 V_4 的入度为 2,出度为 1。无向图 G_2 的顶点 V_1 的度是 3。

4. 权和网

有时图的边或弧具有与它相关的数,这种与图的边或弧相关的数叫做权(Weight)。例如权可以表示从一个顶点到另一个顶点的距离、花费的代价、所需的时间等。这种带权的图通常称做网,如图 1-59 所示。

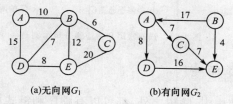

(a)无向网 G_1　　　　　　(b)有向网 G_2

图 1-59　权和网示例

5. 路 径

在无向图 $G = (V,E)$ 中,如果存在顶点序列 $(V_p,V_{i1},V_{i2},\cdots,V_{in},V_q)$,使得 $(V_p, V_{i1}),(V_{i1},V_{i2}),\cdots,(V_{in},V_q)$ 都在 E 中,则称从顶点 V_p 到 V_q 存在一条路径。

若 G 是有向图,则路径也是有向的,即 $<V_p,V_{i1}>$,$<V_{i1},V_{i2}>$,$\cdots$,$<V_{in},V_q>$ 都在 E 中,V_p 为路径的起点,V_q 为路径的终点。路径上边或弧的数目称为该路径的路径长度。

起点和终点相同的路径称为回路或环,顶点不重复出现的路径称为简单路径。除了起点和终点相同外,其他顶点不重复出现的回路称为简单回路。

6. 图的连通性

对无向图 G 而言,如果从 V_i 到 V_j 有路径,则称 V_i 到 V_j 是连通的。若图中任意两个顶点 V_i 和 $V_j(V_i \neq V_j)$ 都连通,则称 G 是连通图(Connected Graph)。非连通图的极大连通子图称做连通分量。如图 1-60 所示,无向图 G_1 是连通图,无向图 G_2 是非连通图。但 G_2 有四个连通分量。

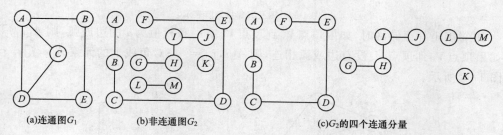

(a)连通图 G_1　　　　(b)非连通图 G_2　　　　(c) G_2 的四个连通分量

图 1-60　连通图和连通分量示例

对有向图 G 而言,若任意两个顶点 V_i 和 $V_j(V_i \neq V_j)$ 都有一条从 V_i 至 V_j 的路径,同时还有一条从 V_j 到 V_i 的路径,则称该有向图为强连通图。非强连通图的极大强连通子图称做强连通分量。例如,图 1-61(a)中的 G_1 是一个强连通图,图 1-61(b)中的有向图 G_2 不是强连通图,但它有两个强连通分量,如图 1-61(c)所示。

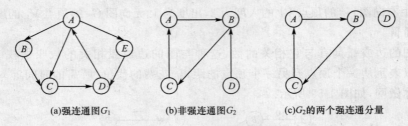

(a)强连通图G_1 (b)非强连通图G_2 (c)G_2的两个强连通分量

图 1-61   强连通图和强连通分量示例

1.6.2   图的存储结构

在前面讲过的数据结构中,除树之外,都可以有顺序和链式两种不同的存储结构。由于图的结构比较复杂,任意两个顶点之间都可能存在联系,所以不能用顺序存储结构来表示图,但可以借助数组表示元素之间的关系。实际应用中可根据具体的图和所需要的操作,设计恰当的结点结构和表结构。最常用的有邻接矩阵表示法和邻接表表示法。

1. 图的邻接矩阵表示法

邻接矩阵是表示顶点间相邻关系的矩阵。具有 n 个顶点的图是一个 $n \times n$ 阶方阵,两个顶点有边相连即为邻接。

设图具有 n 个顶点,如果顶点 V_i 到顶点 V_j 有一条边或弧相连,则 $A[i,j]=1$;如果顶点 V_i 到顶点 V_j 没有边或弧相连,则 $A[i,j]=0$;对角线上的元素 $A[i,j]=0$。如图 1-62 所示。

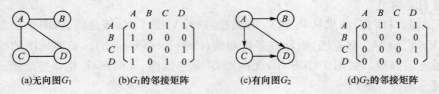

(a)无向图G_1 (b)G_1的邻接矩阵   (c)有向图G_2 (d)G_2的邻接矩阵

图 1-62   图及其邻接矩阵表示

用邻接矩阵存储网时,如果顶点 V_i 到顶点 V_j 有一条权值为 a 的边或弧,则 $A[i,j]=a$,如果顶点 V_i 到顶点 V_j 没有边或弧相连,则 $A[i,j]=\infty$;对角线上的元素 $A[i,j]=\infty$。如图 1-63 所示。

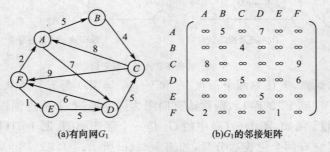

(a)有向网G_1 (b)G_1的邻接矩阵

图 1-63   有向图的加权邻接矩阵示例

无向图的邻接矩阵是一个对称矩阵,顶点 V_i 的度为邻接矩阵中第 i 行或第 i 列的非零元素之和。对于有向图而言,其邻接矩阵不一定是一个对称矩阵,顶点 V_i 的出度为邻接矩阵中第 i 行的非零元素之和,入度为第 i 列的非零元素之和。

2. 图的邻接表表示法

邻接表是图的一种链式存储结构。在邻接表中,用头结点数组存放图中所有顶点信息,边链表存放依附于某一顶点的边。邻接表结点结构如图 1-64 所示。

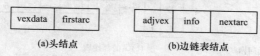

图 1-64　邻接表结点结构

头结点由 vexdata 域和 firstarc 域组成。其中 vexdata 为数据域,保存顶点相关信息;firstarc 为指针域,指向依附于该顶点的第一条边。

边链表结点由 adjvex 域、info 域和 nextarc 域组成。其中 adjvex 为数据域,保存该边所指向的邻接顶点在图中的位置;info 为数据域,保存边或弧的权值等信息;nextarc 为指针域,指向依附于头结点的下一条边或弧。

图 1-65 所示的是一个无向图的邻接表结构。图 1-66 所示的是一个有向图的邻接表结构。

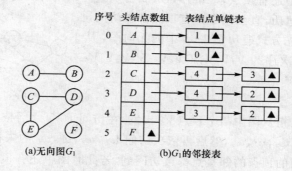

图 1-65　无向图的邻接表结构

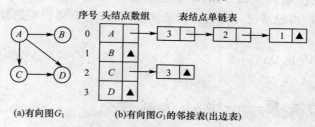

图 1-66　有向图的邻接表结构

网的边结点中增加一个权值域,保存该边或弧上的权值。如图 1-67 所示。

1.6.3　图的遍历

和树的遍历类似,图的遍历是指从图中某一顶点出发访遍图中其余顶点,且使每个顶点仅被访问一次的过程。由于图中可能存在回路,容易造成顶点被重复访问,为此设置一个辅助数组 visited[0…$n-1$],初始值为"0"或"假",当顶点 V_i 被访问后,将 visited[i] 置

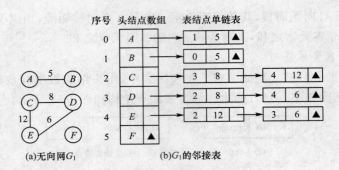

图 1-67　无向网的邻接表示

为"真"或被访问时的次序号。通常以深度优先(DFS)和广度优先(BFS)两种方式遍历图。

1. 深度优先遍历

深度优先遍历是从图中某个顶点 V_0 出发,访问此结点,然后选择一个与 V_0 相邻且未被访问的顶点 V_i 访问,再从 V_i 出发选择一个与 V_i 相邻且未被访问的顶点 V_j 访问……如果当前被访问的顶点的所有邻接点都已被访问,则退回到尚有相邻顶点未被访问的顶点 w,从 w 的一个未被访问的相邻顶点出发按同样的方式向前搜索,直至图中所有连通的顶点都被访问。如果图中还有顶点未被访问,那么再从这些未被访问的顶点中的某个结点出发,按深度优先方式遍历,直至图中所有顶点都被访问。

例如,用深度优先方式遍历图 1-68 中的无向图,从顶点 V_1 出发的可能次序为 $V_1V_2V_4V_5V_6V_3$、$V_1V_2V_4V_6V_5V_3$ 等多种序列。

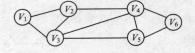

图 1-68　一个无向连通图

2. 广度优先遍历

广度优先遍历是指从图中某个顶点 V_0 出发,在访问了 V_0 之后依次访问 V_0 的各个未曾访问的邻接点 $w_1,w_2,\cdots,w_k$,然后再依次访问 $w_1,w_2,\cdots,w_k$ 的未被访问的邻接点,直到图中所有已被访问的顶点的邻接点都被访问到。若此时图中还有顶点未被访问,则另选图中一个未曾被访问的顶点做起始点,重复上述过程,直至图中所有顶点都被访问到为止。即以 V_0 为起点,由近至远,逐层进行,依次访问和 V_0 有路径相通且路径长度为 1,2…的顶点。

例如,从顶点 V_1 出发访问图 1-68,那么可以得到 $V_1V_2V_3V_4V_5V_6$、$V_1V_3V_2V_4V_5V_6$ 等多种序列。

1.6.4　图的应用——最小生成树

对于一个连通图,无论是深度优先遍历还是广度优先遍历,最终所有顶点必然都被访问到,且在遍历过程中一定要经过一些边,把这些顶点,用经过的边连起来就是生成树。用深度优先遍历就得到深度优先生成树,用广度优先遍历就得到广度优先生成树。图 1-69(b)、(c)就是图 1-69(a)的生成树。只有连通图才能得到生成树,从不同顶点出发可以得到不同的生成树,即生成树是不唯一的。

生成树中最有意义的问题是:在 n 个城市之间建立通信网络,如果每两个城市之间都设置一条线路,最多可设置 $n(n-1)/2$ 条线路,而实际上只需要 $n-1$ 条线路即可连通这

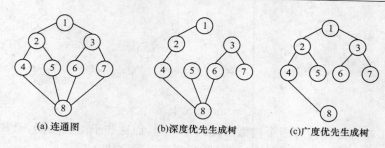

图 1-69　生成树

n 个城市。

由于每条线路所付出的经济代价是不同的,如何在所有可能的线路中选择 $n-1$ 条线路,使总的耗费最小,这是个构造连通网的最小代价生成树(简称最小生成树)问题。

假设用连通网上的顶点表示城市,边表示两城市之间的线路,边上的权表示相应的代价。一棵生成树的代价就是树上各边的代价之和。我们需在所有生成树中选择代价最小的那棵生成树。

构造最小生成树有多种方法,我们以普里姆算法为例进行介绍。普里姆算法的思想是:从顶点集合和边集合为空开始,从图的任一顶点选起,把这个顶点加入到顶点集合中,然后选取依附于该顶点的最小的边,加入到边集合中,通过该边又得到一个顶点,把这个顶点也加入集合中,然后再通过这两个顶点选取不构成回路的、权值最小的、其依附的另外一个顶点不在新建的顶点集合中的顶点,把这个顶点和边也加入到集合中,直到 n 个顶点和 $n-1$ 条边都加入到集合中为止。图 1-70 就是用普里姆算法构造最小生成树的过程。最小生成树也不是唯一的,但最小生成树的总代价一定是相同的。

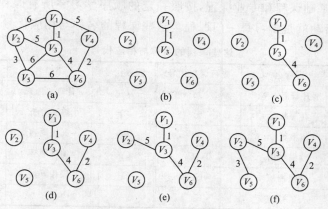

图 1-70　用普里姆算法构造最小生成树的过程

1.6.5　图的应用——拓扑排序

1. 有向无环图的概念

一个无环的有向图称做有向无环图(Directed Acycline Graph),简称 DAG。DAG 是一类较有向树更一般的特殊有向图,图 1-71 给出了有向树、DAG 和有向图的例子。

有向无环图是描述一项工程或系统的进行过程的有效工具。除最简单的情况之外,

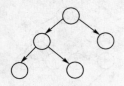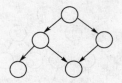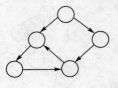

图 1-71　有向树、DAG 和有向图示意图

几乎所有的工程都可分为若干个称做活动的子工程,而这些子工程之间,通常受一定条件的约束,如其中某些子工程的开始必须在另一些子工程完成之后。

对整个工程和系统,人们关心的是两个方面的问题:

(1)工程能否顺利进行;

(2)估算整个工程完成所必需的最短时间。

第一个问题可以通过对有向图进行拓扑排序来解决,第二个问题通过关键路径操作来解决。

2. AOV 网

通常工程或者某种流程可以分为若干个不同的小工程或阶段,这些小的工程或阶段就称为活动。若以图中的顶点来表示活动,有向边表示活动之间的优先关系,则把活动在顶点上的有向图称为 AOV 网(Activity On Vertex Network)。

在 AOV 网中,若从顶点 i 到顶点 j 之间存在一条有向路径,称顶点 i 是顶点 j 的前驱,或者称顶点 j 是顶点 i 的后继。若 $<i,j>$ 是图中的弧,则称顶点 i 是顶点 j 的直接前驱,顶点 j 是顶点 i 的直接后继。

AOV 网中的弧表示了活动之间存在的制约关系。例如,计算机专业的学生在大学期间要学习一些基础课程和专业课程,按照一定的顺序学习完所有课程可以被看成是一个大的工程,其活动就是学习每一门课程。这些课程的名称与相应代号见表 1-2。

表 1-2　　　　　　　　　　　　　这些课程的名称与相应代号

课程代号	课程名	先行课程代号	课程代号	课程名	先行课程代号
C_1	程序设计导论	无	C_7	计算机原理	C_5
C_2	高等数学	无	C_8	算法分析	C_4
C_3	离散数学	C_1,C_2	C_9	高级语言	C_1
C_4	数据结构	C_3,C_9	C_{10}	编译原理	C_4,C_9
C_5	普通物理	C_2	C_{11}	操作系统	C_4,C_7
C_6	人工智能	C_4			

表中,C_1、C_2 是独立于其他课程的基础课程,而有的课程却需要有先行课程,比如,学完数据结构和高级语言后才能学编译原理,先行条件规定了课程之间的优先关系。这种优先关系可以用图 1-72 所示的有向无环图来表示。其中,顶点表示课程,有向边表示前提条件。若课程 i 为课程 j 的先行课程,则必然存在有向边 $<i,j>$。在安排学习顺序时,必须保证在学习某门课程之前,已经学习了其先行课程。

3. 拓扑排序

当用 AOV 网来表示一项工程的进行过程的时候,为了保证该项工程得以顺利完成,

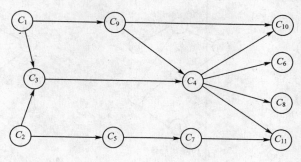

图 1-72　一个 AOV 网实例

必须保证 AOV 网中不出现回路；否则，意味着某项活动应以自身作为能否开展的先决条件。

测试 AOV 网是否具有回路（即是否是一个有向无环图）的方法，就是对有向图构造其顶点的拓扑有序序列，即把 AOV 网中各顶点按照它们相互之间的优先关系排列成一个线性序列。该线性序列具有以下性质：

（1）在 AOV 网中，若顶点 i 优先于顶点 j，则在线性序列中顶点 i 仍然优先于顶点 j；

（2）对于 AOV 网中原来没有优先关系的顶点 i 与顶点 j，如图 1-72 中的 C_1 与 C_2，在线性序列中也建立一个先后关系，或者顶点 i 优先于顶点 j，或者顶点 j 优先于顶点 i。

满足这样性质的线性序列称为拓扑有序序列。构造拓扑有序序列的过程称为拓扑排序。

若某个 AOV 网中所有顶点都在它的拓扑有序序列中，则说明该 AOV 网不会存在回路。以图 1-72 中的 AOV 网为例，可以得到不止一个拓扑有序序列，C_1、C_2、C_3、C_9、C_4、C_{10}、C_6、C_8、C_5、C_7、C_{11} 就是其中之一。显然，对于任何一项工程中各个活动的安排，必须按拓扑有序序列中的顺序进行才是可行的。

4. 拓扑排序算法

对 AOV 网进行拓扑排序的方法和步骤是：

（1）从 AOV 网中选择一个没有直接前驱的顶点（该顶点的入度为 0）并且输出它。

（2）从 AOV 网中删去该顶点，并且删去从该顶点发出的全部有向边。

（3）重复上述两步，直到全部顶点均已输出。拓扑有序序列形成，拓扑排序完成。或者图中还有未输出的顶点，但已跳出处理循环，则说明图中还剩余一些顶点，它们都有直接前驱，再也找不到没有直接前驱的顶点了，这说明 AOV 网中存在有向回路。

图 1-73 给出了在一个 AOV 网上实施上述步骤的例子，最终得到一个拓扑有序序列是：V_2，V_5，V_1，V_4，V_3，V_7，V_6。

1.6.6　图的应用——关键路径

1. AOE 网 (Activity On Edge Network)

若在带权的有向无环图中，以顶点表示事件，以有向边表示活动，边上的权值表示活动的开销（如该活动持续的时间），则此带权的有向图称为 AOE 图。

AOE 网具有以下两个性质：

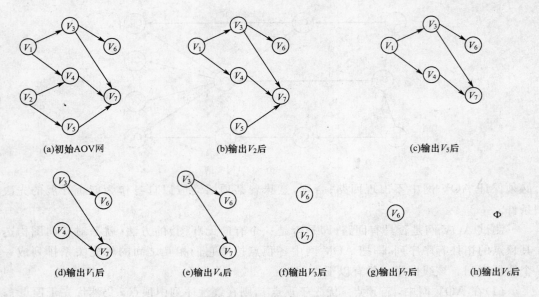

图 1-73　求一个拓扑序列的过程

（1）只有在某顶点所代表的事件发生后，从该顶点出发的各有向边所代表的活动才能开始。

（2）只有在进入某一顶点的各有向边所代表的活动都已经结束，该顶点所代表的事件才能发生。

一个具有 11 项活动、9 个事件的 AOE 网如图 1-74 所示。每个事件表示在它之前的活动已经完成，在它之后的活动可以开始。如 V_1 表示整个工程开始，其入度为 0；V_9 表示整个工程结束，其出度为 0。事件 V_5 表示活动 a_4 和 a_5 已经完成，活动 a_7 和 a_8 可以开始。活动 a_1 所需要的时间是 6 天。

如果用 AOE 网来表示一项工程，那么，仅仅考虑各个子工程之间的优先关系还不够，更多的是关心整个工程完成的最短时间是多少；哪些活动的延期将会影响整个工程的进度，而加速这些活动是否会提高整个工程的效率。因此，通常在 AOE 网中列出完成预定工程计划所需要进行

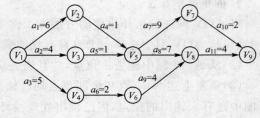

图 1-74　一个 AOE 网

的活动，每个活动计划完成的时间，要发生哪些事件以及这些事件与活动之间的关系，从而可以确定该项工程是否可行，估算工程完成的时间以及确定哪些活动是影响工程进度的关键。

2. 关键路径

由于 AOE 网中的某些活动能够同时进行，故完成整个工程所必须花费的时间应该为源点到终点的最大路径长度（这里的路径长度是指沿路径各边的权值之和）。具有最大路径长度的路径称为关键路径。关键路径上的活动称为关键活动。关键路径长度是整个工程所需的最短工期。这就是说，要缩短整个工期，必须加快关键活动的进度。

利用 AOE 网进行工程管理时需要解决的主要问题是：

（1）计算完成整个工程的最短周期。

（2）确定关键路径，以找出哪些活动是影响工程进度的关键。

3. 关键路径的确定

为了在 AOE 网中找出关键路径，需要定义几个参量，并且说明其计算方法。

（1）事件的最早发生时间 ve[k]

ve[k] 是指从源点到顶点 k 的最大路径长度代表的时间。这个时间决定了所有从顶点 k 发出的有向边所代表的活动能够开工的最早时间。根据 AOE 网的性质，只有进入 v_k 的所有活动 $< v_j, v_k >$ 都结束时，v_k 代表的事件才能发生；而活动 $< v_j, v_k >$ 的最早结束时间为 $ve[j] + dut(< v_j, v_k >)$。所以计算 v_k 发生的最早时间的方法如下：

$$\begin{cases} ve[1] = 0 \\ ve[k] = Max\{ve[j] + dut(< v_j, v_k >)\} < v_j, v_k > \in p[k] \end{cases} \tag{1-1}$$

其中，$p[k]$ 表示所有到达 v_k 的有向边的集合；$dut(< v_j, v_k >)$ 为有向边 $< v_j, v_k >$ 上的权值。

例如图 1-74 中，V_5 代表的事件发生的最早时间是 $ve[5] = 7$，活动 a_7、a_8 最早开始时间应为事件 V_5 发生的最早时间。

（2）事件 v_k 的最迟发生时间 vl[k]

vl[k] 是指在不推迟整个工期的前提下，事件 v_k 允许的最晚发生时间。设有向边 $< v_k, v_j >$ 代表从 v_k 出发的活动，为了不拖延整个工期，v_k 发生的最迟时间必须保证不推迟从事件 v_k 出发的所有活动 $< v_k, v_j >$ 的终点 v_j 的最迟时间 $vl[j]$。$vl[k]$ 的计算方法如下：

$$\begin{cases} vl[n] = ve[n] \\ vl[k] = Min\{vl[j] - dut(< v_k, v_j >)\} < v_k, v_j > \in s[k] \end{cases} \tag{1-2}$$

其中，$s[k]$ 为所有从 v_k 出发的有向边的集合。n 代表 AOE 网中的表示工程结束的顶点。

（3）活动 a_i 的最早开始时间 e[i]

活动 a_i 是由弧 $< v_k, v_j >$ 表示，根据 AOE 网的性质，只有事件 v_k 发生了，活动 a_i 才能开始。也就是说，活动 a_i 的最早开始时间应等于事件 v_k 的最早发生时间。因此，有：

$$e[i] = ve[k] \tag{1-3}$$

（4）活动 a_i 的最晚开始时间 l[i]

活动 a_i 的最晚开始时间指，在不推迟整个工程完成日期的前提下，必须开始的最晚时间。若由弧 $< v_k, v_j >$ 表示，则 a_i 的最晚开始时间要保证事件 v_j 的最迟发生时间不拖后。因此，应该有：

$$l[i] = vl[j] - dut(< v_k, v_j >) \tag{1-4}$$

根据每个活动的最早开始时间 e[i] 和最晚开始时间 l[i] 就可判定该活动是否为关键活动，也就是那些 l[i] = e[i] 的活动就是关键活动。而那些 l[i] > e[i] 的活动则不是关键活动，l[i] - e[i] 的值为活动的时间余量。关键活动确定之后，关键活动所在的路径就是关键路径。

【例 1-10】　下面以图 1-75 所示的 AOE 网为例，求出上述参量，来确定该网的关键活动和关键路径。

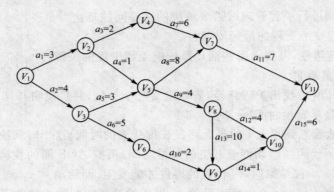

图 1-75　一个 AOE 网实例

首先,按照式 1-1 求出事件的最早发生时间 ve[k]。

ve[1]＝0

ve[2]＝3

ve[3]＝4

ve[4]＝ve[2]＋2＝5

ve[5]＝max{ve[2]＋1,ve[3]＋3}＝7

ve[6]＝ve[3]＋5＝9

ve[7]＝max{ve[4]＋6,ve[5]＋8}＝15

ve[8]＝ve[5]＋4＝11

ve[9]＝max{ve[8]＋10,ve[6]＋2}＝21

ve[10]＝max{ve[8]＋4,ve[9]＋1}＝22

ve[11]＝max{ve[7]＋7,ve[10]＋6}＝28

其次,按照式 1-2 求出事件的最迟发生时间 vl[k]。

vl[11]＝ve[11]＝28

vl[10]＝vl[11]－6＝22

vl[9]＝vl[10]－1＝21

vl[8]＝min{vl[10]－4,vl[9]－10}＝11

vl[7]＝vl[11]－7＝21

vl[6]＝vl[9]－2＝19

vl[5]＝min{vl[7]－8,vl[8]－4}＝7

vl[4]＝vl[7]－6＝15

vl[3]＝min{vl[5]－3,vl[6]－5}＝4

vl[2]＝min{vl[4]－2,vl[5]－1}＝6

vl[1]＝min{vl[2]－3,vl[3]－4}＝0

再按照式 1-3 和式 1-4 求出活动 a_i 的最早开始时间 e[i] 和最晚开始时间 l[i]。

活动 a_1　　e[1]＝ve[1]＝0　　l[1]＝vl[2]－3＝3

活动 a_2　　e[2]＝ve[1]＝0　　l[2]＝vl[3]－4＝0

活动 a_3　　e[3]＝ve[2]＝3　　l[3]＝vl[4]－2＝13

活动 a_4　　e[4]＝ve[2]＝3　　l[4]＝vl[5]－1＝6

活动 a_5　　$e[5]=ve[3]=4$　　$l[5]=vl[5]-3=4$

活动 a_6　　$e[6]=ve[3]=4$　　$l[6]=vl[6]-5=14$

活动 a_7　　$e[7]=ve[4]=5$　　$l[7]=vl[7]-6=15$

活动 a_8　　$e[8]=ve[5]=7$　　$l[8]=vl[7]-8=13$

活动 a_9　　$e[9]=ve[5]=7$　　$l[9]=vl[8]-4=7$

活动 a_{10}　　$e[10]=ve[6]=9$　　$l[10]=vl[9]-2=19$

活动 a_{11}　　$e[11]=ve[7]=15$　　$l[11]=vl[11]-7=21$

活动 a_{12}　　$e[12]=ve[8]=11$　　$l[12]=vl[10]-4=18$

活动 a_{13}　　$e[13]=ve[8]=11$　　$l[13]=vl[9]-10=11$

活动 a_{14}　　$e[14]=ve[9]=21$　　$l[14]=vl[10]-1=21$

活动 a_{15}　　$e[15]=ve[10]=22$　　$l[15]=vl[11]-6=22$

最后,比较 $e[i]$ 和 $l[i]$ 的值可判断出 a_2,a_5,a_9,a_{13},a_{14},a_{15} 是关键活动,关键路径如图 1-76 所示。

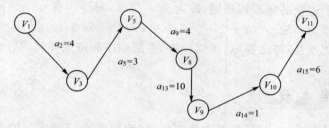

图 1-76　关于图 1-75 的 AOE 网的关键路径

1.7　查　找

查找(Searching)又称检索,是计算机的最重要的应用之一。所谓查找就是根据给定的条件,找出满足条件的结点。查找的结果有两种:找到满足条件的结点,称为查找成功;找不到满足条件的结点,称为查找不成功(或失败)。

在计算机中进行查找的方法随数据结构的不同而不同,查找方法的好坏直接影响计算机的使用效率。下面介绍几种常用的查找方法。

1.7.1　顺序查找

顺序查找又称线性查找。顺序查找的过程是:对给定的一关键字 K,从线性表的一端开始,逐个进行记录的关键字和 K 的比较,直到找到其关键字等于 K 的记录或到达表的另一端。

顺序查找所用的数据结构描述如下:

```
typedef struct
{
    int key; /* 主关键字 */
    float info; /* 其他信息 */
}SSTable;
```

顺序查找的算法描述如下：

```
int Searchseq(SSTable ST[ ], int n,int key)
{    /*在顺序表 ST 中顺序查找关键字等于 key 的元素*/
    /*若找到,函数值为该元素在表中的存储位置;若未找到,返回 0*/
    int i=n;
    ST[0]. key=key;
    while(ST[i]. key! =key) i－－; /*从表尾处往前查找*/
    return(i);
}
```

在这个算法中,使用了一个叫做"监视哨"的功能。也就是说,在查找前,将 key 赋值给 ST[0],则在查找过程中不用每一步都去判断是否查找结束。

根据上述算法,我们看到,如果要查找的恰好是表中最后一个元素,一次就能查到,如果是第一个元素,则需要查找 n 次。

假定查找每个记录的概率都相同,即为 $1/n$,那么,对于含有 n 个记录的表,查找成功时的平均查找长度为 $ASL=(1+2+3+\cdots+n)/n=(n+1)/2$。

顺序查找的优点是:算法简单,无需排序,采用顺序和链式存储均可。缺点是:平均查找长度较大。

1.7.2 折半查找

折半查找也称二分法查找,其基本思想是:先确定待查记录所在的范围(区间),然后逐步缩小范围直到找到或确认找不到该记录为止。折半查找必须在具有顺序存储结构的有序表中进行。

【例 1-11】 在下面的有序表中找关键字为 23 的数据元素。

(08,14,23,37,46,55,68,79,91)

解:假定用指针 low 和 high 分别指示待查元素所在范围的下界和上界,指针 mid 指示区间的中间位置,即 mid=(low+high)/2 且不进位取整,查找关键字为 23 的数据元素的查找过程如下:

第一次查找(08,　　14,　　23,　　37,　　46,　　55,　　68,　　79,　　91)
　　　　　　　↑low　　　　　　　　　↑mid　　　　　　　　　↑high

第二次查找(08,　　14,　　23,　　37,　　46,　　55,　　68,　　79,　　91)
　　　　　　　　　　↑low ↑mid　　↑high

第三次查找(08,　　14,　　23,　　37,　　46,　　55,　　68,　　79,　　91)
　　　　　　　　　　　　↑low ↑high
　　　　　　　　　　　　↑mid

折半查找的算法描述如下:

```
int SearchBin(SSTable ST[], int n, int key)
{    /*在有序表 ST 中折半查找关键字等于 key 的记录,n 是表中元素个数*/
    int low,high,mid;
    low=1;high=n; /*置区间初值*/
```

```
    while(low<=high)
    {
        mid=(low+high)/2;
        if(ST[mid].key==key) return(mid); /* 查找成功 */
        else if(key<ST[mid].key) high=mid-1; /* 在前半区间继续查找 */
        else low=mid+1; /* 在后半区间继续查找 */
    }
    return(0); /* 查找不成功 */
}
```

折半查找在最坏情况下查找长度为 $\lfloor \log_2 n \rfloor + 1$。可见，当表较大时，折半查找的效率要比顺序查找高，但它要求线性表是顺序存储结构且有序排列，排序线性表也会花费时间。

折半查找每次比较，表长都缩小一半：$1/2$、$1/4$、$1/8$、$1/16$，…，在第 k 次比较后，最多只剩 $\lfloor n/2^k \rfloor$ 个元素。最坏的情况下，最后只剩一个数据才找到，即 $\lfloor n/2^{k-1} \rfloor = 1$，所以最坏的情况下需要比较的次数是 $k = \lfloor \log_2 n \rfloor + 1$。折半查找成功查找时最多比较次数与 $\log_2 n$ 同阶，即该算法的时间复杂度为 $O(\log_2 n)$。

【例 1-12】　下面给出一个使用折半查找法的完整的 C 语言实例。在数组中存放学生的学号和姓名两项信息，程序根据输入的学号，使用折半查找法找到其在数组中的位置，然后将姓名显示出来。

```
#include <stdio.h>
typedef struct
{
    int no;
    char name[10];
}SSTable;
main()
{
    int no,j;
    int SearchBin(SSTable ST[], int n, int k);
    SSTable pp[5]={{0,"0"},{1,"王一"},{2,"王平"},{3,"刘红"},{4,"张朋"}}; /* pp[0]未用 */
    scanf("%d",&no);
    j=SearchBin(pp,4,no);
    if(j!=0) printf("The name is:%5s",pp[j].name);
    else printf("No Number");
}
int SearchBin(SSTable ST[], int n, int k)
{
    int low,high,mid;
    low=1;high=n;
    while(low<=high)
    {
```

```
        mid=(low+high)/2;
        if(ST[mid].no==k) return(mid);
        else if(k<ST[mid].no) high=mid-1;
        else low=mid+1;
    }
    return(0);
}
```

1.7.3　分块查找

分块查找又称索引顺序查找,这是顺序查找的一种改进方法。分块查找是把被查找的表分成若干块,每块中记录的存储顺序是无序的,但块与块之间必须按关键字有序。即第一块中任一记录的关键字都小于第二块中任一记录的关键字,而第二块中任一记录的关键字都小于第三块中任一记录的关键字,依此类推。这种查找方法要为被查找的表建立一个索引表,索引表中的一项对应于表中的一块,索引表中含有这一块中的最大关键字和指向块内第一个记录位置的指针,索引表中各项按关键字有序。图 1-77 就是用于分块查找的表的示例。

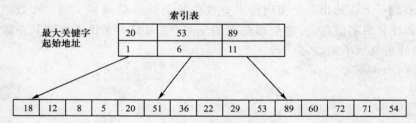

图 1-77　分块查找

分块查找过程分两步进行,先查索引表(索引表表长较短时可用顺序查找,较长时可用折半查找)确定要找的记录在哪一块,然后再在相应的块中查找。例如,我们要查找关键字为 12 的记录,由索引表的第一项可知要找的记录或者在第一块中,或者不存在,由此取到第一块中第一个记录的位置。接着就在第一块中进行顺序查找。分块查找的查找效率比顺序查找高,但不及二分法查找。

1.7.4　散列查找

散列(HASH)又称为杂凑,是使用广泛的一种查找技术。散列方法与其他几种查找方法不同之处在于:它是根据关键字的值,利用某个函数直接计算出元素所在的位置,而其他查找方法是通过一系列的关键字比较才确定出元素的所在位置。

我们把根据关键字而直接计算出元素所在位置的函数称为哈希函数,一般用 H 表示,而把能用散列方法进行查找的表称为散列表(或哈希表)。

哈希表是一种称为散列存储的存储结构,关键字是通过哈希函数和解决冲突的办法被存储在哈希表中。

一般情况下,关键字的集合比散列表的存储位置的数目大得多,可能会出现两个不同

的关键字 K_1 和 K_2，计算出相同的存储位置，即 $H(K_1) = H(K_2)$。这种现象称为冲突，K_1 和 K_2 互为同义词。

为了有效地使用散列方法，需要解决以下两方面的问题：

（1）构造好的哈希函数，使冲突的现象尽可能少；

（2）设计有效的解决冲突的方法。

1. 构造哈希函数的方法

构造哈希函数的方法很多，这里主要介绍以下几种。

（1）直接定址法

取关键字或关键字的某个线性函数值为散列地址。即

$$H(K) = K$$

或

$$H(K) = A * K + B$$

其中 A 和 B 为常数。

在表 1-3 所示的某保险公司的险种投保费用交纳表（20 年支付）中，将年份作为关键字，哈希函数取关键字自身，若查找第 3 年应交纳的保费，只要查找表的第 3 项即可。

表 1-3　　　　　　　　　　　直接定址哈希函数示例

地址	01	02	03	...	20
年份	1	2	3	...	20
保费	...	...	...	...	...

直接定址法所得地址集合和关键字集合大小相同，所以不会造成冲突。但这种方法实际应用很少。

（2）平方取中法

取关键字平方后的中间几位为哈希地址。例如，$K = 308$，$K^2 = 94864$，对一个表长为 1000 的散列表，可取 $H(K) = 486$。

（3）除后余数法

取关键字被某个不大于散列表表长 m 的数 p 除后所得的余数为哈希地址。即

$$H(K) = K \text{ MOD } p, p \leqslant m$$

其中 MOD 代表求余运算。一般选取 p 为小于散列表长度 m 的最大素数。如 m 为 20，p 可取 19。

2. 处理冲突的方法

处理冲突的方法主要有开放定址法和链地址法。

（1）开放定址法

所谓开放定址法就是当冲突发生时，使用某种探测方法在哈希表中形成一个探测序列。沿此序列逐个单元地查找，直到找到给定的关键字，或者碰到一个空的地址单元为止。

开放定址法是建立在存储结构为顺序存储的一维数组中，第 i 次计算冲突散列地址的公式为

$$H_i = (H(K) + d_i) \text{ MOD } m \quad i = 1, 2, \cdots, K (K \leqslant m - 1)$$

其中，H(K) 为哈希函数，m 为哈希表表长，d_i 为增量序列，若 $d_i = 1,2,\cdots,m-1$，称为线性探测再散列。

例如，在长度为 11 的散列表中，已填入关键字分别为 60、17、29，它们在哈希表中的位置分别是 5、6、7。若散列函数 $H(K) = K$ MOD 11，现有第 4 个数据，其关键字为 38，用线性探测再散列法处理冲突，向哈希表中插入关键字为 38 的过程如下：由散列函数得到散列地址 $H(K) = 38$ MOD $11 = 5$，产生冲突。若用线性探测再散列法处理时，得到下一个地址 $H_1 = (5+1)$ MOD $11 = 6$，仍冲突；再求下一个地址 $H_2 = (5+2)$ MOD $11 = 7$，仍冲突；直到散列地址为 $H_3 = (5+3)$ MOD $11 = 8$ 的位置为空时止，处理冲突的过程结束，38 填入哈希表中序号为 8 的位置，如图 1-78 所示。

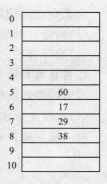

图 1-78　开放定址法

散列查找算法可描述如下：

```
#define M 100 /* 表长 */
int h(int k)
{  /* 求散列地址 */
    return(k%97);
}/* 哈希函数 */
int SearchHase(int t[ ], int k)
{  /* 在哈希表 t 中查找关键字为 k 的元素,若查找成功返回待查元素在表中的位置 */
    /* 否则返回-1 */
    j=0;
    i=h(k); /* 求哈希地址 */
    while((j<M)&&(t[(i+j)%M]! =k)&&(t[(i+j)%M]! =0))
        /* 该地址有数据且与待查关键字不相等时,求下一地址 */
        j++;
    i=(i+j)%M
    if(t[i]==k) return(i); /* 查找成功 */
    else return(-1); /* 查找不成功 */
}
```

用开放定址法处理冲突的缺点是：关键字的不同散列函数值造成探测次数多，删除运算较难，溢出处理复杂。因此，在处理动态变化的表时最好采用另一种方法，即链地址法。

(2) 链地址法

链地址法是将所有关键字为同义词的数据存储到同一个单链表中。例如，有一组关键字为 (21,14,19,58,65,32,72)，则按哈希函数 $H(K) = K$ MOD 11 和链地址法处理冲突构造所得的哈希表如图 1-79 所示。

使用链地址法处理冲突的优点是插入和删除方便，

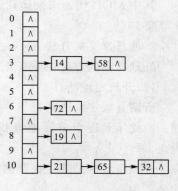

图 1-79　链地址法

缺点是占用存储空间较多。

1.8 排 序

1.8.1 概 述

排序(Sorting)是计算机程序设计中的另一重要运算,这种运算在情报处理、各种管理系统的软件中得到广泛的应用。

排序的功能是将一个数据元素(或记录)的任意序列重新排成一个按关键字有序的序列。

一次排序过程可由两步操作组成:首先要比较两个关键字的大小,然后将数据从一个位置移动到另一个位置。

假设待排序的数据存储在地址连续的一组存储单元上,那么这种存储方式下的数据类型可以描述为:

```
# define MAX 20 / * 顺序表的最大长度 * /
typedef struct
{
    int key; / * 关键字项 * /
    float otherinfo; / * 其他数据项 * /
}RedType;
```

1.8.2 插入排序

插入排序是指将一个待排元素插入到一个有序序列中,使插入后的序列仍有序。

1. 直接插入排序

直接插入排序是一种最简单的排序方法,它的基本思想是:从数组中的第2个元素开始,从数组中顺序取出元素,并将该元素插入到其左端已排好序的数组的适当位置上。对于有 n 个数据元素的待排序列,插入操作要进行 $n-1$ 次。

例如,待排元素的关键字序列为

53,27,36,15,69,42

则用直接插入排序进行的排序过程如图 1-80 所示。

整个排序过程从第2个记录开始,共需要进行 $n-1$ 次插入,插入算法如下:

```
void InsertSort(RedType L[ ], int n)
{ / * 对顺序表 L 作直接插入排序(递增) * /
    int i,j;
    for(i=2;i<=n;i++)
        if(L[i]. key<L[i-1]. key)
        {
            L[0]=L[i]; / * L[0]作为监视哨 * /
            for(j=i-1;L[0]. key<L[j]. key;--j)
```

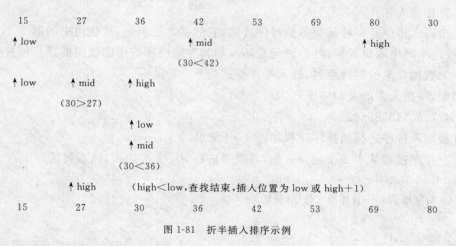

图 1-80　直接插入排序示例

```
        L[j+1]=L[j]; /*记录后移*/
    L[j+1]=L[0]; /*插入*/
    }
}
```

直接插入排序算法适合于 n 较小的情况,它的时间复杂度为 $O(n^2)$。

2. 折 半 插 入 排 序

折半插入排序也叫二分法插入排序,它是对直接插入排序的改进。折半插入排序在寻找插入位置时不像直接插入排序那样逐个比较,而是利用折半查找的原理寻找插入位置。当需排序的数据元素越多,折半插入排序的改进效果就越显著。

例如,待排元素的关键字序列为

15,27,36,42,53,69,80,30

在前 7 个记录都已排好序的基础上,利用折半插入法插入第 8 个记录的排序过程如图 1-81 所示。

```
    15          27          36          42          53          69          80          30
    ↑low                                ↑mid                                ↑high
                            (30<42)

    ↑low        ↑mid        ↑high
            (30>27)

                            ↑low
                            ↑mid
                        (30<36)

            ↑high           (high<low,查找结束,插入位置为 low 或 high+1)
    15          27          30          36          42          53          69          80
```

图 1-81　折半插入排序示例

折半插入排序的算法可描述如下:

```
void BInsertSort(RedType L[ ], int n)
{ /*对顺序表 L 作折半插入排序(递增)*/
    int i,low,high,mid;
```

```
for(i=2;i<=n;++i)
{
    L[0]=L[i]; /* L[0]作为监视哨 */
    low=1; high=i-1;
    while(low<=high)
    {
        mid=(low+high)/2; /* 折半后的位置 */
        if(L[0].key<L[n].key) high=mid-1; /* 插入点在低半区 */
        else low=mid+1; /* 插入点在高半区 */
    }
    for(j=i-1;j>=high+1;--j)
        L[j+1]=L[j]; /* 记录后移 */
    L[high+1]=L[0]; /* 插入 */
}
}
```

折半插入排序与直接插入排序相比,减少了关键字的比较次数,但记录的移动次数不变,其时间复杂度仍为 $O(n^2)$。

1.8.3 选择排序

选择排序是在待排序的 n 个记录中用某种方法选出关键字最大(或最小) 的记录,然后再从其余 $n-1$ 个记录中选出关键字最大(或最小) 的记录,直至选出 n 个记录,这里只讨论简单选择排序和堆排序。

1.简单选择排序

这种排序方法首先从 1 到 n 个元素中选出关键字最小的记录交换到第一个位置上。然后从第 2 到 n 个元素中选出关键字次小的记录交换到第 2 个位置上,依次类推。

图 1-82 所示为简单选择排序过程示例。

```
待排元素序列  [5   4   12   20   27   3   1]

         1  [4   12   20   27   3   5]

         1   3  [12   20   27   4   5]

         1   3   4  [20   27   12   5]

         1   3   4   5  [27   12   20]

         1   3   4   5   12  [27   20]

已排序表  1   3   4   5   12   20  [27]
```

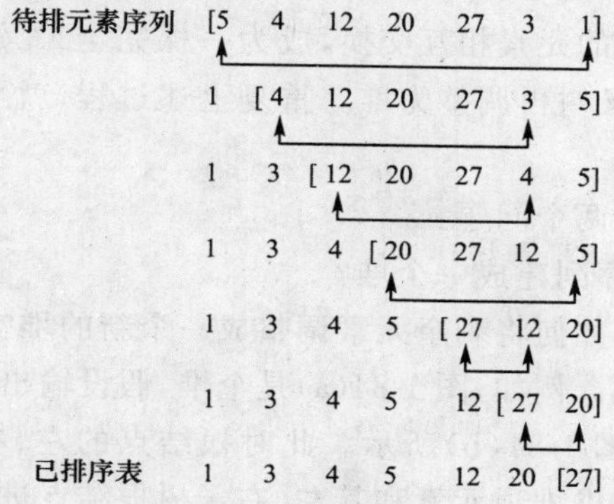

图 1-82 简单选择排序过程示例

简单选择排序的算法可描述如下:

```
void SelectSort(RedType L[ ], int n)
{/* 对顺序表 L 作简单选择排序 */
```

```
int i,k,j,t;
for(i=1;i<=n;++i)
{   /*选择第i小的元素,并交换到位*/
    k=i;
    for(j=i+1;j<=n;++j)
        if(L[j].key<L[k].key)
            k=j;  /*用k记录当前最小元素的位置*/
    if(k!=i)
    {
        t=L[i];
        L[i]=L[k];
        L[k]=t;
    }
}
```

简单选择排序的时间复杂度为 $O(2^n)$,一般用于待排序元素个数较少的情况。

2. 堆排序

堆是具有特定条件的顺序存储的完全二叉树,其特定条件是:任何一个非叶子结点的关键字值大于等于(或者小于等于)子女的关键字的值。堆的例子如图 1-83 所示。

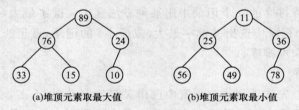

(a)堆顶元素取最大值   (b)堆顶元素取最小值

图 1-83 堆的例子

根据堆的定义,我们知道堆顶元素必为序列的最大值(或最小值)。所以,我们可以把堆顶元素和堆中编号最大的元素相互交换,成为一棵完全二叉树。删除完全二叉树的编号最大的结点,把完全二叉树再调整为堆。重复上述过程,就可以排好序,这个过程称为堆排序。

实现堆排序需要解决两个问题:

(1)如何由一个无序序列建成一个堆?

(2)输出堆顶元素后,如何将剩余元素调整成一个新的堆?

首先讨论第二个问题。例如,图 1-84(a)是个堆,假设输出堆顶元素之后,将堆中最后一个元素交换到堆顶,如图 1-84(b)所示。此时根结点的左、右子树均为堆,则仅需自上至下进行调整即可。首先以堆顶元素和其左、右子树根结点进行比较,由于左子树根结点的值小于右子树根结点的值且小于堆顶元素的值,则将堆顶元素与其左子树根结点的值互换,即 25 和 65 交换;由于 65 替代了 25 之后破坏了左子树的堆,则需进行和上述相同的调整,直至叶子结点。调整后的状态如图 1-84(c)所示。

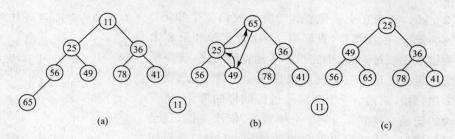

图 1-84   输出堆顶元素并调整建新堆的过程

我们把自堆顶至叶子结点的调整过程称为筛选。一个无序序列建堆的过程就是一个反复筛选的过程。

例如,一个无序序列为

25,56,49,78,11,65,41,36

将这些数据看做是一棵任意次序的完全二叉树,如图 1-84(a)所示。筛选运算应从最末尾结点(下标为 n)的父结点(下标 $\lfloor n/2 \rfloor$)开始,向前逐个结点进行,直至筛选完根结点即形成堆。图 1-85(a)的例子共有 8 个结点,故从第 4 个结点开始,由于 78>36,则交换之,交换后的序列如图 1-85(b)所示。同理,在第 3 个结点 49 被筛选之后的序列状态如图 1-85(c)所示。第 2 个结点 56 被筛选之后的序列状态如图 1-85(d)所示。最后把根结点 25 筛选出后,即建成堆,如图 1-85(e)所示。

堆排序对 n 较大的文件是很有效的。在最坏的情况下,它的时间复杂度为 O($n$log$_2$$n$)。

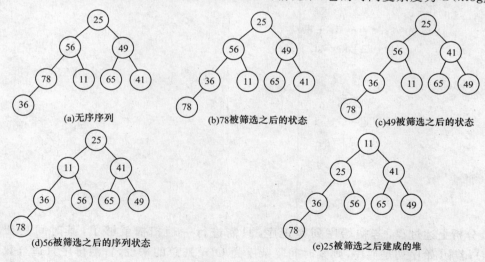

图 1-85   建初始堆的过程

1.8.4   交换排序

交换排序其特征在于“交换”。常用的交换排序有冒泡排序和快速排序。

1. 冒泡排序

冒泡排序的基本思想是:小的浮起,大的沉底。

冒泡排序是从一端开始,首先比较第 1 个记录和第 2 个记录的关键字,若 L[1].key

大于 L[2]. key，则相互交换位置；然后比较第 2 个和第 3
个记录的关键字，依次类推，直到第 $n-1$ 个记录和第 n 个
记录的关键字比较过为止，即完成第 1 趟冒泡排序，排序结
果使关键字最大的记录被交换到最后一个位置上。然后再
进行第 2 趟扫描，对前 $n-1$ 个记录进行同样的操作，将关
键字次大的记录交换到第 $n-1$ 个位置上。依次类推，直至
做完一趟扫描但一次交换也没有或做完 $n-1$ 趟扫描后即
完成排序。

初始序列	第1趟排序后	第2趟排序后	第3趟排序后	第4趟排序后	第5趟排序后
25	25	25	25	11	11
56	49	49	11	25	25
49	56	11	49	41	36
78	11	56	41	36	41
11	65	41	36	49	
65	41	36	56		
41	36	65			
36	78				

图 1-86　冒泡排序示例

例如，待排序的元素的关键字序列为

25,56,49,78,11,65,41,36

则用冒泡排序进行的排序过程如图 1-86 所示。

冒泡排序的算法如下：

```
void BubbleSort(RedType L[ ], int n)
{ / * 对顺序表 L 作冒泡排序 * /
    RedType x;
    j=1;
    k=1;
    while((j<n) & & (k>0))
    {
        k=0;
        for(i=1;i<=n-j;i++)
            if(L[i+1]. key<L[i]. key)
            {
                k++;
                x=L[i];
                L[i]=L[i+1];
                L[i+1]=x;
            } / * 交换 * /
        j++;
    }
}
```

分析上述过程，若初始序列是正序，只需进行一趟扫描就够了，其时间复杂度为
$O(n)$；若初始序列是逆序，则其时间复杂度为 $O(n^2)$。总的来说，冒泡排序只适合数据较
少的情况。

2. 快速排序

快速排序是对冒泡排序的改进，它的基本思想是通过一趟排序将待排序列分成两部
分，使得其中一部分记录的关键字均比另一部分记录的关键字小，再分别对这两部分记录
排序，以达到整个序列有序。

选取表中第一个记录的关键字作为基准值，将关键字比基准值小的记录放在基准记
录之前，将关键字比基准值大的记录放在基准记录之后。具体做法是：附设两个指针 low

和 high,初值分别指向第一个记录和最后一个记录,首先从 high 所指位置起向前搜索,找到第一个小于基准值的记录与基准记录交换,然后从 low 所指位置起向后搜索,找到第一个大于基准值的记录与基准记录交换,重复这两步直至 low=high 为止。

例如,待排序的元素的关键字序列为

23 52 6 67 18

则用快速排序进行的排序过程如图 1-87 所示。

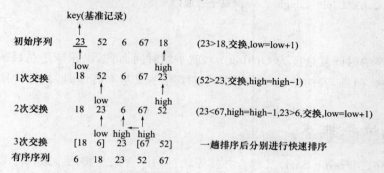

图 1-87 快速排序示例

快速排序的算法由两部分组成:一部分是由基准值把某一区间的数据分成两个子表,使左边子表的值都小于或等于这个基准值,使右边子表的值都大于或等于这个基准值;另一部分是递归地调用。它们分别描述如下:

```
int Partition(RedType L[ ], int low, int high)
{ / * 使基准记录之前(后)的记录均小于(大于)或等于基准记录 * /
    L[0]=L[low]; / * 第一个记录作为基准记录 * /
    key=L[low]. key; / * key 为基准记录关键字 * /
    while(low<high)
    {
        while(low<high && L[high]. key>=key)
            --high;
        L[low]=L[high]; / * 将关键字小于或等于基准值的记录交换到低区 * /
        while(low<high && L[low]. key<=key)
            ++low;
        L[high]=L[low]; / * 将关键字大于或等于基准值的记录交换到高区 * /
    }
    L[low]=L[0]; / * 基准记录到位 * /
    return(low); / * 返回基准记录位置 * /
}


void QSort(RedType L[ ], int n)
{ / * 对顺序表 L 作快速排序 * /
    Quick(L,1,n);
}
```

```
void Quick(RedType L[], int low, int high)
{
    if(low<high)
    {
        pi＝Partition(L,low,high); /＊将表分成两部分＊/
        Quick(L,low,pi－1); /＊对低子表递归＊/
        Quick(L,pi＋1,high); /＊对高子表递归＊/
    }
}
```

快速排序的时间复杂度为 $O(n\log_2 n)$，就平均时间而言，快速排序是目前最好的一种内部排序方法，但是，若初始记录序列按关键字有序或基本有序时，快速排序的时间复杂度为 $O(n^2)$。

1.8.5　归并排序

归并排序(Merging Sort)又称合并排序。"归并"含义是将两个或两个以上的有序表组合成一个新的有序表。归并排序的思想与上面介绍的几种排序方法都有所不同，它把具有 n 个记录的表看成是 n 个有序的子表，每个子表的长度为1，然后两两归并得到 $n/2$ 个长度为 2 或为 1 的有序子表；再两两归并，……，如此重复，直到得到一个长度为 n 的有序表为止，这种排序方法称为二路归并排序。归并排序示例如图 1-88 所示。

归并排序算法也由两部分组成：一部分，也是算法的核心部分，是将两个有序表归并为一个有序表；另一部分是递归地调用。

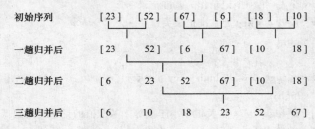

图 1-88　归并排序示例

1.8.6　内部排序方法的选择

本节所介绍的各种内部排序方法的性能比较见表 1-4。其中简单排序包括起冒泡排序、简单选择排序和插入排序。

由于各种排序方法各有优缺点，因此在不同的情况下可做不同的选择。通常要考虑的因素有：待排序的记录个数；记录本身的大小；记录的键值分布情况等。

待排序的记录个数 n 较小时，可采用简单排序方法；n 较大时，可采用快速排序或堆排序，但这两种方法都是不稳定的排序方法。若待排序的记录已基本有序，可采用冒泡排序。

表 1-4　　　　　　　　　　　常用排序方法性能比较

排序方法	时间复杂度	最坏情况	辅助存储
简单排序	$O(n^2)$	$O(n^2)$	$O(1)$
快速排序	$O(n\log_2 n)$	$O(n^2)$	$O(\log_2 n)$
堆排序	$O(n\log_2 n)$	$O(n\log_2 n)$	$O(1)$
归并排序	$O(n\log_2 n)$	$O(n\log_2 n)$	$O(n)$

习　题

1. 什么叫数据结构? 请举例说明数据结构对算法有什么影响。

2. 假设某算法需要下列的运行次数,请问其"O"表示法分别是什么。

A. $\sum_{1 \leqslant i \leqslant n} i$　　　　B. $\sum_{1 \leqslant i \leqslant n} 1$　　　　C. $\sum_{1 \leqslant i \leqslant n} i^2$

3. 下面程序段的时间复杂度是多少?

```
s=0;
for(i=0;i<n;i++)
    for(j=0;j<n;j++)
        s+=B[i][j];
sum=s;
```

4. 试比较顺序表和链表的优缺点。

5. 某百货公司仓库中,有一批电视机,按其价格由高到低的顺序存储在计算机中,经常发生的操作是入库和出库。现在又新到 m 台价格为 h 元的电视机需入库,请你为仓库管理系统设计一种数据结构,并画出逻辑示意图。用逻辑示意图的形式给出增加电视机到数据结构中(插入操作)的思想。

注意:数据元素是(数量,价格),数据元素中的价格各不相同。

6. 在飞机预订票系统中,旅客表按乘客姓(按拼音字母)的顺序排列,请问涉及对旅客表的哪些操作? 采用何种方式组织旅客表(存储结构)? 请画出组织旅客表的逻辑示意图。

7. 请举出可采用线性表的顺序存储结构组织数据的应用实例。

8. 编写一个算法,统计输入数中正数和负数的个数,输入"0"则结束输入。

9. 对以下单链表分别运行下列各程序段,并画出结果示意图。

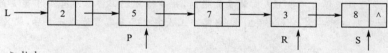

(1)L=P->link;

(2)R->data=P->data;

(3)R->data=P->link->data;

(4)P->link->link->link->data=P->data;

(5)T=P;

```
    while(T! =NULL)
    {
        T->data=T->data * 2;
        T=T->link;
    }
```

(6)T=P；

    while(T—>link！＝NULL)

    {

        T—>data＝T—>data＊2；

        T＝T—>link；

    }

(7)P=(JD ＊)malloc(sizeof(JD))；

    P—>data＝10；

    R—>link＝P；

    P—>link＝S；

(8)T=L；

    T—>link＝P—>link；

    free(P)；

(9)S—>link＝L；

10.画出下列表达式求值时操作数栈和运算符栈的变化过程：A＋B＊C－D/E。

11.假设一算术表达式存放在数组 $A[1\cdots n]$ 中，表达式中包含花括号"{"和"}"、方括号"["和"]"，利用栈的运算，设计判别表达式中的括号是否匹配的算法。

12.设栈 S 为空，队列 Q 的状态是 $abcd$ ，其中 a 为队首元素，d 为队尾元素，经过下面两个操作后，队列 Q 的状态是(　　　)。

(1)删除队列 Q 中的元素，将删除的元素插入栈 S ，直至队列 Q 为空。

(2)依次将栈 S 中的元素插入队列 Q ，直至栈 S 为空。

A. $abcd$　　　　　　B. $acbd$　　　　　　C. $dcba$　　　　　　D. $bacd$

13.若入栈序列为3,5,7,9,入栈过程中可以出栈,则不可能的一个出栈次序是(　　　)。

A.7,5,3,9　　　　　　B.9,7,5,3　　　　　　C.7,5,9,3　　　　　　D.9,5,7,3

14.设用一维数组 $A[1\cdots n]$ 来存储一个栈,令 $A[n]$ 为栈底,T 指示当前栈顶位置,$A[T]$ 为栈顶元素。当从栈顶弹出一个元素时,T 的变化为(　　　)。

A. $T=T+1$　　　　B. $T=T-1$　　　　C. T 不变　　　　D. $T=n$

15.用一维数组设计栈,初态是栈空,top=0。现有输入序列是 a、b、c、d ,经过 push、push、pop、push、pop、push 操作后,输出序列是(　　　),栈顶指针是(　　　)。

16.假设某单位每天要有一批工人向调度员报到,并等待分配工作。当有工作需要分配时,调度员就从等待分配的工人中派一名去做该项工作;当某个工人完成了分配给他的任务后,就又回到调度室等待再次分配工作。

调度员的调度原则是在保证人人有工作的前提下,鼓励勤快和熟练的工人。请问对应这种分配原则所采用的数据结构是什么? 调度员都需要做哪些工作?

17.对于下面的程序调用过程,请问入栈序列是(　　　),出栈次序是(　　　)。

程序A	子程序B	子程序C	子程序D
...	...	begin	begin
call B;	call C;		
1:	2:		
...	...	...	...
call D;			
3:	return	return	return

18.试写出下面两个稀疏矩阵相乘的算法。

$$\begin{bmatrix} a_{11} & 0 & \cdots & \cdots & 0 \\ a_{21} & a_{22} & 0 & \cdots & 0 \\ a_{31} & a_{32} & a_{33} & \cdots & 0 \\ \cdots & \cdots & \cdots & \cdots & \cdots \\ a_{n1} & a_{n2} & a_{n3} & \cdots & a_{nn} \end{bmatrix}$$

19. 设下三角阵如下：

如果按行序为主序将下三角元素 $a_{ij}(i \geqslant j)$ 存储在一个一维数组 $B[1 \cdots n(n+1)/2]$ 中,对任意下三角元素 a_{ij},它在数组 B 中的下标为(　　)。

20. 根据右面这棵树回答以下问题：

(1)哪个是根结点；

(2)哪个是叶子结点；

(3)哪个是结点 G 的双亲；

(4)哪个是结点 B 的孩子；

(5)层次数为 3 的结点有哪些；

(6)树的深度是多少；

(7)画出对应的二叉树。

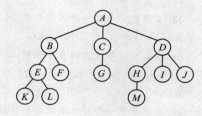

21. 试以二叉链表作为存储结构,将二叉树中所有结点的左右子树进行交换。

22. 试以二叉链表作为存储结构,判别给定二叉树是否是完全二叉树。

23. 具有 n 个结点的二叉树的最大深度为(　　)。

24. 一棵非空二叉树第 i 层上结点数为(　　)。

25. 某二叉树的前序遍历结点次序是 $ABCDEFG$,中序遍历结点次序是 $CBDAFEG$,则后序遍历结点的次序是(　　)。

26. 设电文中出现的字母为 A,B,C,D 和 E,每个字母在电文中出现的次数分别为 9,27,3,5 和 11。按哈夫曼编码得出字母 C 的编码是(　　)。

27. 设树 T 的度为 4,其中度为 1,2,3 和 4 的结点个数分别是 4,2,1 和 1,则 T 中叶子结点的个数是(　　)。

28. 有 n 个叶子结点的哈夫曼树,其结点总数为(　　)。

29. 试证明:仅仅已知一棵二叉数的先序遍历次序和后序遍历次序,不能唯一地确定这棵二叉树。

30. 对于右面的有向图,回答下列问题：

(1)计算图中每一顶点的入度和出度；

(2)画出图的邻接矩阵；

(3)画出图的邻接表；

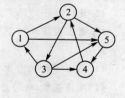

(4)以顶点 1 为起点,分别给出所有深度优先和广度优先遍历图时的顶点序列。

31. 对于右面的无向图,回答下列问题：

(1)计算图中每一顶点的度；

(2)画出图的邻接矩阵；

(3)画出图的邻接表；

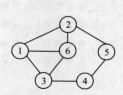

(4)以顶点 1 为起点,分别给出所有深度优先和广度优先遍历图时的顶点序列。

32. 对于下面所示的 VOE 网,回答下列问题：

(1)每个事件的最早发生时间和最迟开始时间；

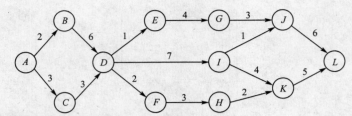

(2)哪些活动是关键活动；

(3)列出各条关键路径。

33. 在具有 n 个结点的线性表中,用顺序查找法查找一个元素的平均查找长度是(   )。

A. $O(n^2)$ B. $O(n)$ C. $O(\log_2 n)$ D. $O(n\log_2 n)$

34. 在具有 n 个结点的有序表中,分别用顺序查找法和折半查找法查找一个元素 K,比较的次数分别是 a 和 b,则在查找不成功时 a 和 b 的关系为(   )。

A. $a < b$ B. $a > b$ C. $a = b$ D. 与 K 值大小有关

35. 如果要求一个线性表既能较快地查找,又能适应动态变化的要求,可以采用(   )查找方法。

A. 顺序   B. 折半   C. 分块   D. 散列

36. 分块查找对线性表的要求是(   )。

37. 分别画出在有序表(8,12,17,28,34,44,56,65,79)中查找关键字为 12 和 65 的数据元素的查找过程。

38. 为有效地使用散列技术需要解决的问题是(   )。

39. 设散列表为 $T[0\cdots m]$,初始状态为空,用线性探测法解决冲突,将 $n(n < m)$ 个不同的关键字插入到散列表中,如果这 n 个关键字的散列地址都相同,至多需要比较(   )次。

40. 在地址空间为 0～10 的散列区中,对以下关键字序列构造两个哈希表:

(31,23,17,27,19,11,13,91,61,41)

(1)用线性探测开放定址法处理冲突;

(2)用链地址法处理冲突。

设哈希函数 $H(k) = k \ \mathrm{MOD} \ 7$,计算在等概率情况下查找成功时的平均查找长度。

41. 设待排序的记录为{30,18,7,14,23},经过下列过程将这些记录排序所用的排序方法是(   )。

(1)18,30,7,14,23   (2)7,18,30,14,23   (3)7,14,18,30,23   (4)7,14,18,23,30

42. 设待排序的记录为{30,18,7,14,23},用归并排序对该记录进行一趟扫描后的结果是(   )。

43. 用直接插入排序法对序列{15,11,9,10,13}进行排序,关键字比较的次数是(   )。

A. 8   B. 10   C. 7   D. 4

44. 编写下列程序并给出运行结果。

(1)顺序查找;(2)折半查找;(3)冒泡排序;(4)快速排序。

45. 编写程序,利用栈数据结构求表达式的值。

46. 编写程序,实现哈夫曼树及哈夫曼编码的构造。

47. 编写程序,实现有向图的拓扑排序。

48. 编写程序,求一个 AOE 网的关键路径。

第 2 章

数据库技术基础

2.1 数据库系统概论

数据库技术是研究数据库的存储、设计和使用的技术，是计算机领域的一个重要分支。随着计算机应用的普及，人们在实际应用中对数据库技术提出了更高的要求，推动着数据库技术不断发展。数据库在当今信息管理和信息处理中的作用越来越明显。

2.1.1 数据库及相关概念

数据库、数据库管理系统、数据库系统和数据库应用系统是与数据库技术密切相关的几个重要概念。

1. 数据库(DB)

数据库(DataBase)是具有统一结构形式、可共享的、长期存储在计算机内的数据的集合。数据库中的数据以一定的数据模式描述、存储，具有很小的冗余度、较高的数据独立性和易扩展性，可为不同的用户共享。

2. 数据库管理系统(DBMS)

数据库管理系统(DataBase Management System)是一组用于数据管理的通用化软件组成的软件系统，位于用户与操作系统之间，是数据库系统的核心。它负责数据库中的数据组织、数据操纵、数据维护和数据控制等功能的实现。

DBMS是借助于操作系统实现对数据的存储和管理。数据库中的数据是具有海量级的数据，并且其结构复杂，因此需要提供管理工具。DBMS为用户提供了可使用的数据库语言，并为用户或应用程序提供访问数据库的方法。

3. 数据库系统(DBS)

数据库系统(DataBase System)是由数据库、数据库管理系统、数据库管理员和用户等组成的计算机系统的总称。数据库系统不是单指数据库和数据库管理系统，而是指使用数据库技术后组成的计算机系统。数据库管理员(DataBase Administrator，简称DBA)是专门从事数据库设计、管理和维护的工作人员。由于数据库的共享性，因此需要由专门的人员进行管理。

在不引起混淆的情况下，人们常常把数据库系统简称为数据库。

数据库系统可以用图 2-1 表示。

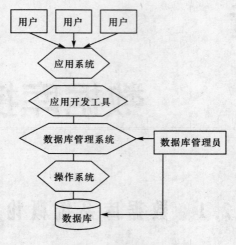

图 2-1　数据库系统

4. 数据库应用系统(DBAS)

数据库应用系统(DataBase Application System)是由数据库系统、应用软件和应用界面三者组成,具体包括:数据库、数据库管理系统、数据库管理员、硬件平台、软件平台、应用软件、应用界面。其中,应用软件是由数据库系统所提供的数据库管理系统及数据库系统开发工具书写而成,而应用界面大多由相关的可视化工具开发而成。

2.1.2　数据管理技术的发展

数据管理是指如何对数据进行分类、组织、编码、存储、检索和维护,它是数据处理的中心问题。计算机的数据管理技术经历了人工管理、文件系统管理和数据库系统三个阶段。

1. 人工管理阶段

20 世纪 50 年代中期以前,计算机主要用于科学计算,少量用于数据处理,对于数据保存的需求并不迫切。此时硬件状况是没有磁盘等直接存取的存储设备,软件状况是没有操作系统。数据处理方式是批处理。在算题时是将原始程序与数据一起输入内存,运算结束后输出结果,并释放程序和数据所占据的存储空间。这一时期,程序和数据混为一体,由人工处理。

人工管理数据具有以下特点:

(1)数据不保存

由于当时计算机主要用于科学计算,一般不需要将数据长期保存,只是在计算某一课题时将数据输入,用完就撤走。不仅对用户数据如此处置,对系统软件有时也是这样。

(2)应用程序管理数据

数据需要由应用程序自己管理,没有相应的软件系统负责数据管理工作。应用程序中不仅要规定数据的逻辑结构,而且要设计物理结构,包括存储结构、存取方法、输入方式等。因此程序员负担很重。

（3）数据不共享

数据是面向应用的，一组数据只能对应一个程序。当多个应用程序涉及某些相同数据时，由于必须各自定义，无法互相利用、互相参照，因此程序之间有大量的冗余数据。

（4）数据不具有独立性

数据的逻辑结构和物理结构发生变化后，必须对应用程序作相应的修改，这就进一步加重了程序员的负担。

2. 文件系统管理阶段

20 世纪 50 年代后期到 60 年代中期，进入文件系统管理阶段，计算机不仅用于科学计算，而且还大量用于管理，此时硬件方面，有了磁盘等直接存取的存储设备；软件方面，有了操作系统，有了管理数据的软件。处理方式上不仅有了文件批处理，而且能够联机实时处理。应用程序通过文件系统管理建立和存储文件，也通过文件系统管理存取文件中的数据，其示意如图 2-2 所示。

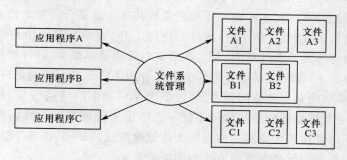

图 2-2 文件系统管理方式

文件系统管理数据具有以下特点：

（1）数据可以长期保存

由于计算机大量用于数据处理，数据需要长期保留在外存上，反复进行查询、修改、插入和删除操作。

（2）由文件系统管理数据

由专门的软件即文件系统进行数据管理，程序和数据之间由软件提供的存取方法进行转换，使应用程序与数据之间有了一定的独立性，程序员可以不必过多地考虑物理细节，将精力集中于算法。而且数据在存储上的改变不一定反映在程序上，大大节省了维护程序的工作量。

（3）数据共享性差，冗余度大

在文件系统中，一个文件基本上对应于一个应用程序，即文件仍然是面向应用的。当不同的应用程序具有部分相同的数据时，也必须建立各自的文件，而不能共享相同的数据，因此数据的冗余度大，浪费存储空间。同时由于相同数据的重复存储、各自管理，给数据的修改和维护带来了困难，容易造成数据的不一致性。

（4）数据独立性低

文件系统中的文件是为某一特定应用服务的，文件的逻辑结构对该应用程序来说是优化的，因此要想对现有的数据再增加一些新的应用会很困难，系统不容易扩充。一旦数据的逻辑结构改变,必须修改应用程序,修改文件结构定义。而应用程序的改变,例如应用程序改用不同的高级语言等,也将引起文件的数据结构的改变。因此数据与程序之间仍缺乏独立性。可见,文件系统仍然是一个不具有弹性的无结构的数据集合,即文件之间是孤立的,不能反映现实世界事物之间的内在联系。

文件系统管理方式虽然比人工管理有了很大的改进,但仍然存在以下弱点:

(1)尽管数据以文件方式独立存储,但是由于程序与文件紧密相关,一个文件一般不能由多个应用程序共享。

(2)由于不同应用程序各自建立自己的数据文件,往往出现同一数据在不同的文件中重复建立,造成数据冗余,降低存储空间的利用率。

(3)不能反映数据之间的联系,容易出现数据的不一致性。

3.数据库系统阶段

20世纪60年代中期之后,计算机用于管理的规模更为庞大,应用越来越广泛,数据量急剧增长,同时多种应用、多种语言互相覆盖地共享数据集合的要求越来越强烈。这时硬件已有大容量磁盘,硬件价格下降;软件则价格上升,为编制和维护系统软件及应用程序所需的成本相对增加。在处理方式上,联机实时处理要求更多,并开始提出和考虑分布处理。在这种背景下,以文件系统管理作为数据管理手段已经不能满足应用的需求,于是为解决多用户、多应用共享数据的需求,使数据为尽可能多的应用服务,就出现了数据库技术,出现了统一管理数据的专门软件系统——数据库管理系统。数据管理进入数据库系统阶段。数据库管理系统克服了传统的文件管理方式的缺陷,提高了数据的一致性,减少了数据冗余。典型的数据库管理方式如图2-3所示。

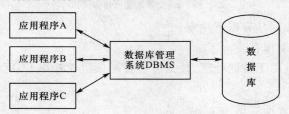

图2-3　数据库管理方式示意图

数据库系统管理数据具有以下特点:

(1)数据结构化

数据结构化是数据库与文件系统的根本区别。在文件系统中,相互独立的文件的记录内部有了某些结构,但记录之间没有联系,数据的最小存取单位是记录,粒度不能细到数据项。在数据库系统中不仅数据是结构化的,而且存取数据的方式也很灵活,可以存取数据库中的某一个数据项、一组数据项、一个记录或一组记录。

(2)数据共享性好,冗余度低

数据的共享程度直接关系到数据的冗余度。数据库系统从总体角度看待和描述数据,数据不再面向某个应用而是面向整个系统。

(3)数据独立性高

数据库系统提供了两方面的映像功能,从而使数据既具有物理独立性,又具有逻辑独立性。

数据库系统的一个映像功能是数据的存储结构与逻辑结构之间的映像或转换功能。这一映像功能保证了当数据的存储结构(或物理结构)改变时,通过对映像的相应改变可以保持数据的逻辑结构不变,从而应用程序也不必改变。这就是数据与程序的物理独立性,简称数据的物理独立性。

数据库系统的另一个映像功能是数据的总体逻辑结构与某类应用所涉及的局部逻辑结构之间的映像或转换功能。这一映像功能保证了当数据的总体逻辑结构改变时,通过对映像的相应改变可以保持数据的局部逻辑结构不变,由于应用程序是依据数据的局部逻辑结构编写的,所以应用程序不必修改。这就是数据与程序的逻辑独立性,简称数据的逻辑独立性。

数据与程序之间的独立性,使得可以把数据的定义和描述从应用程序中分离出去。另外,由于数据的存取由 DBMS 管理,用户不必考虑存取路径等细节,从而简化了应用程序的编制,大大减少了应用程序的维护和修改。

(4)数据由 DBMS 统一管理和控制

由于对数据实行了统一管理,而且所管理的是有结构的数据,因此在使用数据时可以有很灵活的方式,可以取整体数据的各种合理子集或者加上一小部分数据,便可以有更多的用途,满足新的要求。因此使数据库系统弹性大,易于扩充。

除了管理功能外,为了适应数据共享的环境,DBMS 还必须提供以下几方面的数据控制功能:

①数据的安全性(Security)保护

数据的安全性是指保护数据,防止不合法使用数据造成数据的泄密和破坏,使每个用户只能按规定对某些数据以某些方式进行访问和处理。

②数据的完整性(Integrity)约束

数据的完整性是指数据的正确性、有效性和相容性。即将数据控制在有效的范围内,或要求数据之间满足一定的关系。

③并发(Concurrency)控制

当多个用户的并发进程同时存取、修改数据库时,可能会发生相互干扰而得到错误的结果,并使得数据库的完整性遭到破坏,因此必须对多用户的并发操作加以控制和协调。

④数据库恢复(Recovery)

计算机系统的硬件故障、软件故障、操作员失误以及故意破坏也会影响数据库中数据的正确性,甚至造成数据库部分或全部数据的丢失。DBMS 必须具有将数据库从错误状态恢复到某一已知的正确状态(也称完整状态或一致状态)的功能,这就是数据库的恢复功能。

综上所述,数据库是长期存储在计算机内有组织的大量的共享的数据集合。它可以供各种用户共享,具有最小冗余度和较高的数据独立性。DBMS 在数据库建立、运用和维护时对数据库进行统一控制,以保证数据的完整性、完全性,并在多用户同时使用数据库时进行并发控制,在发生故障后对系统进行恢复。

数据库系统的出现使信息系统的研制从以加工数据的程序为中心转向围绕共享的数

据库来进行。这样既便于数据的集中管理,又有利于应用程序的研制和维护,提高了数据的利用率和相容性,提高了决策的可靠性。

2.1.3 数据库系统的体系结构

数据库系统的重要特征是数据与程序的独立性。实际上,从用户看到的数据(也称用户视图)到数据的物理存储经过了两次转换。第一次是系统为了共享数据和减少冗余,把所有用户的数据进行综合,抽象成一个统一的全局的数据结构;第二次是为了提高存储效率和存取性能,把全局的数据结构按物理存储的较优形式来组织存储。这两次转换保证了当存储结构发生变动或全局的数据结构发生变动时,不必改变用户的应用程序。

1.数据库系统的三级结构

数据库专家们提出了数据库系统分级的系统结构模型,模型如图 2-4 所示。整个系统分为三级,它们分别是外模式、模式和内模式。

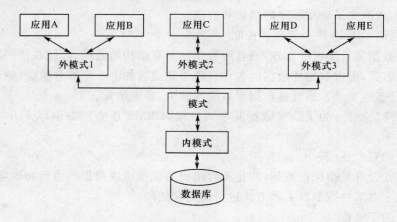

图 2-4　数据库系统的体系结构

(1)模式

模式也称逻辑模式或概念模式,是数据库中全体数据的逻辑结构和特征的描述,是所有用户的公共数据视图。它是数据库系统体系结构的中间层,既不涉及数据的物理存储细节和硬件环境,也不涉及具体的应用程序或开发工具。一个数据库只有一个模式。模式描述的是数据的全局逻辑结构。

模式以某一种数据模型为基础,统一综合地考虑了所有用户的需求,并将这些需求有机地结合成一个逻辑整体。定义模式时不仅要定义数据的逻辑结构,而且要定义数据之间的联系,定义与数据有关的安全性、完整性要求。

(2)外模式

外模式亦称为子模式或用户模式。它是数据库的用户(包括程序员和最终用户)最终能够看见和使用的局部数据的逻辑结构和特征的描述,是数据库用户的数据视图,是与某一应用有关的数据的逻辑表示。外模式描述的是数据的局部逻辑结构。

外模式通常是模式的子集。一个数据库可以有多个外模式。每个用户的应用需求、观察数据的方式、要求数据保密的程度不同,其外模式的描述亦会不同。同一外模式可以为某一用户的多个应用系统所使用,但一个应用程序只能使用一个外模式。

外模式是保证数据安全的一个有力措施,每个用户只能访问或看到特定的外模式中的数据,数据库中的其他数据都是看不到的。

（3）内模式

内模式也称存储模式,一个数据库只有一个内模式。它是数据物理结构和存储方式的描述,是数据在数据库内部的表示方式。内模式描述的是数据的全局物理结构。

2. 数据库的二级映像

数据库三级模式是对数据的三个抽象级别,其目的是:把数据的具体组织留给 DBMS 管理,使用户能够逻辑地、抽象地处理数据,而不必关心数据在计算机中的具体表示与存储方式。DBMS 在三级模式之间提供两层映像,以保证数据库的数据具有较高的逻辑独立性与物理独立性。

（1）外模式/模式映像

对应于同一个模式有任意多个外模式,对于每一个外模式,数据库系统都有一个外模式/模式映像,它定义了该外模式与模式之间的对应关系。映像的定义通常包含在各自的外模式的描述中。

当模式改变时,数据库管理员对各个外模式/模式映像作相应改变,可以使外模式保持不变。因为用户的应用程序是根据外模式编写的,因而应用程序可以作到不加修改,从而保证了数据与程序的逻辑独立性（数据的逻辑独立性）。

（2）模式/内模式映像

因为数据库只有一个模式,也只有一个内模式,因此模式/内模式映像是唯一的,它定义了数据库全局逻辑结构与存储结构之间的对应关系。该映像的定义通常包含在模式描述中。

当数据库的存储结构改变了,由数据库管理员对模式/内模式映像作相应的改变,可以使模式保持不变,从而使应用程序不变,保证了数据与程序的物理独立性（数据的物理独立性）。

2.1.4　数据库管理系统

数据库管理系统（DBMS）是数据库系统的核心,是为数据库的建立、使用和维护而配置的软件。它建立在操作系统的基础之上,是位于操作系统与用户之间的一层数据管理软件,负责对数据库进行统一的管理和控制。

1. 数据库管理系统的功能

一般来说,数据库管理系统的功能主要包括以下六个方面。

（1）数据定义

数据定义包括定义构成数据库结构的模式、内模式和外模式,定义各个外模式与模式之间的映射,定义模式与内模式之间的映射,定义有关的约束条件,例如,为保证数据库中的数据具有正确的语义而定义的完整性规则,为保证数据库安全而定义的用户口令和存取权限等。

（2）数据操纵

数据操纵包括对数据库数据的检索、插入、修改和删除等基本操作。

（3）数据库运行管理

对数据库的运行进行管理是 DBMS 运行时的核心部分，包括对数据库进行并发控制、安全性检查、完整性约束条件的检查和运行、数据库的内部维护（如索引、数据字典的自动维护）等。所有访问数据库的操作都要在这些控制程序的统一管理下进行，以保证数据的安全性、完整性、一致性以及多用户对数据库的并发使用。

（4）数据组织、存储和管理

数据库中需要存放多种数据，如数据字典、用户数据、存取路径等，DBMS 负责分门别类地组织、存储和管理这些数据，确定以何种文件结构和存取方式物理地组织这些数据，如何实现数据之间的联系，以便提高存储空间利用率以及提高随机查找，顺序查找，增、删、改等操作的时间效率。

（5）数据库的建立和维护

建立数据库包括数据库初始数据的输入与数据转换等。维护数据库包括数据库的转储与恢复、数据库的重组织与重构造、性能的监视与分析等。

（6）数据通信接口

DBMS 需要提供与其他软件系统进行通信的功能。例如，提供与其他 DBMS 或文件系统的接口，从而能够将数据转换为另一个 DBMS 或文件系统能够接受的格式，或者接收其他 DBMS 或文件系统的数据。

2. 数据库管理系统的组成

为了提供上述六个方面的功能，数据库管理系统通常由以下四部分组成。

（1）数据定义语言及其翻译处理程序

DBMS 一般都提供数据定义语言（Data Definition Language，简称 DDL）供用户定义数据库的模式、内模式、外模式、各级模式间的映像、有关的约束条件等。用 DDL 定义的外模式、模式和内模式分别称为源外模式、源模式和源内模式，各种模式翻译程序负责将它们翻译成相应的内部表示，即生成目标外模式、目标模式和目标内模式。这些目标模式描述的是数据库的框架，而不是数据本身。这些描述存放在数据字典（也称系统目录）中，作为 DBMS 存取和管理数据的基本依据。例如，根据这些定义，DBMS 可以从物理记录导出全局逻辑记录，又从全局逻辑记录导出用户所要检索的记录。

（2）数据操纵语言及其编译（或解释）程序

DBMS 提供了数据操纵语言（Data Manipulation Language，简称 DML）实现对数据库的检索、插入、修改、删除等基本操作。DML 分为宿主型 DML 和自主型 DML 两类。宿主型 DML 本身不能独立使用，必须嵌入主语言中，例如，嵌入 C、COBOL、FORTRAN 等高级语言中。自主型 DML 又称自含型 DML，是交互式命令语言，语法简单，可以独立使用。

（3）数据库运行控制程序

DBMS 提供了一些系统运行控制程序，负责数据库运行过程中的控制与管理，包括系统初始程序、文件读写与维护程序、存取路径管理程序、缓冲区管理程序、安全性控制程序、完整性检查程序、并发控制程序、事务管理程序、运行日志管理程序等,它们在数据库运行过程中监视着对数据库的所有操作,控制管理数据库资源,处理多用户的并发操作等。

（4）实用程序

DBMS 通常还提供一些实用程序,包括数据初始装入程序、数据转储程序、数据库恢复程序、性能检测程序、数据库再组织程序、数据转换程序、通信程序等。数据库用户可以利用这些实用程序完成数据库的建立与维护,以及数据格式的转换与通信。

3. 数据库管理系统的工作过程

在数据库系统中,当一个应用程序或用户需要存取数据库中的数据时,应用程序、DBMS、操作系统、硬件等几个方面必须协同工作,共同完成用户的请求。这是一个较为复杂的过程,其中 DBMS 起着关键的中介作用。

应用程序（或用户）从数据库中读取一个数据通常需要以下步骤,如图 2-5 所示。

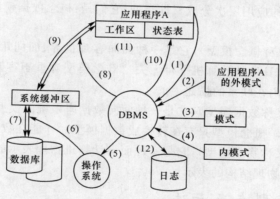

图 2-5　数据库管理系统的工作过程

（1）应用程序 A 向 DBMS 发出从数据库中读数据记录的命令;

（2）DBMS 对该命令进行语法检查、语义检查,并调用应用程序 A 的外模式,检查应用程序 A 的存取权限,决定是否运行该命令。如果拒绝运行,则向用户返回错误信息;

（3）在决定运行该命令后,DBMS 调用模式,依据外模式/模式映像的定义,确定应读入模式中的哪些记录;

（4）DBMS 调用内模式,依据模式/内模式映像的定义,决定应从哪个文件、用什么存取方式读入哪个或哪些物理记录;

（5）DBMS 向操作系统发出读取记录的命令;

（6）操作系统运行读数据的有关操作;

（7）操作系统将数据从数据库的存储区送至系统缓冲区;

（8）DBMS 依据外模式/模式映像的定义,导出应用程序 A 所要读取的记录格式;

（9）DBMS 将数据记录从系统缓冲区传送到应用程序 A 的工作区;

（10）DBMS 向应用程序 A 返回命令运行情况的状态表;

（11）应用程序 A 使用工作区中的数据;

（12）记载系统工作日志。

DBMS 本身是一个有机的整体,其各个部分密切配合,利用外模式、模式和内模式各个层次的数据描述,以及各级模式之间的映像,在用户与操作系统之间起中介作用。

2.2 关系数据库系统

数据库是某个企业、组织或部门所涉及的数据的一个综合,它不仅要反映数据本身的内容,而且要反映数据之间的联系。由于计算机不可能直接处理现实世界中的具体事物,所以人们必须事先把具体事物转换成计算机能够处理的数据。在数据库中用数据模型这个工具来抽象、表示和处理现实世界中的数据和信息。

数据模型就是用事物的本质属性或人们关心的属性对事物的一种描述。它是对现实世界中事物的抽象,即抽取事物的本质属性,而忽视非本质的及人们不关心的属性。通俗地讲,数据模型就是现实世界的模拟。

数据模型按不同的应用层次分成三种类型,它们是:概念数据模型、逻辑数据模型、物理数据模型。

概念数据模型(又称概念模型),它是一种面向客观世界、面向用户的模型,它与具体的数据库系统无关,与具体的计算机平台无关。概念模型着重于客观世界复杂事物的结构描述及它们之间的内在联系的描述。

逻辑数据模型(又称数据模型),它是一种面向数据库系统的模型,该模型着重于在数据库系统一级的实现。概念模型只有在转换成数据模型后才能在数据库中得以表示。

物理数据模型(又称物理模型),它是一种面向计算机物理表示的模型,此模型给出了数据模型在计算机上物理结构的表示。

2.2.1 E-R 模型与表示法

1. E-R 模型

概念模型是面向现实世界的,它的出发点是有效和自然地模拟现实世界,给出数据的概念化结构。被广泛使用的概念模型是 E-R 模型(Entity-Relationship Model)或称实体联系模型,该模型将现实世界中存在的事物及所具有的特征转化为信息世界的实体、联系和属性,并且用一种图直观地表示出来。然后,再将 E-R 图转换为数据世界的关系。

(1)实体

客观存在并可相互区别的事物称为实体。实体可以是具体的人、事、物,也可以是抽象的概念或联系。

(2)实体集

同类型实体的集合称为实体集。

(3)实体的属性

实体所具有的某一特性称为属性。一个实体可以由若干个属性来描述。

(4)联系

现实世界中事物内部以及事物之间的联系在信息世界中反映为实体内部的联系和实体集之间的联系。

实体集之间联系的个数可以是单个也可以是多个,两个实体集之间的联系可分为三类:

①一对一的联系(简记为 1∶1)

如果对于实体集 A 中的每一个实体,实体集 B 中至多有一个实体与之联系,反之亦然,则称实体集 A 与实体集 B 具有一对一联系。如图 2-6(a)所示。如,学校和校长之间的联系是 1∶1。

②一对多的联系(简记为 1∶n)

如果对于实体集 A 中的每一个实体,实体集 B 中有 n(n≥0)个实体与之联系,反之,对于实体集 B 中的每一个实体,实体集 A 中至多有一个实体与之联系,则称实体集 A 与实体集 B 具有一对多联系。如图 2-6(b)所示。如校长与院长之间的联系是 1∶n。

③多对多的联系(简记为 m∶n)

如果对于实体集 A 中的每一个实体,实体集 B 中有 n(n≥0)个实体与之联系,反之,对于实体集 B 中的每一个实体,实体集 A 中有 m(m≥0)个实体与之联系,则称实体集 A 与实体集 B 具有多对多联系。如图 2-6(c)所示。如教师与学生之间的联系是 m∶n。

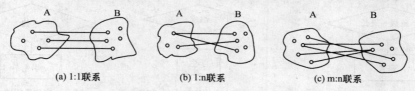

图 2-6　实体集之间联系

2. E-R 模型的表示方法(E-R 图)

概念模型的表示方法很多,其中最著名和最常用的是实体—联系方法。该方法用 E-R 图来描述现实世界的概念模型。E-R 图提供了表示实体集、属性和联系的方法。

(1)实体集

用矩形表示,在矩形框内写上该实体集名。如实体集学生(student)和课程(course)可用图 2-7 表示。

(2)属性

用椭圆表示,在椭圆内写上该属性的名称。如学生有学号(no)、姓名(name)和年龄(age)属性,如图 2-8 所示。

(3)联系

用菱形表示,在菱形框内写上联系名,并用无向线段分别与有关实体连接起来,同时在无向线段旁标上联系的类型(1∶1,1∶n 或 m∶n)。如学生和课程的联系 SC 用图 2-9 表示。

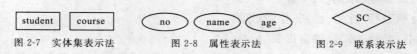

图 2-7　实体集表示法　　　　图 2-8　属性表示法　　　　图 2-9　联系表示法

(4)实体集与属性之间的连接

用连接这两个图形间的无向线段表示。如实体集 student 有属性 no,name,age;实体集 course 有属性 cno(课程号),cname(课程名),它们的连接可以用图 2-10 表示。

(5)实体集与联系之间的连接

用无向线段连接这两个图形。如实体集 student 与联系 SC 之间有联系,实体集 course 与联系 SC 之间也有联系,它们之间可以用无向线段连接,构成如图 2-11 所示的图。

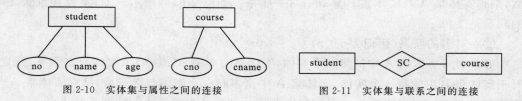

图 2-10　实体集与属性之间的连接　　　　　　图 2-11　实体集与联系之间的连接

图 2-12 中的(a)、(b)、(c)是用 E-R 图描述的两个实体集间的三类联系;图 2-12 中的(d)是三个实体集间的一对多联系,(e)是同一实体集内的一对多联系。

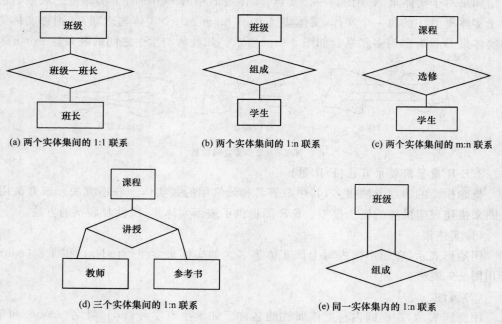

图 2-12　实体集之间及实体集内的联系

若上面所描述的五个实体集学生、班级、课程、教师、参考书分别具有下列属性:

学生:学号、姓名、性别、年龄

班级:班级编号、所属专业系

课程:课程号、课程名、学分

教师:职工号、姓名、性别、年龄、职称

参考书:书号、书名、内容提要、价格

将这五个实体集的属性用 E-R 图表示,如图 2-13(a)所示。这五个实体集之间的联系用 E-R 图表示,如图 2-13(b)所示。注意,选修和组成两个联系又都分别具有各自的属性。

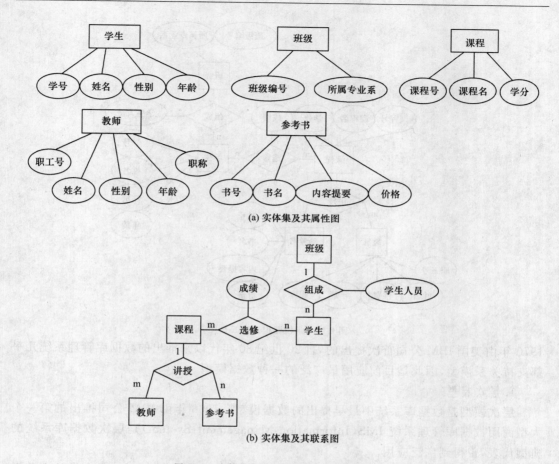

(a) 实体集及其属性图

(b) 实体集及其联系图

图 2-13　实体集及其属性、实体集及其联系图

　　将图 2-13(a)与(b)合并在一起,如图 2-14 所示,就是一个完整的关于学校课程管理的概念模型了。但实际应用中,在一个概念模型中涉及的实体和实体的属性较多时,为了清晰可见,往往采用图 2-13 的方法,也就是将实体集及其属性与实体集及其联系分别用两张 E-R 图表示。

　　实体—联系方法(E-R 方法)是抽象地描述现实世界的有力工具。用 E-R 图表示的概念模型独立于具体的 DBMS 所支持的数据模型,它是各种数据模型的共同基础,因而比数据模型更一般、更抽象、更接近现实世界。

2.2.2　常用的数据模型

　　前已叙述,逻辑数据模型,又称数据模型,它是一种面向数据库系统的模型。常用数据模型的种类较多,但最常用的数据模型有以下三种:

- 层次模型
- 网状模型
- 关系模型

层次模型、网状模型是早期 DBMS 采用的数据模型,属于非关系模型;关系模型是

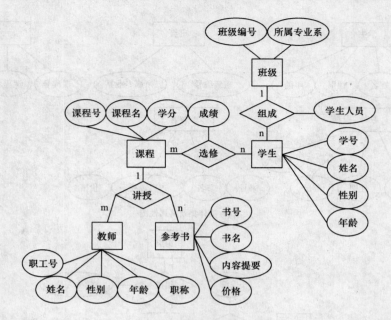

图 2-14 学校课程管理 E-R 图

1970 年由美国 IBM 公司首次提出的,自 20 世纪 80 年代以来推出的数据库管理系统几乎都支持关系模型,因此是目前应用最广泛的一种数据模型。

1.层次模型

层次模型是数据库系统中最早提出的数据模型。1968 年由 IBM 公司推出的第一个大型商用数据库管理系统 IMS(Information Management System)是层次数据库系统的典型代表,曾得到广泛应用。

在现实世界中,有很多事物是按层次(Hierarchy)组织起来的,例如,一个学校有若干系,一个系有若干班,一个班有若干学生。其他如动植物的分类、图书的编号、机关的组织等,都是层次模型。层次模型用一棵"有向树"的数据结构来表示各类实体以及实体间的联系。在树中,每个结点表示一个记录类型,结点间的连线(或边)表示记录类型间的关系。每个记录类型可包含若干个字段,记录类型描述的是实体,字段描述实体的属性。如果要访问某一记录类型的记录,可以从根结点起,按照有向树层次向下查找,图 2-15 是层次模型有向树的示意图。结点 A 为根结点,D、E、F 为叶子结点,B、C 为兄弟结点。

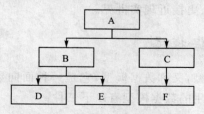

图 2-15 层次模型有向树的示意图

层次模型的特征如下:

(1)有且仅有一个没有双亲的结点,这个结点称为根结点。

(2)根结点以外的结点有且仅有一个双亲结点,这就使得层次数据库系统只能处理一对多的实体关系。

(3)任何一个给定的记录只有按其路径查看时,才能显示出它的全部意义,没有一个记录能脱离其双亲结点而独立存在。

2. 网状模型

数据库的网状模型,是以记录类型为结点的网状结构。这种结构必须满足如下条件:

(1)可以有一个以上的结点无双亲。

(2)至少有一个结点有多于一个的双亲。

网状模型的数据结构是丛结构(Plex)而不是树形结构。和树形结构一样,丛结构也可以用"子女"和"双亲"来描述。但是,丛结构允许任一结点无双亲或有一个以上的双亲,因此更适合描述现实世界中事物之间比较复杂的联系。网状模型和层次模型的区别是:

(1)一个叶子结点可以有两个或多个父结点。

(2)在两个结点之间可以有两种或多种联系。

3. 关系模型

层次模型和网状模型的数据库系统被开发出来之后,在继续开发新型数据库系统的工作中,人们发现层次模型和网状模型缺乏充实的理论基础,难以进行深入的理论研究。于是就开始寻求具有较充实的理论基础的数据模型。IBM 公司的 E. F. Codd 从 1970 年到 1974 年发表了一系列有关关系模型的论文,奠定了关系数据库的理论基础。

关系模型是采用二维表来组织数据,如图 2-16 所示。关系模型符合人们管理数据的习惯,便于初学者掌握。

2.2.3　关系模型的基本术语

支持关系模型的数据库系统称为关系数据库系统。

1. 关系模型的数据结构

关系模型是一种以二维表的形式表示实体数据和实体之间联系的数据模型,它由行和列组成。该二维表具有以下特点:

(1)表中的每一列都是不能再细分的基本数据项。

(2)每列的名字不同,但数据类型相同。

(3)关系中不允许有重复的行存在。

(4)行和列的顺序无关紧要。

图 2-16 所示的 Students 表和 Scores 表,构成关系模型,其每个表都具有以上特点。

2. 关系模型的基本概念

(1)关系

一张二维表就是一个关系。例如,Students 表和 Scores 表分别对应两个关系。

(2)关系模式

关系模式是二维表的框架结构,是对关系的描述,一般格式为:

关系名(属性 1,属性 2,…,属性 n)

学号	姓名	性别	婚否	籍贯	专业	出生年月	奖学金
200500001	丁宁	男	No	北京	计算机	1987-6-2	￥1,000
200501002	于海	男	No	天津	企业管理	1987-2-22	￥2,000
200501005	马卫东	男	No	重庆	通信工程	1988-10-15	￥1,500
200501012	王子	男	Yes	辽宁	法学	1979-8-22	￥500
200502025	王晓娜	女	No	上海	音乐	1985-7-3	￥1,000
200502021	东方明	女	Yes	黑龙江	计算机	1982-11-12	￥1,000
200503009	刘勇	男	No	江苏	计算机	1989-10-2	￥3,000
200503014	刘东东	女	No	广东	通信工程	1987-9-25	￥1,500
200504006	杨阳	女	Yes	广西	企业管理	1981-5-22	￥500

(a)Students 表

学号	课程名	成绩
200500001	数据库概论	87
200500001	高等数学	85
200501002	管理学基础	75
200501005	模拟电路	64
200501005	大学英语	56
200501012	民法	78
200501012	经济法	88
200502025	乐理	75
200502021	数据库概论	79
200502021	高等数学	88
200502021	大学英语	75
200503009	数据库概论	46
200503009	C++程序设计	60
200503014	数字电路	65
200503014	大学英语	90
200504006	管理学基础	88

(b)Scores 表

图 2-16　关系模型示例

例如,关系 Students 的关系模式为:

Students(学号,姓名,性别,婚否,籍贯,专业,出生年月,奖学金)

关系 Scores 的关系模式为:

Scores(学号,课程名,成绩)

(3)元组

表中的行称为元组,元组也称记录。例如,

200500001	丁宁	男	No	北京	计算机	1987-6-2	￥1,000

则是一条记录,也称元组。

(4)属性

表中的列为属性,属性也称字段。每一个属性都有一个名称,被称为属性名或字段名。例如,表 Scores 有 3 个字段或称属性,它们的字段名分别是学号、课程名和成绩。

(5)关键字(关键码)

在二维表中,凡是能唯一标识元组的字段或多个字段的组合称为关键字或关键码。例如,Students 表中可以唯一确定一个学生的字段是学号,所以学号是关键字。

(6)候选键(候选码)

二维表中可能有若干个关键字或关键码,它们称为该表的候选键或候选码。

(7)主键(主关键字、主码)

从二维表的所有候选码中选取一个作为用户使用的关键码称为主键或主关键字或主码。

(8)值域

字段值的取值范围称为值域。如,课程名的值域为学校所开课程的集合。

3. **概念模型转换为关系模型**

概念模型设计完成后,接下来的工作,就是将 E-R 模型转换成所选用的 DBMS 产品支持的数据模型。由于当前 DBMS 主要是关系型产品,这里主要介绍 E-R 模型向关系模型的转换。

E-R 模型中主要成分是实体类型和联系类型,它们各自有不同的转换方法。

(1)对于实体类型

将每个实体类型转换成一个关系模式,实体的属性即为关系的属性,实体的特征属性即为关系的主键。

(2)对于联系类型

联系类型不同,处理方法也不同。

①实体间是 m∶n 联系

若实体间是 m∶n 联系,则将该联系转换为关系模式。其属性为两端实体类型的主键加上联系的属性,而主键为两端实体类型主键的组合。

②实体间是 1∶n 联系

若实体间是 1∶n 联系,可以转换为一个独立的关系模式,也可以与 n 端对应的关系模式合并。如果转换为一个独立的关系模式,则与该联系相连的各实体主键以及联系本身的属性均转换为关系的属性,而关系的主键为 n 端实体的主键。

③实体间是 1∶1 联系

若实体间是 1∶1 联系,可以转换为一个独立的关系模式,也可以与任意一端对应的关系模式合并。

• 如果转换为一个独立的关系模式,则与该联系相连的各实体的主键以及联系本身的属性均转换为关系的属性,每个实体的主键均是该关系的候选键。

• 如果与某一端对应的关系模式合并,则需要在该关系模式的属性中加入另一个关系模式的主键和联系本身的属性。

【例 2-1】 将图 2-17 中反映的教师讲授课程情况的 E-R 图转换成关系模型。

该 E-R 图中有两个实体、一个联系,故分别处理。

实体的转换:

• "教师"实体转换为关系模式:

教师(职工号,姓名,性别,出生日期,调入日期,职称,专业,电话)

其中,"职工号"为教师关系的主键。

• "课程"实体转换为关系模式:

课程(课程号,课程名,学时)

其中,"课程号"为课程关系的主键。

两实体间联系的转换:

"讲授"联系是 m∶n 的类型,所以将它转换为如下的关系模式:

讲授(职工号,课程号,效果)

其中,"职工号"与"课程号"为讲授关系的组合主键。

【例 2-2】 前述学校课程管理实例中的学生和班级之间存在 1∶n 联系,如图 2-14 所示,将其转换为关系模式。有两种方法:

• 一种方法是使其成为一个独立的关系模式:

组成(学号,班级编号)

其中,"学号"为组成关系的主键。

• 另一种方法是将其与学生关系模式合并,这时学生关系模式为:

学生(学号,姓名,性别,年龄,班级编号)

后一种方法可以减少系统的关系个数,一般情况下更倾向于采用这种方法。

【例 2-3】 将如图 2-18 所示的学校与校长间存在的 1∶1 联系,转换成关系模型。

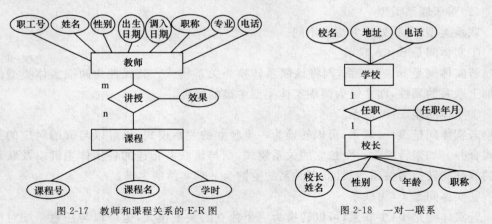

图 2-17 教师和课程关系的 E-R 图   图 2-18 一对一联系

学校与校长都是实体,各成为一个关系模式。如果在查询学校信息时常要查询其校长,可在学校模式中加入校长姓名和任职年月,其联系"任职"则可不独立成为一个关系模式,这样可以减少系统的关系个数。关系模式如下:

学校(校名,地址,电话,校长姓名,任职年月)

其中,"校名"为学校关系的主键。

校长(校长姓名,性别,年龄,职称)

其中,"校长姓名"为校长关系的主键。

4. 数据操作

关系模型的数据操作主要包括查询、插入、修改和删除四种,在进行更新(修改、删除)数据的操作时要满足数据的完整性约束。

5. 数据完整性约束

数据的完整性就是指要保证表中数据的正确性和一致性。关系模型的完整性规则是对关系的某种约束条件。数据完整性约束有三类:用户定义完整性(亦称域完整性、列完整性)、实体完整性(亦称表完整性)和参照完整性(亦称引用完整性)。

(1)用户定义完整性规则

用户定义完整性规则是指表中某一列的数据必须满足用户定义的约束,即该列的值必须在所约束的有效值范围内。

【**例 2-4**】　在学生 Students 表中,给出定义性别值数据的完整性规则。

分析:对性别列的值,用户定义完整性约束时可以通过两个方面的约束来保证该列值的正确性和有效性。

①性别列的值只能是字符串且只能是一个汉字。

②性别列的这个汉字只能是"男"或"女"。

(2)实体完整性规则

实体完整性规则是指每个表都要有主键,并且其值不允许取空值,所谓空值意味着没有输入,通常表明值未知或未定义,它不等于 0、空白或零长度的字符串。

【**例 2-5**】　试给出学生表和课程表的实体完整性规则。

学生表的实体完整性约束:在学生表中,学号是主键,则学号不能取空值,即在输入数据时,必须输入某个值。

课程表的实体完整性约束:在课程表中,课程号是主键,则课程号不能取空值,即在输入数据时,必须输入某个值。

(3)参照完整性规则

参照完整性规则是指通过主键和外键建立起联系的两个表(关系),在数据进行更新的操作时,彼此之间要相互进行参照,以保证两个关系中数据的正确性和一致性。

【**例 2-6**】　通过学生、课程和选课联系实例,说明参照完整性规则。

学生、课程及选课可以用以下三个关系来表示:

学生(学号,姓名,性别,专业号)

课程(课程号,课程名,学分)

选课(学号,课程号,成绩)

分析:在这三个关系之间存在着属性的引用,选课关系引用了学生关系的主键"学号"和课程关系的主键"课程号"。它们通过选课表中的学号和课程号分别与学生表和课程表建立联系。其内在联系如图 2-19 所示。同时,选课关系中的"学号"值必须是确实存在的学生的学号,即学生关系中有该学生的记录;选课关系中的"课程号"值也必须是确实存在的课程的课程号,即课程关系中有该课程中的记录。换句话说,选课关系中某些属性的取值需要参照其他关系的属性取值。根据以上分析可给出以下参照完整性规则：

图 2-19　学生、课程及选课三个关系之间的联系

①修改主键所在表中的主键或者删除某行数据时，要遵循以下规则：

· 修改学生表中学号（主键）的某个值时，要参考选课表中是否存在这个学号（外键）值，如果存在，则禁止此修改操作，或者级联修改选课表中与所修改学号相等的那些学号值。

· 修改课程表中课程号（主键）的某个值时，要参考选课表是否存在这个课程号（外键）值，如果存在，则禁止此修改操作，或者级联修改选课表中与所修改课程号相等的那些课程号值。

· 删除学生表中某一行数据时，如果该行的学号值在选课表中存在，则禁止此删除操作，或者级联删除选课表中与删除行学号值相等的那些行数据。

· 删除课程表中某一行数据时，如果该行的课程号值在选课表中存在，则禁止此删除操作，或者级联删除选课表中与删除行课程号值相等的那些行数据。

②对外键所在的表（称为外表）进行插入操作，或者修改外键时，要遵循以下规则：

· 向选课表中录入数据时，如果录入的学号值在主键所在的学生表中不存在，则禁止录入操作。

· 向选课表中录入数据时，如果录入的课程号值在主键所在的课程表中不存在，则禁止录入操作。

· 修改选课表中某个学号值的时候，如果修改后的学号值在学生表中不存在，则禁止此修改操作。

· 修改选课表中某个课程号值的时候，如果修改后的课程号值在课程表中不存在，则禁止此修改操作。

2.3　关系代数

关系代数是一种抽象的查询语言，是关系数据操纵语言的一种传统表达方式，它是用对关系的运算来表达查询的。

关系代数的运算对象是关系，运算结果也是关系。

关系代数用到的运算符包括四类：集合运算符、专门的关系运算符、比较运算符和逻辑运算符。

关系代数的运算按运算符的不同分为传统的集合运算和专门的关系运算两类。

传统的集合运算包括：并、交、差和广义笛卡尔积等。集合运算把关系看做元组的集合,从水平(行)方向进行运算,广义笛卡尔积把两个关系的元组以所有可能的方式组成对。

专门的关系运算包括:选择、投影、连接和除等。既从行又从列的方向进行运算。选择会删除某些行,投影会删除某些列,各种连接运算是从两个关系的元组中有选择地组成对构成一个新关系。

2.3.1 传统的集合运算

传统的集合运算是二目运算,包括并、交、差、广义笛卡尔积四种运算。

设关系 R 和关系 S 具有相同的 n 个属性,即两个 n 元关系 $R(A_1:D_1, A_2:D_2, \cdots, A_n:D_n)$ 和关系 $S(B_1:D_1, B_2:D_2, \cdots, B_n:D_n)$ 其对应的属性取值于同一个区域,则称关系 R 和关系 S 是并相容。定义并、差、交的运算描述如下。

1. 并

设关系 R 与关系 S 是并相容,其并操作表示为 R∪S,操作结果生成一个新关系,新关系的元组由属于 R 的元组和属于 S 的元组共同组成,结果仍然是 n 个属性,可表示为:

$$R \cup S = \{t \mid t \in R \lor t \in S\}$$

现有具有三个属性的关系 R、S,如图 2-20(a)、(b)所示,图 2-21 为关系 R 与 S 的并。

A	B	C
a1	b2	c2
a1	b3	c2
a2	b2	c1

(a)关系 R

A	B	C
a1	b1	c1
a1	b2	c2
a2	b2	c1

(b)关系 S

图 2-20 关系示例

A	B	C
a1	b1	c1
a1	b2	c2
a1	b3	c2
a2	b2	c1

图 2-21 关系 R 与 S 的并(R∪S)

2. 差

设关系 R 与关系 S 是并相容,关系 R 与关系 S 的差记做 R−S。操作结果生成一个新关系,新关系仍是 n 个属性,其元组由属于 R 但不属于 S 的元组组成,可表示为:

$$R - S = \{t \mid t \in R \land \neg t \in S\}$$

图 2-22 为关系 R 与 S 的差。

3. 交

设关系 R 与关系 S 是并相容,可求其交集,其交操作结果生成一个新关系,新关系仍是 n 个属性,其元组由既属于 R 又属于 S 的元组组成,可表示为:

$$R \cap S = \{t \mid t \in R \land t \in S\}$$

图 2-23 为关系 R 与 S 的交。

A	B	C
a1	b3	c2

图 2-22 关系 R 与 S 的差(R−S)

A	B	C
a1	b2	c2
a2	b2	c1

图 2-23 关系 R 与 S 的交(R∩S)

4.广义笛卡尔积

两个分别为 n 目和 m 目的关系 S 和 R 的笛卡尔积是一个（n＋m）列的元组的集合。元组的前 n 列是关系 S 的一个元组，后 m 列是关系 R 的一个元组。若 S 有 k1 个元组，R 有 k2 个元组，则关系 S 和关系 R 的广义笛卡尔积有 k1×k2 个元组，记做：

$$S \times R = \{ \widehat{t_s\ t_r} \mid t_s \in S \wedge t_r \in R \}$$

图 2-24 为关系 S 与 R 的广义笛卡尔积。

A	B	C	A	B	C
a1	b1	c1	a1	b2	c2
a1	b1	c1	a1	b3	c2
a1	b1	c1	a2	b2	c1
a1	b2	c2	a1	b2	c2
a1	b2	c2	a1	b3	c2
a1	b2	c2	a2	b2	c1
a2	b2	c1	a1	b2	c2
a2	b2	c1	a1	b3	c2
a2	b2	c1	a2	b2	c1

图 2-24　关系 S 与 R 的广义笛卡尔积（S×R）

2.3.2　专门的关系运算

专门的关系运算包括选择、投影、连接、除等。下面给出这些关系运算的定义。

1.选择

选择又称为限制，是对关系的水平分解，它是在关系 R 中选择满足给定条件的诸元组。选择运算用下式来表示：

$$\delta_F(R) = \{ t \mid t \in R \wedge F(t) = '\text{真}' \}$$

其中 F 表示选择条件，它是一个逻辑表达式，取逻辑值"真"或"假"。δ 为选择运算符，R 是关系名。

因此选择运算实际上是从关系 R 中选取使逻辑表达式 F 为真的元组。

【例 2-7】　在图 2-25 的学生（student）表中选择所有男学生，操作结果如图 2-26 所示。

该选择条件应表示为：性别＝'男'；

选择表达式可以写成：$\delta_{\text{性别}='男'}$（student）。

学号	姓名	性别	年龄	所在系
1	赵力	男	20	CS
2	李刚	男	18	IS
3	李萍	女	19	CS

图 2-25　学生（student）表

学号	姓名	性别	年龄	所在系
1	赵力	男	20	CS
2	李刚	男	18	IS

图 2-26　选择所有男生操作结果

【例 2-8】 查询年龄小于 20 岁的元组操作结果,如图 2-27 所示。

学号	姓名	性别	年龄	所在系
2	李刚	男	18	IS
3	李萍	女	19	CS

图 2-27 查询年龄小于 20 岁的元组操作结果

该选择条件应表示为:年龄<20;

选择表达式可以写成:$\delta_{年龄<20}$(student)。

2. 投影

投影操作是对关系的垂直分解,关系 R 上的投影是从 R 中选择出若干属性列组成新的关系。记做:

$$\prod a_i, \cdots, a_j(R) = \{t_{a_i, \cdots, a_j}\}$$

其中:$\prod$ 是投影运算符,R 是关系名,$a_i, \cdots, a_j$ 表示关系 R 中的属性子集。

该操作是从关系 R 中移出部分列,只保留($a_i, \cdots, a_j$)列组成一个新的关系,并去掉重复的元组。新关系中的属性值来自原关系中相应的属性值,列的次序在新关系中可以重新排列。

【例 2-9】 查询学生表中在学生姓名和所在系两个属性上的投影。

该操作如下:

$$\prod_{姓名,所在系}(student) 或 \prod_{2,5}(student)$$

结果如图 2-28 所示。

【例 2-10】 查询学生表中都有哪些系,即查询学生表在所在系属性上的投影,该操作如下:

$$\prod_{所在系}(student) 或 \prod_5(student)$$

结果如图 2-29 所示。

姓名	所在系
赵力	CS
李刚	IS
李萍	CS

所在系
CS
IS

图 2-28 查询学生表中在姓名和所在系属性上的投影　　图 2-29 查询学生表中在所在系属性上的投影

学生表中原来有三个元组,而投影结果取消重复的 CS 元组,因此只有两个元组。

3. 连接

连接操作是从两个关系的广义笛卡尔积中选择属性间满足一定条件的元组,也称为 θ 连接。记做:

$$R \infty S = \{\widehat{t_r t_s} | t_r \in R \land t_s \in S \land t_r[A] \theta t_s[B]\}$$

其中 A 和 B 分别为 R 和 S 上度数相等且可比的属性组,θ 是比较运算符。

连接操作是首先在关系 R 和 S 之间实现广义笛卡尔积 R×S,再通过 θ 比较运算,从它们的广义笛卡尔积中选择满足 A、B 条件为真的元组。连接产生的新关系是从 R×S

的广义笛卡尔积中选取关系 R 的 A 组属性与关系 S 的 B 组属性值满足 θ 比较运算的元组。

连接运算中有两种最为重要且最为常用的连接,一种是等值连接,一种是自然连接。

(1)等值连接

当 θ 为"="时称为等值连接,等值连接是从 R 与 S 的广义笛卡尔积中选择 $t_r[A]=t_s[B]$ 的所有元组记做:

$$R \underset{A=B}{\infty} S = \{\widehat{t_r t_s} \in R \land t_s \in S \land t_r[A] = t_s[B]\}$$

(2)自然连接

自然连接是一种特殊的等值连接,它要求两个关系进行比较的分量必须是相同的属性组,并且要在结果中把重复的属性去掉。即若 R 和 S 具有相同的属性组 B,则自然连接记做:

$$R \infty S = \{\widehat{t_r t_s} | t_r \in R \land t_s \in S \land t_r[B] = t_s[B]\}$$

需要注意的是,一般的连接操作是从行的角度进行计算,但自然连接还需要取消重复列,所以是同时从行和列的角度进行计算。

本节介绍了八种关系代数运算,这些运算经有限次复合后形成的式子称为关系代数表达式。在八种关系代数运算中,并、差、笛卡尔积、投影、选择这五种运算为基本运算,其他的三种运算即交、连接和除均可以用这五种基本运算来表达,引进它们并不增加语言的能力,但可以简化表达。

2.4　关系数据库操作语言 SQL

2.4.1　SQL 概述

关系数据库操作语言 SQL 是关系数据库的标准语言。关系型数据库的产品 Oracle、DB2、Sybase、Foxpro 等都以 SQL 作为数据库查询语言。在 SQL 中,常用的语句有:基本表的建立命令 CREATE,数据查询命令 SELECT,数据更新命令 INSERT、UPDATE、DELETE 等。这些命令在用 Visual Basic、PowerBuilder 等工具开发数据库应用程序时,是操作数据库的重要途径。

Access 数据库不能直接运行 SQL 语句,但是可以在查询视图中运行。

具体操作步骤如下:

(1)在"数据库"界面,单击"查询"对象,切换到"查询"界面,如图 2-30(a)所示。

(2)双击"在设计视图中创建查询",在弹出的对话框中不选择任何的表或查询,关闭对话框,建立一个空查询。

(3)选择菜单"视图"→"SQL 视图",切换到 SQL 视图。

(4)在 SQL 视图中输入 SQL 命令,如图 2-30(b)所示。

(5)单击工具栏 ▮ 按钮,运行查询操作。

(6)打开表 Students,查看结果。

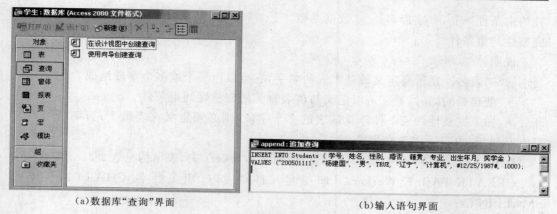

（a）数据库"查询"界面　　　　　　　（b）输入语句界面

图 2-30　SQL 语句运行界面

2.4.2　数据库定义

数据库的基本表既可以通过可视化的界面直接进行操作，也可以使用 SQL 命令建立、修改或删除。下面通过实例介绍使用 SQL 建立、修改和删除基本表的命令。

创建基本表时应首先确定基本表的结构，即定义各字段的名称、各字段数据类型和各字段的长度。常用的数据类型及说明见表 2-1。

表 2-1　　　　　　　　常用数据类型及说明

数据类型	说　明
INTEGER	长整型，占 4 个字节
SMALLINT	短整型，占 2 个字节
REAL	单精度浮点数，占 4 个字节
FLOAT	双精度浮点数，占 8 个字节
TEXT(n) 或 CHAR(n)	长度为 n 的文本类型，每个字符占用 1 个字节
TEXT 或 CHAR	最长为 255 个字符的文本类型，每个字符占用 1 个字节
BIT	是/否型（布尔型），占 1 个字节
MEMO	备注型
DATETIME	日期/时间
MONEY	货币型
COUNTER	自动编号型
IMAGE	OLE 对象

在定义字段时，如果指定了某个字段为 NOT NULL 的约束条件，则该字段不允许是空值；若指定为 PRIMARY KEY，则该字段为主键。

1. CREATE TABLE 命令

功能：CREATE TABLE 命令用于创建基本表。

语法格式：CREATE TABLE ＜表名＞（＜字段名＞ ＜数据类型＞［＜字段级完整

性约束条件>][,<字段名> <数据类型> [<字段级完整性约束条件>]]···[,<表级完整性约束条件>]);

说明：

• <表名>是所要定义的基本表的名字，它可以由一个或多个字段组成。

• 创建表的同时，通常可以定义与该表有关的完整性约束条件。

• 如果完整性约束条件涉及该表的多个字段，则必须定义在表级上；否则既可以定义在字段级，也可以定义在表级。

【例 2-11】　用 CREATE TABLE 命令创建 Workers 表，表结构见表 2-2。语句如下：
CREATE TABLE Workers（职工号 CHAR（6），职工姓名 CHAR（10），年龄 SMALLINT）;

表 2-2　　　　　　　　　　　　　　　　Workers 表的结构

字段名称	字段类型	字段长度
职工号	TEXT	6 个字符
职工姓名	TEXT	10 个字符
年龄	SMALLINT	2 个字节

【例 2-12】　创建职工号是主键且不能为空的基本表 Workers。语句如下：
CREATE TABLE Workers（职工号 CHAR(6) NOT NULL PRIMARY KEY,职工姓名 CHAR(10),年龄 SMALLINT）;

2. ALTER TABLE 语 句

功能：ALTER TABLE 语句用于修改基本表的结构。

语法格式：ALTER TABLE <表名> [ADD <新字段名> <数据类型>][ALTER <字段名> <数据类型>] [DROP <字段名>]

说明：

• ADD 子句用于增加新的字段，ALTER 子句用于修改原有字段的数据类型，DROP 子句用于删除字段。

• 该语句不能同时添加或删除一个以上的字段。

【例 2-13】　在已创建的基本表 Workers 中，增加工资字段，其数据类型为货币型；修改年龄字段为长整型；删除职工姓名字段。增加、修改和删除的三项操作必须分三次运行。语句如下：

ALTER TABLE Workers ADD 工资 MONEY；

ALTER TABLE Workers ALTER 年龄 INTEGER；

ALTER TABLE Workers DROP 职工姓名；

3. DROP TABLE 语 句

功能：DROP TABLE 语句用于删除基本表。

语法格式：DROP TABLE <表名>

说明：基本表一旦删除，表中的数据和在此表上建立的索引都将自动被删除，而建立在此表上的视图虽仍然保留，但已无法引用。

【例 2-14】　删除基本表 Workers。语句如下：

DROP TABLE Workers;

基本表 Workers 被删除后，表中的数据便自动被删除。

2.4.3　数据查询

使用 SELECT 语句可以实现对数据库的查询操作。

语法格式：

SELECT［ALL/ DISTINCT］＜字段名表＞ FROM ＜表名或查询名＞［WHERE ＜条件＞］［GROUP BY ＜字段名 1＞ HAVING ＜过滤表达式＞］［ORDER BY ＜字段名 2＞［ASC/DESC］］

功能：根据 WHERE 子句中的＜条件＞，从 FROM 子句指定的＜表名＞或＜查询名＞中找出满足条件的记录，再按 SELECT 子句中的＜字段名表＞显示数据。如果有 GROUP 子句，则按＜字段名 1＞的值进行分组，＜字段名 1＞值相等的记录分在一组，每一组产生一条记录。如果 GROUP BY 子句再带有 HAVING 短语，则只有满足＜过滤表达式＞的组才予以输出。如果有 ORDER BY 子句，则查询结果按＜字段名 2＞的值进行排序。

说明：

· 在 SELECT 语句中，第一部分是最基本的和不可缺少的，其余部分（即带有"［ ］"部分）被称为子句，可以选择。

· SELECT 语句是数据查询语句，不会更改数据库中的数据。

下面分别说明各子句的应用。

1.单表查询

单表查询是指仅涉及一个表的查询。

（1）选择表中的若干字段

①查询指定字段

可以通过在 SELECT 子句中的＜字段名表＞中指定要查询的字段。＜字段名表＞中各个字段的先后顺序可以与表中的顺序不一致。

②查询全部字段

将表中的所有字段都选出来有两种方法：在 SELECT 关键字后面列出所有字段名；若显示的顺序与其在表中的顺序相同，则可以将＜字段名表＞指定为 ＊ 。

【例 2-15】　查询所有学生的基本情况。

SELECT 学号,姓名,性别,婚否,籍贯,专业,出生年月,奖学金 FROM Students;因为 ＊ 号可以表示所有的字段，所以上述语句可以改为：

SELECT ＊ FROM Students;

查询结果如图 2-31 所示。

③查询经过计算的值

SELECT 子句中的＜字段名表＞不仅可以是表中的字段名，还可以是表达式，也就是说可以将查询出来的字段经过某种计算后列出。该表达式可以是一个使用 SQL 库函

图 2-31　例 2-15 查询结果

数构成的式子。常用的函数见表 2-3。

表 2-3   统计函数

函数名	功　　能	函数名	功　　能
COUNT(＊)	统计记录的个数	SUM(字段名)	计算某一字段的总和
COUNT(字段名)	统计某一字段值的个数	MAX(字段名)	计算某一字段的最大值
AVG(字段名)	计算某一字段的平均值	MIN(字段名)	计算某一字段的最小值

【例 2-16】　查询学生人数、最低奖学金、最高奖学金和平均奖学金。语句如下：

SELECT COUNT(＊)AS 人数，

MIN(奖学金)AS 最低奖学金，

MAX(奖学金)AS 最高奖学金，

AVG(奖学金)AS 平均奖学金 FROM Students；

查询结果如图 2-32 所示。

图 2-32　例 2-16 查询结果

其中 COUNT(＊)可以改为 COUNT(学号)，因为学号是唯一的，一个学号对应一条记录。

（2）选择表中的若干记录

①消除取值重复的行

如果想去掉结果表中的重复记录，必须指定 DISTINCT 短语；如果没有指定 DISTINCT 短语，则默认为 ALL，即保留结果表中取值重复的记录。

【例 2-17】　查询所有的专业，查询结果中不出现重复的记录。语句如下：

SELECT DISTINCT 专业 FROM Students；

查询结果如图 2-33 所示。

如果删掉 DISTINCT，则得到图 2-34 所示的结果，出现了重复的记录。

②查询满足条件的记录

查询满足条件的记录可以通过 WHERE 子句实现。

【例 2-18】　查询计算机专业学生的学号、姓名和专业。语句如下：

SELECT 学号,姓名,专业 FROM Students WHERE 专业＝"计算机"；

查询结果如图 2-35 所示。

图 2-33 带 DISTINCT 的查询   图 2-34 不带 DISTINCT 的查询   图 2-35 例 2-18 查询结果

③查询结果排序

如果没有指定查询结果的显示顺序,将按其记录在表中的顺序输出查询结果。用户也可以用 ORDER BY 子句指定按照一个或多个字段的升序(ASC)或降序(DESC)重新排列查询结果,其中升序为默认值。

【例 2-19】 查询所有未婚学生的学号和姓名,并按奖学金从小到大排序。语句如下:

SELECT 学号,姓名 FROM Students WHERE 婚否 = False ORDER BY 奖学金 ASC;

查询结果如图 2-36 所示。

④对查询结果分组

GROUP BY 子句用来对查询结果进行分组,把某一字段的值相同的记录分成一组,一组产生一条记录。HAVING 子句用来对分组后的结果进行过滤,选择由 GROUP BY 子句分组后的并且满足 HAVING 子句条件的所有记录。

【例 2-20】 查询平均分在 75 分以上,并且没有一门课程在 70 分以下的学生的学号。语句如下:

SELECT 学号 FROM Scores GROUP BY 学号 HAVING AVG(成绩)>=75 AND MIN(成绩)>=70;

查询结果如图 2-37 所示。

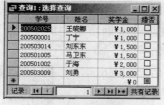

图 2-36 例 2-19 查询结果   图 2-37 例 2-20 查询结果

2. 连接查询

有时查询所需要的数据在几个表或视图中。这种同时涉及两个或两个以上表的查询称为连接查询。连接可以在 SELECT 语句的 FROM 子句或 WHERE 子句中建立。

FROM 子句的连接语法格式:

FROM join_table join_type join_table [ON(join_condition)]

其中：

①join_table：指出参与连接操作的表名，连接可以对同一个表操作，也可以对多表操作，对同一个表操作的连接又称自连接。

②join_type：指出连接类型，可分为三种：内连接、外连接和交叉连接。

· 内连接（INNER JOIN）

使用比较运算符进行表间某（些）列数据的比较操作，并列出这些表中与连接条件相匹配的数据行。根据所使用的比较方式不同，内连接又分为等值连接、不等连接和自然连接三种。

· 外连接（OUTER JOIN）

外连接分为：

左外连接（LEFT OUTER JOIN 或 LEFT JOIN）；

右外连接（RIGHT OUTER JOIN 或 RIGHT JOIN）；

全外连接（FULL OUTER JOIN 或 FULL JOIN）。

与内连接不同的是，外连接不只列出与连接条件相匹配的行，而是列出左表（左外连接时）、右表（右外连接时）或两个表（全外连接时）中所有符合搜索条件的数据行。

· 交叉连接（CROSS JOIN）

没有 WHERE 子句，它返回连接表中所有数据行的笛卡尔积，其结果集中的数据行数等于第一个表中符合查询条件的数据行数乘以第二个表中符合查询条件的数据行数。

③ON（join_condition）子句：指出连接条件，它由被连接表中的列和比较运算符、逻辑运算符等构成。

3. 嵌套查询

在 SQL 中，一个"SELECT…FROM…WHERE"语句称为一个查询块，将一个查询块嵌套在另一个查询块的 WHERE 子句或 HAVING 子句中称为嵌套查询。嵌套查询可以用多个简单查询构造出一个复杂查询，提高 SQL 的查询能力。下面通过实例说明嵌套查询的方法。

【例 2-21】 查询没有学过大学英语课程的学生的学号、姓名和专业。

①使用语句"SELECT Scores. 学号 FROM Scores WHERE Scores. 课程＝"大学英语""把表 Scores 中学过"大学英语"的学生的学号选择出来；

②在表 Students 中，查询那些学号不在上述查询结果中的学生。其中用到了运算符 NOT IN，表示不在其中的意义。查询语句如下：

SELECT Students. 学号，Students. 姓名，Students. 专业 FROM Students WHERE Students. 学号 NOT IN（SELECT Scores. 学号 FROM Scores WHERE Scores. 课程＝"大学英语"）

其中括号部分的语句是嵌套语句。查询结果如图 2-38 所示。

图 2-38　SELECT 语句嵌套查询结果

2.4.4　数据更新

SQL 的数据更新包括插入数据、删除数据和修改数据。

1. INSERT 语句

功能：INSERT 语句用于数据插入。

（1）插入单个记录

语句格式：INSERT INTO ＜表名＞[(＜字段 1＞,＜字段 2＞,…,＜字段 n＞)]
VALUES(＜常量 1＞,＜常量 2＞,…,＜常量 n＞)

说明：该语句是把一条记录插入指定的表中。

（2）插入子查询

语句格式：INSERT INTO ＜表名＞(＜字段 1＞,＜字段 2＞,…,＜字段 n＞)
VALUES ＜子查询＞

说明：

- 该语句是把某个查询的结果插入表中。
- 但自动编号型（AutoNumber）字段的数据不能插入，因为它的值是自动生成的，否则出错。
- 除自动编号字段外，若表中某个字段在 INSERT 语句中没有出现，则这些字段上的值取空值（NULL）。
- 如果新记录在每一个字段上都有值，则字段名连同两边的括号可以默认。

【例 2-22】　向表 Students 中插入一条记录，记录内容为：200500003，张强，男，未婚，上海，计算机，1987 年 10 月 28 日，400。语句如下：

INSERT INTO Students(学号,姓名,性别,婚否,籍贯,专业,出生年月,奖学金)
VALUES("200500003","张强","男",False,"上海","计算机",♯10/28/87♯,400);

2. DELETE 语句

功能：在 SQL 中，DELETE 语句用于数据删除。

语法格式：DELETE FROM ＜表名＞[WHERE ＜条件＞]

说明：DELETE 语句删除指定表中满足条件的所有记录。如果 WHERE 子句省略，则删除表中全部记录，但是基本表仍存在。

【例 2-23】　从表 Students 中删除专业为计算机的所有记录。语句如下：

DELETE FROM Students WHERE 专业="计算机";

3. UPDATE 语句

功能：在 SQL 中，UPDATE 语句用于数据修改。

语法格式：UPDATE ＜表名＞ SET ＜字段 1＞＝＜表达式 1＞,…＜字段 n＞＝＜表达式 n＞[WHERE ＜条件＞]

说明：UPDATE 语句修改指定表中满足条件的记录，将这些记录用各表达式的值修改相应字段上的值。如果 WHERE 子句缺省，则修改表中所有的记录。

【例 2-24】　在表 Students 中，将学生于海的姓名修改为于辉。语句如下：

UPDATE Students SET 姓名="于辉" WHERE 姓名="于海";

2.4.5 数据控制

SQL 的数据控制功能是指控制用户对数据的存取权力。某个用户对某类数据具有何种操作权是由 DBA 决定的,这是个政策问题而不是技术问题。数据库管理系统的功能是保证这些决定的运行。数据控制语言(Data Control Language,DCL)是用来设置或者更改用户权限的语句,这些语句主要包括 GRANT、REVOKE 等。在 SQL 语言中,用户权限主要有 SELECT、INSERT、DELETE、UPDATE 等,它们主要是针对表或视图进行操作。

SELECT:用来检索关系中的数据。INSERT:用来在关系中插入数据。

DELETE:用来删除关系中的数据。UPDATE:用来修改关系中的数据。

SQL 中数据控制功能包括:①事务管理功能和数据保护功能,即数据库的恢复、并发控制;②数据库的安全性和完整性。由于篇幅所限,在这里主要讨论 SQL 的安全性控制功能。

1. 用户身份鉴别

数据库中的数据必须经过数据库管理系统来访问,不允许任何超越 DBMS 直接访问。也就是说,一个操作系统用户若要访问数据库中的资源,必须办理数据库系统的注册登记,成为数据库用户,然后才能对数据库进行访问。

在数据库系统中,合法用户都有一个名字(也称用户标识)。但是名字是公开的,不足以成为用户身份鉴别的依据,因此还应有相应的措施,比如口令(Password)、磁卡或条码卡等。

DBA 是数据库系统初始安装后唯一一个合法用户,即数据库管理员,也称为特权用户或超级用户,而其他新用户可通过 DBA 加入到数据库用户组中。在 SQL 语言中,可以用语句实现添加用户、修改口令及删除用户等操作。

(1)添加用户

功能:向数据库用户组中添加一个用户。

语句格式:CREATE USER <用户名> IDENTIFIED BY <口令>;

其中,<用户名>为该用户标识,<口令>指定用户进入数据库系统时所使用的口令。

(2)修改口令

功能:为用户修改口令。

语句格式:ALTER USER <用户名> IDENTIFIED BY <新口令> [INSTEAD OF <旧口令>];

(3)删除用户

功能:从数据库用户组中删除一个用户。

语句格式:DROP USER <用户名> [CASCADE];

其中,CASCADE 选项表示在删除该用户时,系统将自动删除该用户所创建的所有数据库对象,并收回该用户在别的数据库中的权限;但在没有 CASCADE 选项时,如果数据库还存在上述信息,DROP USER 操作不会成功。

2. 授权(GRANT)

SQL 用 GRANT 语句向指定若干用户授予某些权限。

功能:GRANT 是授权语句,它将对指定操作对象的指定操作权限授予指定的用户。

语句格式:GRANT <权限表列> ON <对象类型><对象名> TO <用户表列>[WITH GRANT OPTION];

其中,选项 WITH GRANT OPTION 表示授权用户可以将相应的权限授予他人。

【例 2-25】　对表 SC 的查询权限授予所有用户。语句如下:

GRANT SELECT ON TABLE SC TO PUBLIC;

【例 2-26】　把查询 Student 表和修改学生学号的权限授予用户 U4。语句如下:

GRANT UPDATE(Sno),SELECT ON TABLE Student TO U4;

【例 2-27】　对于 Student 表,若将 INSERT、DELETE 权限授予用户 U1,同时允许 U1 将这两种权限授予他人,语句如下:

GRANT INSERT, DELETE ON TABLE Student TO U1 WITH GRANT OPTION;

3. 收回权限(REVOKE)

授予的权限可以由 DBA 或其他授权者用 REVOKE 语句收回。

语句格式:REVOKE <权限表列> ON <对象类型><对象名>FROM <用户表列>;

【例 2-28】　把用户 U4 修改学生学号的权限收回。语句如下:

REVOKE UPDATE(Sno) ON TABLE Student FROM U4;

【例 2-29】　收回所有用户对表 SC 的查询权限。语句如下:

REVOKE SELECT ON TABLE SC FROM PUBLIC;

【例 2-30】　从用户 U1 收回对 Student 表的 INSERT 和 DELETE 权限。语句如下:

REVOKE INSERT,DELETE ON TABLE Student FROM U1;

2.4.6　Access 数据库简介

Access 是基于关系模型的数据库管理系统。它提供了一个集成的开发环境对数据库进行管理和维护,初学者也可以通过它所提供的可视化的操作来完成大部分的数据库管理和开发工作。

1. Access 数据库系统的基本对象

Access 数据库包括表、查询、窗体、报表、页、宏和模块等对象,如图 2-39 所示,每一个对象都是数据库的一个组成部分。其中表用来存储数据;查询用来检索数据;窗体用来查看和维护数据;报表用来打印数据;宏用来提高工作效率。

(1)表

表是 Access 数据库中唯一存储数据的对象,是最基本的对象。一个数据库中可能有多个表。表中的每一列称做一个“字段”,每一行称做一条“记录”。表由多条记录组成。空表是只定义了表的结构而没有记录的表。表与表之间可以通过具有相同内容的字段建立关联。

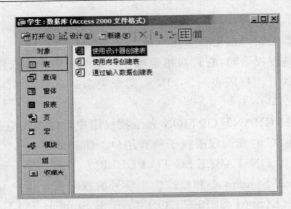

图 2-39   Access 中数据库的对象

（2）查询

查询就是按某种条件在一个或多个表（或查询）中选择有关的记录和指定字段，将它们形成一个集合，供用户使用。查询的数据源可以是表，也可以是另一个查询的结果。查询作为数据库的一个对象保存后，就可以作为另一个查询的数据源。

（3）窗体

窗体是用户与数据库之间进行交互的对象，用户都是通过窗体对数据进行添加、修改、删除等操作，而不是直接对表或查询进行操作，它是数据库维护中使用的一种最灵活的方式。窗体的数据源可以是表，也可以是查询。

（4）报表

Access 中的报表是实现以指定的格式将数据打印输出的工具。报表易于阅读和保存，同时也有计算、汇总和求平均值的功能，还可以在互联网上发布。

与窗体一样，报表的数据源可以是一个或多个表，也可以是查询。

2. 数据库的基本操作

表是数据库的核心和基础，存放着数据库的全部数据。所以，建立基本表是建立一个数据库的关键。建立基本表，必须先确定表的结构，即确定构成表的字段及各字段的名称、类型、属性等。

（1）字段的数据类型

Access 数据库中字段的数据类型有 10 种，常用的是以下几种：

①文本型

文本型字段用于存放最多 255 个字符的文本。使用中不需要计算的数字都可设置为文本型，如身份证号、电话号码等。在 Access 中，一个汉字是一个字符。

②备注型

备注型字段用于存放长文本信息，如个人简历、说明等文字，最多允许存储 65535 个字符。

③数字型

数字型字段用于存放数学运算的数值数据。

④日期/时间型

日期/时间型字段用于存放日期和时间值。该字段的宽度为8个字节。

⑤货币型

货币型字段用于存放货币值,使用该字段可以避免计算时四舍五入。该字段的宽度为8个字节。

⑥自动编号型

自动编号型字段用于对表中的记录进行编号。自动编号型字段不允许输入数据。当添加一新记录时,该字段的值自动产生,或者依次自动加1,或者随机编号。自动编号型字段的宽度为4个字节。

⑦是/否型

是/否型字段用于存放 Yes/No、True/False 或 On/Off 两个值中之一的逻辑型数据。该字段的宽度为1个二进制位。

⑧OLE 对象

OLE 对象用于链接或嵌入在其他程序中创建的 OLE 对象,如 Microsoft Word 文档、Microsoft Excel 电子表格、图形、声音或其他二进制数据,OLE 对象大小最多可达1 GB。OLE 对象的显示只能在窗体或报表中使用对象框进行。

(2)字段属性的设置

一个字段的数据类型确定后,还需确定该字段的属性。不同的数据类型其属性不完全相同,常见的属性有以下几种:

①字段大小

文本型、数字型和自动编号型字段还要指定大小。文本型字段大小为1～255个字节,默认值为50。数字型字段的大小由数据类型决定,默认值为长整型。

②格式

用来指定数字型、货币型、日期/时间型字段数据的显示格式。可以使用某种预定义格式,也可以使用格式设置符号来创建自定义格式。如,可以选择以"月/日/年"格式或"年-月-日"等格式来设置日期。

③小数位数

对于数字型和货币型字段,可以设置数字的小数位数。默认值为两个小数位。

④标题

是字段的另一个名称,用于在窗体和报表中取代字段的名称。默认值是该字段名称。

⑤默认值

添加记录时,系统自动为该字段赋的值。

⑥有效性规则和有效性文本

字段的有效性规则限定输入该字段的数据必须满足指定的规则。当数据不符合有效性规则时显示有效性文本所指定的信息。

⑦索引

用于确定该字段是否作为索引,索引可以加速对索引字段的查询。索引属性有三个选项:"无"、"有(有重复)"、"有(无重复)"。通常,作为主键的字段的索引属性被自动设置为"有(无重复)"。

(3)创建数据库

①创建空数据库

创建数据库就是新建一个数据库文件。该文件开始是空数据库,也就是没有任何对象的空的"仓库",但它已经包含了 Access 对数据库及其对象的所有操作,包括创建表、查询、窗体、报表等。

创建数据库的步骤如下:

- 单击"开始"→"程序"→"Microsoft Access",打开 Access 应用程序窗口。
- 选择新建"空 Access 数据库"选项,出现"文件新建数据库"对话框。
- 指定数据库的存放位置、保存类型(一般取默认值),输入数据库的文件名,如"学生",单击"创建"按钮,则创建了一个名为学生. mdb 的空数据库。

②表的视图

Access 数据库有两种视图:设计视图和数据表视图。

- 设计视图

表的设计视图就是表结构的设计窗口。该窗口分上下两部分,上面是字段编辑区,下面是字段属性窗口。字段编辑区每一行最左侧小方框是行选择器,如图 2-40 所示。表的设计视图用来修改表的结构,比如添加字段,修改表中字段的名称、数据类型、字段大小以及有效性规则等字段属性。

- 数据表视图

数据表视图是表中记录的编辑界面。每个记录左侧的小方框是记录选择器。最下面一行左侧和右侧是导航按钮,中间的方框显示当前记录号,导航按钮右侧显示的是该表记录数,如图 2-41 所示。

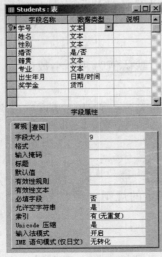

图 2-40　表的设计视图

学号	姓名	性别	婚否	籍贯	专业	出生年月	奖学金
200500001	丁宁	男	□	北京	计算机	1987-6-2	￥1,000
200501002	于海	男	□	天津	企业管理	1987-2-22	￥2,000
200501005	马卫东	男	□	重庆	通信工程	1988-10-15	￥1,500
200501012	王子	男	☑	辽宁	法学	1979-8-22	￥500
200502025	王晓娜	女	□	上海	音乐	1985-7-3	￥1,000
200502021	东方明	女	☑	黑龙江	计算机	1982-11-12	￥1,000
200503009	刘勇	男	□	江苏	计算机	1989-10-2	￥3,000
200503014	刘东东	女	□	广东	通信工程	1987-9-25	￥1,500
200504006	杨阳	女	☑	广西	企业管理	1981-5-22	￥500

图 2-41　数据表视图

数据表视图是最常用的表的视图,在数据表视图中,用户可以浏览、查找表中的数据,对表中的数据进行排序和筛选,还可以添加、修改、删除记录。

③创建表

创建表应首先确定表的结构,然后才能创建表。表 Students 的结构见表 2-4。

表 2-4　　　　　　　　　　　　　　　　　**Students 表的结构**

字段名称	字段类型	字段宽度	字段名称	字段类型	字段宽度
学号	Text	9 个字符	籍贯	Text	16 个字符
姓名	Text	4 个字符	专业	Text	20 个字符
性别	Text	1 个字符	出生年月	Date/Time	8 个字节
婚否	Yes/No	1 个二进制位	奖学金	Currency	8 个字节

创建表共有三种方法:使用设计器创建表,使用向导创建表和通过输入数据创建表。下面通过实例介绍使用设计器创建表的方法。

【例 2-31】　使用设计器创建表 Students。

方法和步骤如下:

①打开要创建新表的数据库,如学生.mdb,在数据库窗口中,选择"表"对象。

②选择"使用设计器创建表",进入如图 2-40 所示的设计视图。

③在表的设计视图中,在字段编辑区的第一行对应的"字段名称"单元格中,输入第一个字段的名称,如"学号",然后单击对应的"数据类型"单元格,出现下拉箭头,单击该下拉箭头,在下拉列表框中选择该字段的数据类型,如"文本"。

④设置字段相应的属性,根据实际要求决定字段属性中字段的大小等,如"学号"字段大小设置为 9。

⑤重复③～④步,在设计视图的第二行以及第二行以后的各行分别输入其余字段名称、选择数据类型、设置字段属性,直至添加完表中所有字段。

⑥定义主键。选定要定义为主键的字段,如选择"学号"为主键,则单击工具栏的"主键"按钮 即可。

⑦保存表。单击"文件"菜单中的"保存"命令,出现"另存为"对话框。在该对话框中输入表的名称,如"Students",单击"确定"按钮,即可完成表结构的设计。

到此为止,Students 表创建完成,可以向表中输入数据了。

3. 数据库的维护

数据库的管理与维护主要是对表中数据的输入,已输入数据的修改、删除、插入和表结构的修改等管理与维护的相关工作。

(1)表数据的输入与编辑

①表数据的输入

首先选定基本表,如 Students 表,然后进入数据表视图,单击工具栏的"新记录"按钮 ,在第 1 个空白行直接输入各字段对应的数据,并依次添加相应的记录,如图 2-47 所示。

②选定记录

· 选定表中全部数据：单击表中的第 1 行第 1 列的单元格，可以选定表中的全部数据。

· 选定某条记录：单击表中的某个记录的记录选择器（该记录左侧的单元格），可以选定该记录。

③修改记录、删除记录

· 修改：打开表的数据表视图，把光标定位到要修改记录的相关字段的位置，然后输入新的内容来替代旧的内容。

· 删除：打开表的数据表视图，选定要删除的一条或多条记录，然后按"Del"键，再单击"是"按钮，即可彻底删除记录。

（2）表结构的修改

①选定基本表

单击"设计"按钮，进入设计视图，便可以进行表结构的修改。可以对字段名称、字段类型和字段属性一一进行修改，也可以对字段进行插入、删除、移动等操作，还可以重新设置主键。

②添加字段

选定需要添加字段的基本表，单击"设计"按钮打开设计视图，从已有字段下面的空白行开始，直接输入添加的字段名称，选择合适的数据类型，并设置字段的各属性。

③删除字段

在表的设计视图中，选定要删除的字段，按"Del"键，将删除所选字段。

2.5　数据库应用系统开发过程

数据库应用系统是指在计算机系统中，根据数据库系统所有者如某个组织、部门、企业等（简称为用户）需求而设计的数据库和相应的应用程序系统。数据库应用系统的开发是一个繁杂的系统工程，为了开发出比较完善的、符合要求的数据库应用系统，必须遵循一定的技术方法和步骤。

数据库应用系统的核心任务是数据库设计。数据库设计是指对于一个给定的应用环境，构造一个最优的数据库模式，并据此建立一个既能反映现实世界中信息和信息的联系、满足用户的数据要求和处理要求，又能被某个 DBMS 所接受的数据库及其应用系统。

2.5.1　数据库设计

1. 数据库设计的基本步骤

从数据库应用系统开发的全过程来考虑，数据库设计分为以下六个步骤：系统需求分析、概念结构设计、逻辑结构设计、物理结构设计、数据库实施、数据库运行和维护。

（1）系统需求分析

是整个数据库设计过程的基础，获得用户对建立的数据库系统的数据要求和处理要求。

（2）概念结构设计

是整个数据库设计的关键。通过对用户需求进行综合、归纳与抽象，形成一个独立于具体 DBMS 的概念模型。

（3）逻辑结构设计

是将概念模型转换为某个 DBMS 所支持的数据模型，并对其进行优化的过程。

（4）物理结构设计

为逻辑模型选取一个最适合应用环境的物理结构（包括存储结构和存取方法）。

（5）数据库实施

建立实际的数据库结构并装入数据，完成应用程序的编码、测试，并进行试运行。

（6）数据库运行和维护

试运行后可投入正式运行。在数据库系统运行过程中必须不断地对其进行评价、调整与修改，完善系统性能、改进系统功能，进行数据库的再组织与重构造。

2. 数据库的开发过程

下面以一个简化的"教务管理系统"的开发过程为例，阐述如何进行数据库应用系统的开发过程。

某高校教务系统拟采用计算机对教务信息进行管理，实现教师、学生、课程及相关信息的永久性存储，以及课程信息、学生信息、班级信息、教师信息的管理，要求系统支持日常工作的查询，统计各种教务决策用的数据和打印各种报表等。

（1）系统需求分析

这一阶段系统分析员和用户双方共同收集数据库所需要的信息内容和用户对处理的要求。首先要了解正在设计中的数据库所管理的数据将覆盖哪些工作部门，每个部门的数据来自何处，它们是依据哪些原则处理加工数据，在处理完毕后又将输出哪些信息到其他部门。其次是确定系统的边界。在与用户之间经过充分讨论的基础上，确定计算机所要进行的数据处理范围，确定人机接口的界面，最终得到业务信息的数据流程图。

这一阶段的工作是否能准确反映实际系统的信息流程情况和用户对系统的要求，直接影响到以后各个阶段的工作，以及数据库系统将来运行的效率，因此分析阶段的工作是整个数据库设计的基础。

本案例根据对用户需求的调查分析，对所设计的系统设计出如图 2-42 所示的数据流程图。

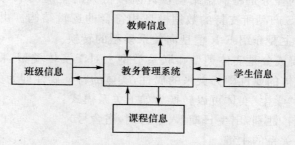

图 2-42　教务管理系统数据流程图

（2）概念结构设计

概念结构设计的目标是产生反映企业组织信息数据库概念模型，即概念模式。概念模式是不依赖于计算机系统和具体 DBMS 的模型,但能表达用户的要求。概念结构设计中最著名的方法就是实体—联系方法或称 E-R 方法,也称 E-R 模型,用 E-R 图表示,得到的即数据库的概念模式的描述。采用 E-R 方法的概念设计步骤如下:

　　①设计每个用户各自的局部视图(局部 E-R 模型),具体过程如图 2-43 所示。

　　②综合成全局的 E-R 模型,具体过程如图 2-44 所示。

　　③全局 E-R 模型的优化:进行相关实体类型的合并,以减少实体类型个数;尽可能消除实体中的冗余属性;尽可能消除冗余的联系类型。

　　使用上述步骤得到的全局 E-R 模型能准确、全面地反映用户的功能要求,并且是较优的。

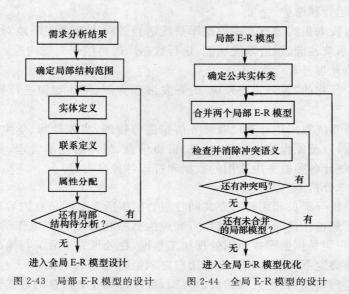

图 2-43　局部 E-R 模型的设计　　　　图 2-44　全局 E-R 模型的设计

　　本案例根据需求分析的结果,确定系统中涉及的实体以及实体之间的联系,分别用局部 E-R 图表示,可参考图 2-13。对局部 E-R 图进行合并,得到全局 E-R 图,可参考图 2-14。

　　(3)逻辑结构设计

　　逻辑结构设计的任务是将概念结构设计阶段得到的全局 E-R 模型转换成与选用的具体机器上的 DBMS 产品所支持的数据模型相符合的逻辑结构。由于当前 DBMS 主要是关系型产品,这里主要介绍 E-R 模型向关系模型的转换。

　　E-R 模型中主要成分是实体类型和联系类型。对于实体类型,将每个实体类型转换成一个关系模式,实体的属性即为关系的属性,实体的特征属性即为关系的主键。

　　例如,本案例中“学生”实体可以转换为如下关系模式:

　　学生(学号,姓名,性别,出生日期,入学日期,宿舍号)

其中,“学号”为学生关系的主键。

　　课程(课程号,课程名,学时数)

其中,“课程号”为课程关系的主键。

　　采用同样方法,可以将学院、教师都分别转换为相应的关系模式。

对于联系类型,视不同情况做不同处理。

①实体间是 1∶1 联系

若实体间是 1∶1 联系,可以转换为一个独立的关系模式,也可以与任意一端对应的关系模式合并。

* 如果转换为一个独立的关系模式,则与该联系相连的各实体的主键以及联系本身的属性均转换为关系的属性,每个实体的主键均是该关系的候选主键。
* 如果与某一端对应的关系模式合并,则需要在该关系模式的属性中加入另一个关系模式的主键和联系本身的属性。

如图 2-45 所示,学校与校长间存在 1∶1 联系,转换成模型时,学校与校长各成为一个关系模式。如果在查询学校信息时常要查询其校长,可在学校模式中加入校长姓名和任职年月,其联系"任职"则可不独立成为一个关系模式,这样可以减少系统的关系个数。设计如下:

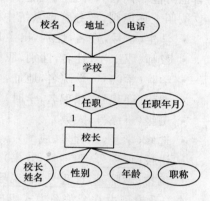

图 2-45　一对一联系

学校(校名,地址,电话,校长姓名,任职年月)

其中,"校名"为学校关系的主键。

校长(校长姓名,性别,年龄,职称)

其中,"校长姓名"为校长关系的主键。

②实体间是 1∶n 联系

若实体间是 1∶n 联系,可以转换为一个独立的关系模式,也可以与 n 端对应的关系模式合并。如果转换为一个独立的关系模式,则与该联系相连的各实体主键以及联系本身的属性均转换为关系的属性,而关系的主键是 n 端实体的主键。

例如,本案例中学生和班级之间存在 1∶n 联系,将其转换为关系模式有两种方法:

* 一种方法是使其成为一个独立的关系模式:

组成(学号,班级号)

其中,"学号"为"组成"关系的主键。

* 另一种方法是将其与学生关系模式合并,这时学生关系模式为:

学生(学号,姓名,性别,出生日期,入学日期,宿舍号,班级号)

后一种方法可以减少系统的关系个数,一般情况下更倾向于采用这种方法。

③实体间是 m∶n 联系

若实体间是 m∶n 联系,则将该联系转换成关系模式。其属性为两端实体类型的主键加上联系的属性,而主键为两端实体类型主键的组合。

例如,本案例中学生和课程之间存在的选修联系,是 m∶n 联系,可以将它转换为如下的关系模式:

选修(学号,课程号,成绩)

其中,"学号"与"课程号"为选修关系的组合主键。

④3 个或 3 个以上实体间的一个多元联系

若是 3 个或 3 个以上实体间的一个多元联系可将其转换为一个关系模式,与该多元联系相连的各实体的主键以及联系本身的属性均转换为关系的属性,而关系的主键为各实体主键的组合。

例如,本案例中编排联系即属于多元联系,其关系模式为:

编排(学院号,课程号,职工号,班级号,时间,地址)

需要注意的是,具有相同主键的关系模式可以合并。为了减少系统中的关系个数,如果两个关系模式具有相同的主键,可以考虑将它们合并为一个关系模式。合并方法是将其中一个关系模式的全部属性加入到另一个关系模式中,然后去掉其中的同义属性(可能同名也可能不同名),并适当调整属性的次序。

按照上述原则,教务管理系统中的五个实体和联系可以转换为下列关系模式:

- 学生(学号,姓名,性别,出生日期,入学日期,宿舍号,学院号,班级号)
- 教师(职工号,姓名,性别,职称,出生日期,调入日期,专业,电话,学院号)
- 学院(学院号,学院名,地址,电话,院长)
- 课程(课程号,课程名,学时)
- 班级(班级号,人数)
- 选修(学号,课程号,成绩)
- 讲授(课程号,职工号,效果)
- 编排(学院号,课程号,职工号,班级号,时间,地址)

该关系模型由八个关系模式组成,需要说明的是关系模式的转换不是唯一的。

(4)物理结构设计

对于给定的逻辑结构数据模型选取一个最适合应用环境的物理数据库结构的过程,称为物理结构设计。在层次模型和网状模型时代,物理结构设计的内容非常复杂,要考虑很多实现的细节,所幸的是这个时代已经结束了,关系数据库的物理结构设计要简单得多。物理结构设计可分五步完成,前三步涉及物理结构设计,后两步涉及约束机制和具体的程序设计。具体设计步骤如下:

①存储记录结构的设计

包括记录的组成、数据项的类型和长度,以及逻辑记录到存储记录的映像。

②确定数据存储位置

可以把经常同时被访问的数据组织在一起,"记录聚簇"技术能满足这个要求。

③存取方法的设计

存取路径分为主存取路径与辅存取路径,前者用主索引,后者用辅助索引。

④完整性和安全性考虑

设计者应在完整性、安全性、有效性和效率方面进行分析,作出权衡。

⑤程序设计

在逻辑结构确定以后,应用程序设计就应当开始。

如果使用的是 Access 这样较简单的数据库管理系统,除了考虑一些索引之外,几乎没有物理数据库设计的问题。

本案例采用 Access 数据库管理系统,所以物理结构设计可以不考虑。

（5）数据库实施

根据逻辑结构设计和物理结构设计的结果，在计算机系统上建立实际数据库结构、装入数据、测试和试运行的过程称为数据库的实现。实现阶段主要有三项工作：

①建立实际数据库结构。对描述逻辑结构、物理结构的程序（即"源模式"），经 DBMS 编译成目标模式，运行后建立实际的数据库结构。

②装入试验数据对应用程序和数据库进行调试。试验数据可以是实际数据，也可由手工生成或用随机数发生器生成。测试数据应尽量预计各种可能发生的情况。

③装入实际数据，进入试运行状态。测试系统的性能指标是否符合设计目标。如果不符合，则返回修改数据库物理结构，甚至修改逻辑结构。

数据库系统只要在运行就要不断地进行评价、调整和修改。如果应用变化太大，再组织工作已得不偿失，那么表明原数据库应用系统生存周期已结束，应该设计新数据库应用系统了。

例如，本案例对逻辑结构设计阶段得到的各个关系模式，可以用 Access 创建数据库，并建立数据库所包含的学生、教师、课程等八个表，然后输入相应的数据，并对已建好的数据库，借助于 SQL 查询语言进行各种查询操作。以下是几个简单的例子：

①查询学生学号、姓名、出生日期等信息。

SQL 语句如下：

SELECT 学号，姓名，出生日期 FROM 学生；

②查询学生选课信息。

SQL 语句如下：

SELECT 学号，课程号，成绩 FROM 选修；

③查找选修 1 号课程且成绩在 90 分以上的所有学生。

SQL 语句如下：

SELECT 学号，姓名，选修.成绩 FROM 学生，选修

WHERE 学生.学号＝选修.学号 AND 选修.课程号＝"1" AND 选修.成绩＞90；

（6）数据库运行和维护

数据库系统正式运行，标志着数据库设计与应用开发工作的结束和维护阶段的开始。运行和维护阶段主要有四项工作：

①维护数据库的安全与完整性。检查系统安全性是否受到侵犯，及时调整授权和密码，实施系统转储和后备，发生故障后及时恢复。

②监测并改善数据库运行性能。对数据库的存储空间状况和响应时间进行分析评价，结合用户反应确定改进措施，实施再构造或重新格式化。

③根据用户要求对数据库现有功能进行扩充。

④及时改正运行中发现的系统错误。

2.5.2　数据库应用系统开发

1. 数据库应用系统的层次结构

数据库应用系统的层次结构是指数据库及其应用系统运行时所处的硬件、软件环境

以及通过这个环境访问数据库的方式。目前普遍使用的是局域网中的两次结构（Client/Server,C/S）和互联网环境下的三层（或多层）结构（Browser/Server,B/S）。

（1）C/S 结构

C/S 是客户/服务器体系结构的简称,是当前比较流行的数据库应用程序体系结构,即通过一个服务器来管理和维护数据库,同时通过一个或多个客户端来进行数据库数据的访问。其结构如图 2-46 所示。

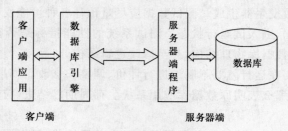

图 2-46　C/S结构模型图

C/S 具有主机数据库的优点,如安全性、事务处理等,同时具有效率高、成本低、可扩展性好、开发周期短等优点。但当系统规模增大到一定程度时,就会暴露出以下缺陷:

①启动的客户端程序越多,同数据库服务器建立的连接就会越多,服务器端的负担就会变得非常沉重,从而影响系统的性能。

②如果客户端的地理位置比较分散,则客户端应用程序的维护工作就会变得很困难。

（2）B/S 结构

在 B/S 数据库系统中,应用程序安装在一台 Web 服务器上,而客户端只需要启动浏览器软件。客户端通过浏览器向 Web 服务器发送数据请求,Web 服务器接收请求后,按照特定的方式访问数据库服务器,将结果返回给 Web 服务器上的应用程序,最后由 Web服务器将结果转化为页面的形式反馈到客户端浏览器上。其结构如图 2-47 所示。

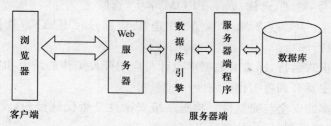

图 2-47　B/S结构模型图

2. 数据库访问

ADO(ActiveX Data Object)是一组优化的访问数据库的专用对象集,它提供了完整的数据库访问解决方案。ADO 建立了基于 Web 方式访问数据库的脚本编写模型,不仅支持任何大型数据库的核心功能,而且支持许多数据库所专有的特性。ADO 是连接应用程序和各种数据库的桥梁。

ADO 的特点就是运行速度快、使用简单、低内存消耗且占用硬盘空间小。因为 ADO是通过 ODBC 来对数据库进行访问的,所以它可以连接各种支持 ODBC 的数据库,如

Access、SQL Server、Oracle、Informix 等。在使用 ADO 之前要先在 ODBC 中添加相应的数据库驱动程序,并创建相应的 DSN。

(1)简介

ODBC(Open DataBase Connectivity,开放数据库互联)是微软公司开放服务结构中有关数据库的一个组成部分,它建立了一组规范,并提供了一组对数据库访问的标准 API(应用程序编程接口)。应用程序通过 ODBC 可以访问多操作系统平台上不同类型的数据库。

应用程序要访问一个数据库,首先必须用 ODBC 管理器注册一个数据源(DSN),管理器根据数据源提供的数据库位置、数据库类型及 ODBC 驱动程序等信息,建立起 ODBC 与具体数据库的联系。这样,只要应用程序将数据源提供给 ODBC,ODBC 就能建立起与相应数据库的连接。

(2)创建数据源(DSN)

创建数据源(DSN)有很多种方法,其中最简单的是使用 Windows 操作系统提供的 ODBC 管理器。进入"ODBC 数据源管理器"对话框,进行设置。

用户所创建的每一个 DSN,都关联一个目的数据库和相应的 ODBC 驱动程序。当应用程序第一次要连接到目的数据库时,就会把 DSN 传送到 ODBC 驱动程序管理器中,驱动程序管理器通过识别 DSN,就可以确定要加载哪一个驱动程序。

①DSN 的类型

• 用户 DSN:这个数据源对于创建它的计算机来说是局部的,并且只能被创建它的用户使用。

• 系统 DSN:这个数据源属于创建它的计算机并且是属于这台计算机而不是创建它的用户,任何用户只要拥有适当的权限都可以访问这个数据源。

• 文件 DSN:这个数据源对底层的数据库文件来说是确定的。换句话说,这个数据源可以被任何安装了合适的驱动程序的用户使用。

②DSN 的创建

本节以创建一个系统 DSN 为例简述 DSN 创建过程。

【例 2-32】　创建连接 Access 数据库 db1 的系统 DSN——"jiaowu"。

• 在 Windows XP 中,选择"开始"→"控制面板"→"性能和维护"→"管理工具"→"数据源(ODBC)",打开"ODBC 数据源管理器"对话框。该对话框中有多个选项卡,这里选择"系统 DSN"选项卡,如图 2-48 所示。

• 单击"添加"按钮,向列表中添加新的 DSN。出现"创建新数据源"对话框,如图 2-49 所示,列出当前系统上载入的所有驱动程序。从该列表中选择一个驱动程序,因本例要连接的数据库是 Microsoft Access,所以选择 Microsoft Access Driver(* . mdb)。如果所需要的数据库的驱动程序没有显示在列表中,则应从供应商的 Web 站点下载该驱动程序并安装它。

• 单击"完成"按钮,系统打开"ODBC Microsoft Access 安装"对话框,如图 2-50 所示。该对话框内有多个选项和按钮。在数据源名内输入"jiaowu",单击"选择"按钮,在硬盘上找到该数据库文件,然后单击"确定"按钮。

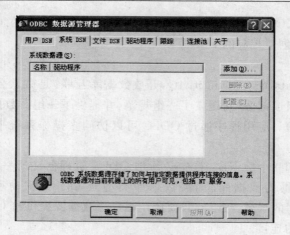

图 2-48　"ODBC 数据源管理器"对话框

图 2-49　"创建新数据源"对话框

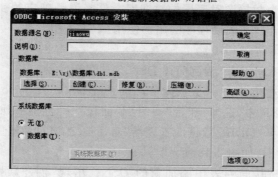

图 2-50　"ODBC Microsoft Access 安装"对话框

　　• 最后,在"ODBC Microsoft Access 安装"对话框中单击"确定"按钮,将返回 "ODBC 数据源管理器"对话框。这时可以看到新创建的 DSN 和相应的驱动程序名已经 出现在列表中。再次单击"确定"按钮,至此,创建(连接到 Access)系统 DSN 的配置操作 全部完成了。

　　(3)ADO 对象模型访问数据库

　　ADO 对象模型是一种更加标准的高层次编程接口,ADO 可以通过 ODBC 驱动程序访问数据库。ADO 独立于具体的编程语言,可访问各种类型数据,它架起了不同数据库系统、文件系统和 E-mail 服务器之间的公用桥梁。在 VB 环境下可以使用 ADO 模型访问数据库,在 ASP 动态网页中也可以使用 ADO 模型访问数据库。无论从编程效率、存取速度和发展前景来看,ADO 都是比较好的。

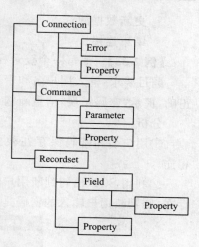

图 2-51　ADO 对象结构中各个对象之间的关系

①ADO 对象模型的构件

ADO 由 ADO DB 对象库和 Connection、Recordset、Field、Command、Parameter、Property、Error 七个对象及 Parameters、Fileds、Properties、Errors 四个数据集合构成。如图 2-51 显示了 ADO 对象结构中各个对象之间的关系。表 2-5 列出了 ADO 对象结构中的各个对象描述。最重要的三个 ADO 对象是 Connection,Recordset 和 Command,本节将重点介绍。

表 2-5　　　　　　　　　　　ADO 对象结构中的各个对象描述

对　象	描　述
Connection	用来建立数据源和 ADO 程序之间的连接,它代表与一个数据源的唯一对话。包含了有关连接的信息
Recordset	查询得到的一组记录组成的记录集
Field	包含了记录集中的某一个记录字段的信息。字段包含在一个字段集合中。字段的信息包括数据类型、精确度和数据范围等
Command	包含了一个命令的相关信息,如查询字符串、参数定义等。可以不定义一个命令对象而直接在一个查询语句中打开一个记录集对象
Parameter	与命令对象相关的参数。命令对象的所有参数都包含在它的参数集合中,可以通过对数据库进行查询来自动创建 ADO 参数对象
Property	ADO 对象的属性。ADO 对象有两种类型的属性:内置属性和动态属性。内置属性是指在 ADO 对象里面的那些属性,任何 ADO 对象都有这些内置属性;动态属性由底层数据源定义,并且每个 ADO 对象都有对应的属性集合
Error	包含了由数据源产生的 Errors 集合中的扩展的错误信息。由于一个单独的语句会产生一个或多个错误,因此 Errors 集合可以同时包括一个或多个 Error 对象

②ADO 对象模型访问数据库流程

ADO 通过以下步骤来完成对数据库的操作:

- 创建一个到数据源的连接(Connection),连接到数据库;
- 创建一个 SQL 命令行(包括变量、参数、可选项等);
- 运行命令行;
- 产生相应的数据集对象(Recordset),这样便于查找、操作数据;
- 通过数据集对象进行各种操作,包括修改、增加、删除等;

- 更新数据源；
- 结束连接。

【例 2-33】 编写一个登录程序，界面如图 2-52 所示。

题目要求：输入用户名和密码，若正确，提示"恭喜你！成功"；若用户名正确，密码不正确，提示"密码错误，请重新输入"；若用户名不正确，提示"用户不存在"。

分析：

①用户名和密码保存在教务管理系统数据库中的 login 表中，所以要进行数据库相连。

②利用 SQL 语句判断用户输入的用户名是否存在，若不存在，提示"用户不存在"；若存在，则判断用户输入的密码是否与数据库中的数据相符。

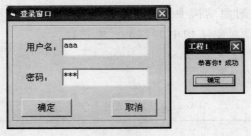

图 2-52　例 2-33 运行界面

程序代码如下：

```
Private Sub Command1_Click( ) '"确定"按钮
    Dim txtuser As String, txtpassword As String
    Dim sql1 As String
    Dim cnn As New ADODB. Connection '创建 cnn 为 Connection 对象
    Dim rs As New ADODB. Recordset '创建 rs 为 Recordset 对象
    If Text1. Text="" Or Text2. Text="" Then
        MsgBox "用户名或密码不能为空",16,"提示信息"
        Text1. SetFocus
    Else
        txtuser=Text1. Text
        txtpassword=Text2. Text
        cnn. ConnectionString="DSN=jiaowu" '获取数据源
        cnn. Open '通过 DSN 建立 Connection 对象同数据库间的连接
        rs. ActiveConnection=cnn '设置连接 Connection 对象
        sql1="SELECT  * FROM login WHERE 用户名="+""""+txtuser+""""
        rs. CursorType=adOpenStatic '获取游标类型
        rs. Open sql1 '运行 SQL 语句
        If Not rs. EOF( )Then '若用户名存在判断密码是否正确
            If rs. Fields(1) <> Trim(txtpassword) Then
                MsgBox "密码错误,请重新输入 ",16,"提示信息"
                Text2. Text="":Text2. SetFocus
```

```
        Else
            MsgBox″恭喜你！成功″
        End If
    Else
        MsgBox″用户不存在″,16,″提示信息″
        Text1. Text=″″:Text2. Text=″″:Text1. SetFocus
    End If
    End If
End Sub
Private Sub Command2_Click( )′"取消"按钮
    End
End Sub
```

3. 基于 C/S 的"教务管理系统"

如前所述,"教务管理系统"的数据库设计已经完成,现需要确定应用程序的功能。数据库应用系统最常用的操作主要是数据的增加、删除、修改、查看及生成报表。现以 C/S 环境,开发语言 VB,数据库 Access 为例,给出部分程序代码。

(1)数据增加(录入数据)

包括基本表的数据输入。

【例 2-34】 编写增加教师记录,界面如图 2-53 所示。

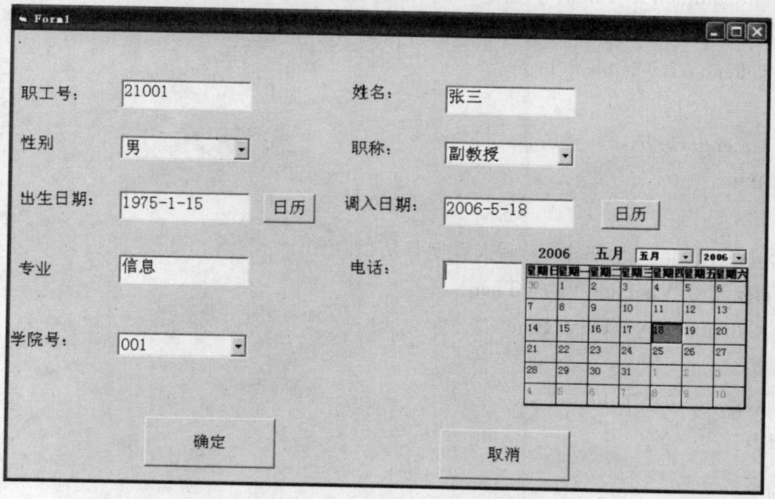

图 2-53 增加教师记录界面

分析由于职工号是关键字,即不允许出现相同的职工号,所以在添加记录时一定要首先判断当前的职工号,数据表中是否已经存在。为了输入正确的日期格式,采用了 ActiveX 控件——日历控件(Calendar)。

程序代码如下:

```
Private Sub Form_Load( )′初始化
    Adodc1. Visible=False
    Combo1. AddItem″男″
```

```
        Combo1. AddItem "女"
        Combo1. Text="男"
        Combo2. AddItem "教授"
        Combo2. AddItem "副教授"
        Combo2. AddItem "讲师"
        Combo2. AddItem "助教"
        Combo2. Text="副教授"
        Calendar1. Visible=False
        Calendar2. Visible=False
        Adodc1. ConnectionString="DSN=jiaowu" '连接数据库
        Adodc1. RecordSource="SELECT 学院号 FROM xueyuan"
        Adodc1. Refresh
        Do While Not Adodc1. Recordset. EOF '组合框添加数据库中的学院号
            Combo3. AddItem Adodc1. Recordset. Fields(0)
            Adodc1. Recordset. MoveNext
        Loop
        Adodc1. Recordset. AbsolutePosition=1
        Combo3. Text=Adodc1. Recordset. Fields(0)
    End Sub
    Private Sub Command1_Click( ) '出生日期日历的调用
        If Calendar1. Visible=False Then
            Calendar1. Visible=True
        Else
            Calendar1. Visible=False
        End If
    End Sub
    Private Sub Command2_Click( ) '调入日期日历的调用
        If Calendar2. Visible=False Then
            Calendar2. Visible=True
        Else
            Calendar2. Visible=False
        End If
    End Sub
    Private Sub Calendar1_Click( ) '输入出生日期
        Text3. Text=Calendar1. Value
    End Sub
    Private Sub Calendar2_Click( ) '输入调入日期
        Text4. Text=Calendar2. Value
    End Sub
    Private Sub Cmdok_Click( ) '添加新教师记录
        If Text1="" Then '职工号不能为空,不能重复
            MsgBox "职工号不能为空",vbOKOnly+vbCritical,"提示信息"
```

```
            Text1. SetFocus
        Else
            Adodc1. RecordSource="SELECT 职工号 FROM jiaoshi WHERE 职工号="+""""+Trim
            (Text1. Text)+""""
            Adodc1. Refresh
            If Adodc1. Recordset. RecordCount <> 0 Then
                MsgBox "职工号已经存在"+Chr(13)+Chr(10)+"不 能 添 加",vbOKOnly+
                vbCritical,"提示信息"
                Text1. Text="":Text1. SetFocus
            Else
                Adodc1. RecordSource="SELECT  * FROM jiaoshi "
                Adodc1. Refresh
                Adodc1. Recordset. AddNew '增加一个空白记录
                Adodc1. Recordset. Fields(0)=Trim(Text1. Text) '修改空白记录的内容
                Adodc1. Recordset. Fields(1)=Trim(Text2. Text)
                Adodc1. Recordset. Fields(2)=Trim(Combo1. Text)
                Adodc1. Recordset. Fields(3)=Trim(Combo2. Text)
                If Text3="" Then '日期型数据不能为空及错误格式
                    Adodc1. Recordset. Fields(4)="1980-1-1"
                Else
                    Adodc1. Recordset. Fields(4)=Trim(Text3. Text)
                End If
                If Text4="" Then
                    Adodc1. Recordset. Fields(5)="1980-1-1"
                Else
                    Adodc1. Recordset. Fields(5)=Trim(Text4. Text)
                End If
                Adodc1. Recordset. Fields(6)=Trim(Text5. Text)
                Adodc1. Recordset. Fields(7)=Trim(Text6. Text)
                Adodc1. Recordset. Fields(8)=Trim(Combo3. Text)
                Adodc1. Recordset. Update
                sele=MsgBox("增加完毕,继续增加吗?",vbYesNo+vbApplicationModal,"提示信息")
                If sele=6 Then
                    Text1="":Text2="":Text3="":Text4="":Text5="":Text6=""
                Else
                    Unload Me
                End If
            End If:End If
    End Sub
Private Sub CmdCancel_Click( ) '选择"取消"
        Unload Me
End Sub
```

（2）数据删除

一般是有条件的，所以要避免无条件地删除数据，另外，在处理删除操作时，应该具有警告信息，以便提醒操作者慎重处理。

（3）数据修改

当某些数据发生变化或录入不准确时，应该允许用户修改数据库中的数据。当然应当在安全性控制范围之内。

【例 2-35】 编写编辑（删除、修改）教师信息，界面如图 2-54 所示。

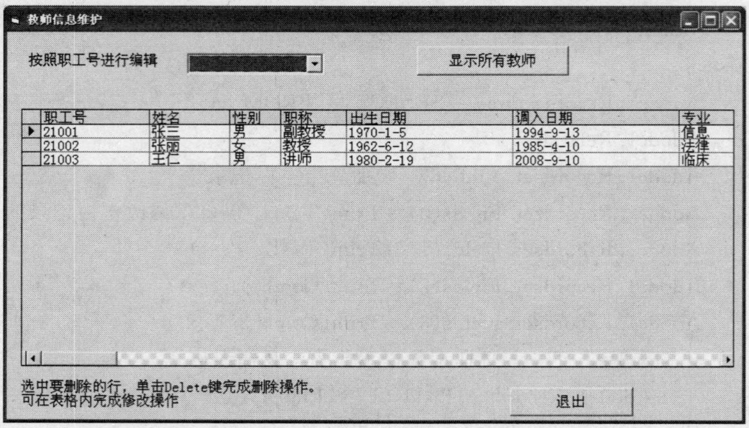

图 2-54　编辑（删除、修改）教师信息界面

分析：为了更清晰地完成编辑工作，在本例中采用表格方式，因此采用了 ActiveX 控件 DateGrid 控件，同时将 AllowDelete 和 AllowUpdate 属性设置为 True。

程序代码如下：

```
Private Sub Form_Load( )'完成所有记录的显示和组合框内容的添加
    Adodc1.ConnectionString="DSN=jiaowu"
    Adodc1.RecordSource="SELECT * FROM jiaoshi ORDER BY 学院号"
    '按学院显示所有老师的信息
    Adodc1.Refresh
    Adodc1.Visible=False '隐藏 Adodc1
    Set DataGrid1.DataSource=Adodc1'数据绑定
    Adodc2.ConnectionString="DSN=jiaowu"
    Adodc2.RecordSource="SELECT 职工号 FROM jiaoshi ORDER BY 职工号"
    Adodc2.Visible=False '隐藏 Adodc2
    Adodc2.Refresh
    Do While Not Adodc2.Recordset.EOF
        Combo1.AddItem Adodc2.Recordset.Fields(0)
        Adodc2.Recordset.MoveNext
    Loop
End Sub
Private Sub Combo1_Click( )'选择职工号
    Dim str1 As String
```

```
        str1="SELECT * FROM jiaoshi WHERE 职工号="+""""+Combo1.Text+""""
        Adodc1.RecordSource=str1
        Adodc1.Refresh
    End Sub
    Private Sub Command2_Click( )'"退出"按钮
        Unload Me
    End Sub
    Private Sub Command1_Click( )'"显示所有教师"按钮
        Adodc1.RecordSource="SELECT * FROM jiaoshi ORDER BY 学院号"
        Adodc1.Refresh
    End Sub
    Private Sub DataGrid1_BeforeDelete(Cancel As Integer)'在删除记录前的安全提示
        Dim x As Integer
        x=MsgBox("真的要删除吗?",vbOKCancel+vbCritical,"提示")
        If x=2 Then Cancel=1
    End Sub
```

（4）数据查询与报表

在数据库应用程序中,数据查询是最常用的操作。系统设计时应征询用户的查询要求,然后设计不同的能覆盖用户所有查询要求功能的查询表。报表也是一个数据库应用系统不可缺少的功能,现在一些常见的数据库开发工具,都提供了报表设计工具,能直接设计出符合要求的报表。当然为了打印方便,也可生成 Excel 报表,功能比较强大。本例中使用此方法。

下面代码是将当前的查询表添加到 Excel 中。

```
Private Sub Command1_Click( )'导入 Excel
        Dim xlApp As New Excel.Application '定义 Excel 对象
        Dim xlBook As Excel.Workbook
        Dim xlSheet As Excel.Worksheet
        Dim xlQuery As Excel.QueryTable
        Set xlApp=CreateObject("Excel.Application")
        Set xlBook=xlApp.Workbooks( ).add
        Set xlSheet=xlBook.Worksheets("sheet1")
        xlApp.Visible=True
        Set xlQuery=xlSheet.QueryTables.add(Adodc1.Recordset,xlSheet.Range("A1"))
        '从 A1 单元格开始添加查询结果
        xlQuery.FieldNames=True '显示字段名
        xlQuery.Refresh
        xlApp.Application.Visible=True
        Set xlApp=Nothing '交还控制给 Excel
        Set xlBook=Nothing
        Set xlSheet=Nothing
    End Sub
```

其实,目前有许多适合开发人员使用的先进的快速开发工具。希望读者不要拘泥于某一种开发工具,重要的是掌握应用系统开发的基本思路并熟练掌握其中一种开发工具,以便做到触类旁通、举一反三。

习　题

一、填空题

1.在数据管理技术发展历程的几个阶段中,(　　)阶段数据不能保存。

2.数据库专家们提出了数据库系统分级的系统结构模型,整个系统分为三级,它们分别是(　　)、(　　)和(　　)。

3.数据模型按不同的应用层次分成三种类型,它们是:概念数据模型、(　　)和(　　)。

4.E-R 模型属于(　　)模型。

5.关系数据库系统是支持(　　)的数据库系统。

6.关系模型由(　　)、(　　)、(　　)三部分组成。

7.关系模型定义了(　　)、(　　)、(　　)三类完整性。

8.通常把数据库和数据库管理系统合称为(　　)。

9.在 E-R 图中通常用(　　)表示实体,用(　　)表示联系,用(　　)表示属性。

10.常见的数据模型有很多种,目前使用较多的数据模型是(　　)。

11.在关系模型中,把数据看成一个二维表,每一个二维表称为(　　)。

12.表示任意个字符的通配符是(　　)。

13.若一个关系中有若干个候选关键字,则指定其中一个作为关键字的属性或属性组合称为该关系的(　　)。

14.用一组二维表表示实体及实体间的关系的数据模型是(　　)。

15.关系代数的运算按运算符的不同分为(　　)、(　　)两大类。

16.传统的集合运算是二目运算,包含(　　)、(　　)、(　　)、(　　)四种运算。

17.专门的关系运算包括(　　)、(　　)、(　　)、(　　)等。

18.选择是对关系的(　　)分解。

19.投影是对关系的(　　)分解。

20.连接运算中有两种最为重要也最为常用的连接,一种是(　　),另一种是(　　)。

21.Access 数据库文件的扩展名为(　　)。

二、选择题

1.在文件系统阶段,操作系统管理数据的基本单位是(　　)。

A.文件　　　　　　　B.记录　　　　　　　C.程序　　　　　　　D.数据项

2.数据管理技术发展过程中,文件系统与数据库系统的重要区别是数据库具有(　　)。

A.数据可共享　　　　　　　　　B.数据无冗余

C.特定的数据模型　　　　　　　D.专门的数据管理软件

3.在数据库管理技术的发展过程中,经历了人工管理阶段、文件系统阶段和数据库系统阶段。其中数据独立性最高的阶段是(　　)。

A.数据库系统　　　B.文件系统　　　C.人工管理　　　D.数据项管理

4.下面关于数据库系统的叙述中,正确的是(　　)。

A.数据库系统比文件系统能管理更多的数据

B. 数据库系统避免了一切冗余

C. 数据库系统中数据的一致性是指数据类型的一致

D. 数据库系统减少了数据冗余

5. 数据库系统的核心是( )。

A. 数据库管理系统　B. 数据库　　　C. 数据模型　　　D. 软件工具

6. 在数据库的数据模型中有( )。

A. 网状模型、层次模型、关系模型　　　B. 数字型、字母型、日期型

C. 二数值型、字符型、逻辑型　　　　　D. 数学模型、概念模型、逻辑模型

7. 用表格形式的结构表示实体类型以及实体类型之间联系的数据模型是( )。

A. 关系数据模型　　　　　　　　　　　B. 层次数据模型

C. 网状数据模型　　　　　　　　　　　D. 面向对象数据模型

8. 描述概念模型的常用方法是( )。

A. 建立数据模型方法　　　　　　　　　B. 需求分析方法

C. 二维表方法　　　　　　　　　　　　D. 实体—联系方法

9. 在关系模型的完整性约束中,实体完整性规则是指关系中( )。

A. 不允许有空行　　　　　　　　　　　B. 属性值不允许为空

C. 主键值不允许为空　　　　　　　　　D. 外键值不允许为空

10. 参照完整性规则要求( )。

A. 不允许引用不存在的元组　　　　　　B. 允许引用不存在的元组

C. 不允许引用不存在的属性　　　　　　D. 允许引用不存在的属性

11. 设有关系 R、S 如图 2-55 所示,则关系代数表达式 R÷S 的结果集是( )。

A	B	C
a1	b1	c1
a1	b2	c1
a2	b2	c2

(a)关系 R

B
b1
b2

(b)关系 S

图 2-55　关系 R、S

A.

A
a1
a1

B.

B
b1
b2

C.

A	C
a1	c1

D.

A
a1
a2

12. 最常用的一种基本数据模型是关系数据模型,它用统一的( )结构来表示实体以及实体之间的联系。

A. 树　　　　　　B. 网络　　　　　　C. 图　　　　　　D. 二维表

13. 从 E-R 模型向关系模型转换时,一个 m∶n 联系转换为关系模式时,该关系模式的关键字是( )。

A. m 端实体的关键字

B. n 端实体的关键字

C. m 端实体的关键字与 n 端实体的关键字的组合

D. 重新选取其他属性

14. 在关系数据模型中,通常可以把( )称为属性,其值称为属性值。

A. 字段　　　　　　B. 基本表　　　　　　C. 模式　　　　　　D. 记录

15. 关系 R 和关系 S 如图 2-56 所示,如图 2-57 所示的 T 是关系 R 和关系 S 的( )结果。

A	B	C
a	b	c
b	b	f
c	a	d
d	a	d

(a)关系 R

B	C	D
b	c	d
b	c	e
a	d	e

(b)关系 S

图 2-56 关系 R 和关系 S

A	B	C	D
a	b	c	d
a	b	c	e
c	a	d	b
d	a	d	b

图 2-57 关系 T

A. 自然连接　　　　B. θ 连接　　　　C. 笛卡尔积　　　　D. 并

16. 在 Access 数据库中,表和数据库的关系是( )。

A. 一个数据库可以包含多个表　　　　B. 一个表只能包含两个数据库

C. 一个表可以包含多个数据库　　　　D. 一个数据库只能包含一个表

17. 在 Access 中,数据库的基础和核心是( )。

A. 表　　　　　　B. 查询　　　　　　C. 窗体　　　　　　D. 宏

18. 在下面关于表的说法中,错误的是( )。

A. 表是 Access 数据库中的重要对象之一

B. 表的设计视图的主要工作是设计表的结构

C. 表的数据视图只用于显示数据

D. 可以将其他数据库的表导入到当前数据库中

三、判断题

1. 数据库管理员是专门从事数据库设计、管理和维护的工作人员。　　　　　　　　　　　（　　）

2. 计算机的数据管理技术经历了人工管理、文件系统管理和数据库系统三个阶段。　　　（　　）

3. 逻辑数据模型(又称数据模型),是一种面向客观世界、面向用户的模型;它与具体的数据库系统无关,与具体的计算机平台无关。　　　　　　　　　　　　　　　　　　　　　　　　　　（　　）

4. 数据模型通常由数据结构、数据操作和完整性约束三部分组成。　　　　　　　　　　（　　）

5. 内模式亦称为子模式或用户模式,描述的是数据的局部逻辑结构。　　　　　　　　　（　　）

6. 关系数据语言分为两类,一类是关系数据语言,一类是关系演算语言。　　　　　　　（　　）

7. 实体完整性和参照完整性是关系模型必须满足的完整性约束条件,应该由关系系统自动支持。　　　　　　　　　　　　　　　　　　　　　　　　　　　　　　　　　　　　　　　（　　）

8. 实体完整性规则中,若属性 A 是基本关系 R 的主属性,则 A 可以取空值。　　　　　（　　）

9. 关系数据库是采用关系模型作为数据的组织的方式。　　　　　　　　　　　　　　　（　　）

10. 关系代数的运算对象是关系,运算结果也是关系。　　　　　　　　　　　　　　　　（　　）

11. 关系代数的运算按运算符的不同可分为传统的集合运算和专门的关系运算。　　　　（　　）

12. 传统的集合运算是三目运算。　　　　　　　　　　　　　　　　　　　　（　　）

13. 关系的交可以用差来表示。　　　　　　　　　　　　　　　　　　　　　（　　）

14. 专门的关系运算包括选择、投影、并、连接等。　　　　　　　　　　　　（　　）

15. 除操作是同时从行和列的角度进行运算。　　　　　　　　　　　　　　　（　　）

16. 在 SQL 中，空值用保留字 NOT NULL 表示。　　　　　　　　　　　　　（　　）

17. 用 GROUP BY 语句对数据分组时，在分组中用来进行条件选择的语句是 HAVING。（　　）

18. 利用主关键字可以对记录快速地进行排序和查找。　　　　　　　　　　　（　　）

19. 在数据表视图中，不可以修改字段的类型。　　　　　　　　　　　　　　（　　）

20. 表是数据库中最基本的对象，没有表也就没有其他对象。　　　　　　　　（　　）

四、简答题

1. 解释数据库、数据库管理系统和数据库系统的概念。

2. 数据管理经历了哪几个阶段，各阶段的特点是什么？

3. 数据库管理系统的主要功能有哪些？

4. 解释实体、属性、码、实体集、E-R 模型的概念。

5. 试述数据模型及其要素。

6. 关系模型有哪些特点？

7. 请说明关键字与主键的区别？

8. 等值连接与自然连接的区别是什么？

9. 如何用关系代数的基本运算来表示其他的关系基本运算？

10. Access 数据库由哪些对象组成？

11. Access 数据库中基础核心的对象是什么？

12. 简述数据库设计需要哪几个阶段，每个阶段的任务是什么？

第 3 章

操作系统

对大多数使用过计算机的人来说,操作系统是既熟悉又陌生。熟悉是因为每当我们打开计算机时,计算机首先运行的就是操作系统,而且我们在计算机上所做的大部分工作都是在操作系统基础上进行的,但大多数人却说不清什么是操作系统。

3.1　操作系统导论

3.1.1　什么是操作系统

现代计算机系统,无论大、中、小型或微型机,基本上都由计算机的硬件系统和软件系统两大部分组成。

计算机系统的所有硬件和软件,统称为计算机资源。计算机的硬件和软件种类繁多,特性各异,如果由人来直接管理计算机系统的资源,在计算机系统已经变得极其复杂的今天,这是不可想象的。正是为了满足这种对计算机资源管理的要求,操作系统才逐步发展起来。一个计算机系统拥有大量各种各样的软件,在这些软件中,操作系统是最重要、最基础的软件。图 3-1 简要地给出了计算机系统的基本组成。从图中我们可以看出:

图 3-1　计算机系统基本组成

(1)操作系统是加到计算机硬件上的第一层软件,它是对计算机硬件的首次扩充和延伸。一台仅由硬件构成的计算机,我们通常称之为"裸机",在配有操作系统之后,就变成了一台与"裸机"完全不同的"虚拟"的计算机,我们通常把这"新的功能更强的机器"称为"虚拟机"。而其他的所有软件,如数据库系统、编译软件、软件开发工具等系统软件以及字处理软件、办公软件、浏览器等应用软件都是以操作系统为基础,运行于"虚拟机"上的。只有首先运行操作系统之后,才能运行其他软件。没有一台计算机不配操作系统,甚至具有一定规模的现代计算机都配有一个或几个不同功能的操作系统。每当启动计算机后,用户面对的就是这台"虚拟"的计算机,用户通过"虚拟机"操作硬件设备,完成自己的工作。操作系统的性能在很大程度上将决定整个系统工作的优劣。

　　(2)操作系统是用户与计算机系统之间的接口。用户只能看到已配置了操作系统后的机器。用户看到的"计算机"实际上是一台逻辑计算机,用户看到的"设备"是硬件设备的抽象,是一种逻辑设备,我们对逻辑设备的所有操作都被操作系统转换为对实际的硬件设备的操作。

　　操作系统提供两种不同的用户接口,即最终用户接口和系统调用(也称程序员接口)。最终用户接口允许用户直接使用操作系统提供的功能,完成对计算机资源的管理和使用。这类接口一般分为两种,一种是命令行式用户接口,它一般是字符界面,用户通过键入的命令来操纵、使用计算机。这种界面对计算机性能要求不高,执行效率较高,但用户需要记住大量的命令,用户负担较重。PC 机上使用很广的 DOS 操作系统提供的就是命令行界面,UNIX 操作系统的用户界面——Shell,也是命令行界面。另一种是图形用户接口,也就是所谓的窗口系统。用户通过鼠标单击窗口、图标、菜单等来使用操作系统。这类接口形象、直观、方便、易用,大大减轻了用户负担。PC 机上广泛使用的 Windows 系列操作系统,如 Windows 3. X,Windows 95/98 和 Windows XP 等都是图形界面。窗口系统是目前的流行趋势,即便是以命令行界面著称的 UNIX 操作系统,现在也提供了窗口界面,如 X Windows 系统。最终用户不能直接使用系统调用,只能在程序中像调用子程序一样调用。对于应用程序开发来说,这种系统调用是不可缺少的。例如 DOS 系统中的 21 号中断,就是程序员级的系统接口;Windows 系统中的 Windows API(Windows 应用编程接口),也是一种程序员级的系统接口。

　　(3)操作系统管理的是计算机的硬件,所以随着计算机硬件技术的发展和深化,必然导致操作系统更新换代,以增加对新硬件资源的支持,进一步提高整个计算机系统的功能和性能。

　　由此可见,操作系统是对计算机系统中的所有资源进行高效管理的一种相当复杂的系统软件,它是用户和计算机之间的接口。引入操作系统的目的有两方面,从计算机系统管理人员的观点看,引入操作系统是为了合理地组织计算机工作流程;使计算机中硬件、软件资源能为多个用户共享,最大限度地提高计算机的效率。从使用计算机的用户角度来说,引入操作系统是为了给用户提供一个更好的工作环境,以便使用户的程序开发、调试、运行更加方便、灵活,从而提高用户的工作效率。而这两方面既有联系又有矛盾,操作系统的任务是在使用简便和耗费代价之间提供最佳的平衡。由于各种用户对操作系统的要求有不同的侧重,为了达到各种不同的目标,从而出现了各种类型的操作系统。

3.1.2　操作系统的功能

　　操作系统的功能概括地讲,主要是负责系统中软硬件资源的管理,调度系统中各种资源的使用。具体来讲,其主要功能包括以下几个方面:

1.处理器管理

　　处理器是计算机系统中最主要的资源,处理器管理的主要功能就是对处理器的分配、调度实施最有效的管理,以最大限度地提高处理器的处理能力。在多任务环境下,处理器的分配、调度都是以进程(简单地说,进程就是程序的一次运行,我们将在 3.3 节中详细讨论)为单位的。所以,处理器的管理可以归结为进程管理。进程管理的主要任务是为运行程序创建进程,并进行进程调度,进程间通信和程序运行完后撤销进程以及资源的回收。

2. 内存管理

内存管理是存储管理的主要表现形式。内存是一种十分重要的资源,也是计算机系统中较昂贵的资源,内存管理在操作系统中占有非常重要的地位。内存管理的主要任务是为每个进程分配内存、当进程被撤销时回收分配出去的内存。当然,每个进程只能在自己的内存空间中运行,否则会相互干扰甚至破坏整个系统,所以内存保护也应当是内存管理的任务之一。存储管理将在 3.6 节详细讨论。

3. 设备管理

计算机系统的输入、输出设备种类繁多。典型的输入、输出设备有磁盘、键盘、鼠标、显示器、打印机、扫描仪、数码相机、光盘驱动器等。设备管理的主要任务是既要根据一定的分配原则对设备进行分配、调度,以提高整个计算机系统的运行效率,还要为用户使用 I/O 设备提供一个方便、易用、高效的操作界面。

4. 文件管理

计算机中的所有信息如可运行程序、文档、数据等都是以文件的形式保存在外部存储介质上,供用户使用。操作系统提供一套高效、方便、易用的信息管理机制,我们把它称为文件系统。该文件系统具有这样一些功能:数据存储空间的分配、回收,文件的读写、查找机制和安全机制;向用户提供一套简单、方便、易用的服务接口,如文件的打开、关闭、读写以及文件的删除等,供用户编写程序时使用。

5. 用户接口

为了方便用户使用操作系统,目前操作系统的设计越来越重视向用户提供方便的用户接口。该接口通常是以命令接口、系统调用接口或图形接口的形式呈现在用户面前。命令接口提供给用户在键盘终端上使用;系统调用接口有时又称为程序接口,提供给用户在编程时使用;图形接口提供给用户图形化的操作界面。

除以上主要功能外,操作系统还有各类中断处理功能、供用户调用的标准输入输出功能及错误处理功能等。

3.1.3　操作系统的分类

对操作系统进行划分,可以从不同的角度进行。譬如操作系统的功能、操作系统可以同时支持的用户数和进程数以及计算机的配置等。从系统功能的角度,一般把操作系统分为:批处理操作系统(Batch Processing Operating System)、分时操作系统(Time Sharing Operating System)、实时操作系统(Real Time Operating System)、通用操作系统、网络分布式操作系统和嵌入式操作系统等。下面我们分别对其作简单的介绍。

1. 批处理操作系统

从操作系统的发展历程来看,批处理操作系统是最早问世的,它是伴随着主要用于科学计算的第二代计算机系统的出现而产生的。它主要解决了用户操作速度太慢与计算机处理速度极快之间的矛盾,即所谓的“人机矛盾”,从而提高了计算机系统的吞吐量,提高了系统资源的利用率。批处理操作系统的特点是:不需人工干预,进行批量处理。

批处理操作系统又分为单道批处理操作系统和多道批处理操作系统。首先出现的是单道批处理操作系统,这种系统的最大特点是:用户一次可以提交多个作业,但系统一次只处理一个作业,处理完一个作业后,再调入下一个作业进行处理。作业之间的调度、切换由系统自动完成,不需人工干预。由于不需要用户干预作业之间的调入、切换,节省了系统等待时间,所以提高了效率。单道批处理操作系统的主要代表有:FMS(FORTRAN Monitor System,即 FORTRAN 监控系统)和 ISYS(这是 IBM 公司为其 7094 机配备的一种单道批处理操作系统)。

由于这种系统每次只能处理一个作业,所以对计算机系统资源的利用率并不高。譬如当运行中的作业进行输入输出操作时,处理器将处于空闲等待状态,而输入输出操作的速度是很慢的,这将浪费宝贵的处理器资源。于是,人们对这种系统进行了改进,这样就出现了多道批处理操作系统。这种系统把内存分为若干部分,把属于同一批的若干个作业调入内存,存放在内存的不同部分。当一个作业由于等待输入输出操作而使处理器出现空闲时,系统自动进行切换,处理另一个作业。经过抽样统计,人们发现,如果内存中能够存放足够的作业,CPU 的利用率可以接近 100%。显然,这种处理方式大大提高了系统资源的利用率。

批处理操作系统的作业是以批量的方式进行处理的,即在整个处理过程中,用户不能进行任何干预。这样便产生了一个问题:如果一批作业中的某一个作业在处理过程中发生了错误,需要重新修改,只能等到所有的作业都处理完成之后,才能进行修改,然后再提交给计算机进行处理。对于那些正在进行程序调试的程序员来说,一个小的疏忽可能导致编译的失败,可用户却无能为力,不得不白白等上几个小时甚至更长的时间,直到整批作业处理完成之后才能对程序进行修改。这显然是令人难以忍受的。正是为了解决这一问题,导致了分时系统的产生。

2. 分时操作系统(简称分时系统)

分时系统既是操作系统的一种类型,又是对配置了分时系统的计算机系统的一种叫法。从某种程度上讲,分时系统是多道程序的变种,不同之处在于在分时系统中,每个用户都通过一个联机终端使用计算机系统。在分时系统中,通常在内存中驻留若干个作业,由系统根据某种策略(如优先权等)进行调度,分配 CPU 资源,进行作业处理。如果一个作业的时间片(Time Slice,就是一小段时间,一般取 100 毫秒)已经用完,但作业尚未完成(比如说一个运算量较大、运算时间较长的作业),系统将剥夺该作业的 CPU 使用权,把 CPU 分配给另一个作业使用,这样轮流分配 CPU,轮流对作业进行处理。例如,设时间片长度为 100 毫秒,现有 20 个用户,则操作系统对每个用户的平均响应时间为 20×100 毫秒＝2 秒,即每个用户依次轮流使用 100 毫秒的时间片。这样,每个用户的作业使用 CPU 的机会是均等的。另外,由于与用户的输入时间相比,时间片是很短的,这在宏观上保证了每个用户的请求都能得到"及时"响应,确保了终端用户与自己的作业之间的交互作用。分时系统是使用很普遍的操作系统,大多数小型机系统、主机系统都是分时系统。第一个具有代表性的分时系统是 20 世纪 60 年代初由美国麻省理工学院研制成功的 CTSS。目前大家公认的优秀的操作系统 UNIX 也是一个典型的分时系统。

分时系统与批处理操作系统的主要区别是:在批处理操作系统中,一个作业可以长时间地占用 CPU 直至该作业运行完成;而在分时系统中,情况却恰恰相反,一个作业只能在属于它的那个时间片内使用 CPU,时间一到,系统将剥夺作业的 CPU 使用权,把 CPU 分配给其他的作业使用。

一般来说,分时系统有以下几个特点:

(1)同时性

在分时系统中,多个用户终端通过多路卡连接到一台主机。宏观上,多个用户通过终端同时工作、共享资源;微观上,各终端作业轮流在时间片内进行处理。显然,这种同时性提高了系统资源的利用率,节省了用户开支。

(2)独立性

在分时系统中,每个用户通过一台终端使用系统,彼此独立操作、互不干扰。任何一个用户并不会感觉到其他用户的存在,就像整个系统被其独立占用一样。

(3)及时性

由于时间片很短,每个作业等待运行的时间不会很长,终端用户的请求在较短的时间间隔内就可获得响应。一般来说,响应的时间间隔小于 3 秒钟。显然人们是可以接受的。

(4)交互性

分时系统采用时间片技术一方面保证了用户与系统之间的人机交互,用户可以通过键盘输入命令,请求系统服务和控制作业的运行;另一方面,系统能够"及时"响应用户输入的命令并在终端上显示响应结果。交互性使用户能够根据系统的响应及时对自己的作业进行适当的修改和调整,这不但提高了系统的利用率,而且在很大程度上提高了用户自己的工作效率。

在分时系统中必须考虑的一点就是系统的响应时间,所以,时间片轮流调度技术就是该类系统的核心,调度算法的好坏直接影响到系统的响应时间以及整个系统的运行效率。分时系统中的用户数目,时间片的长短以及作业调度所必需的系统开销等都会影响分时系统的响应时间。

3.实时操作系统(简称实时系统)

所谓实时,就是"及时"、"立刻"。实时系统是这样一种操作系统:对于特定的输入,系统能够在极短的时间内做出响应并完成对该输入请求的处理。

实时系统又分为实时过程控制系统和实时信息处理系统两种。前者用于工业生产、导弹发射和飞机飞行等方面的自动控制。后者用于银行或商店的数据处理、机票预订管理、情报资料查询处理等事务处理系统。实时系统的特点是对时间有严格的限制,它要求计算机能对外部发生的随机事件做出及时响应,并对它进行处理。例如,在工业过程控制系统中,要求对被控对象的温度变化做出迅速反应并及时给出控制信息;在售票系统中,要求计算机对票证的出售情况能及时修改并能准确地进行检索。

实时系统与分时系统类似,从某种意义上来说,甚至可以把实时系统看做是一种特殊的分时系统。实时系统采用了时间片分时技术,也具有同时性、独立性、及时性和交互性四个特点。不过,实时系统与分时系统之间还是有很大区别的。实时系统一般是专用的,其交互能力比较差,它只允许用户访问数量有限的专用程序。而分时系统具有很强的通用性,有很强的交互功能,此外,它还允许用户运行或修改自己的应用程序。当然,它们之间最大的区别还在于系统的响应时间。在分时系统中,响应时间可以长一点,以不超过用户的忍受范围为限,一般为 2～3 秒;而实时系统的响应时间就要短很多,一般是毫秒级的,甚至是微秒级的。

4. 通用操作系统

若一个系统兼有批处理、分时处理和实时处理三者或其中两者的功能,就形成了通用操作系统。例如,批处理与分时系统组合,其中分时作业为前台作业,而批处理作业为后台作业,这样,计算机在处理分时作业的空闲时间内,就可以适当处理一些批处理作业,以避免时间的浪费,充分发挥计算机的处理能力。同样,批处理也可以与实时系统相结合,此时实时作业为前台作业,批处理作业为后台作业,以更充分地发挥系统资源的作用。

【例 3-1】　有人说:"分时系统中分时时间片的长短问题无所谓,并不影响终端用户得到的及时响应。"

分析:分时时间片的长短问题是一个重要问题,它将影响终端用户得到的及时响应。因为若用户数固定,时间片愈长,终端用户轮流一次所花费的时间就愈多,对用户来讲,得到的响应时间就越长。

结论:分时时间片的长短问题是一个重要问题,它将直接影响终端用户得到的及时响应。

5. 网络分布式操作系统

网络操作系统是在通用操作系统原有功能基础上,增加网络相关服务功能而得到的一种新型操作系统。在网络操作系统中,网络功能与操作系统的结合程度是衡量网络操作系统的一个重要指标,主要体现在网络通信、网络资源管理、网络服务能力、网络安全管理以及互操作性等方面。

分布式操作系统是一种将分布式处理思想融入操作系统设计的技术,负责管理分布式处理系统资源和控制分布式程序运行。它和集中式操作系统的主要区别在于资源管理、进程通信和系统结构等方面。

分布式操作系统虽然也是建立在网络基础环境之上的,然而与网络操作系统相比,其不同点主要表现在以下几个方面:

(1)耦合程度不同

分布式操作系统在体系结构上是一种紧耦合结构,即在资源的调度和任务的分配上更强调一个统一的概念,去协同完成大型、复杂的计算。而网络操作系统是松耦合结构,一般不是去完成一个统一的任务。

(2)进程管理方式不同

在分布式操作系统中,一个分布式程序由若干个可以独立运行的进程模块组成,它们分布于一个分布式处理系统的多台计算机上被同时运行。而在网络操作系统中,各个计算机中的进程一般是彼此独立的。

(3)网络资源管理方式不同

分布式操作系统以透明方式对分布在网络上的资源进行存取和管理;而在网络操作系统中,则需要用户的直接参与。

虽然在理论研究和技术划分上网络操作系统与分布式操作系统有所不同,然而在实际应用中,它们又有许多相似交叉的地方。网络是实现分布式处理的基础,而分布式处理又是网络应用中的一种高级表现形式,因此,这里我们习惯地统称它们为网络分布式操作系统。

6. 嵌入式操作系统

嵌入式操作系统(Embedded Operation System,EOS)是指运行在嵌入式(计算机)环境中,是对整个嵌入式系统的全部软硬件资源的分配、任务调度等进行统一协调、处理、指挥和控制的系统软件。除了具有通用操作系统的基本功能,如与硬件相关的底层软件、操作系统核心功能(文件管理、存储管理、设备管理、进程管理等)外,通常还具备可裁剪性、代码固化等特点。嵌入式操作系统一般具有强实时特性。

3.1.4 操作系统的基本特征

作为一种特殊的系统软件,操作系统的主要目标就是对计算机系统的资源进行高效的管理,并向用户提供一个方便、易用的计算机操作环境。为了实现这一目标,操作系统采用了并发、共享和虚拟这三种技术。正是由于这三种技术,使操作系统具有区别于其他软件的三个最基本的特征:即程序的并发执行、资源的共享和虚拟性。

1. 并发性(Concurrence)

所谓"并发"是指两个或两个以上的事件在同一时间间隔中发生。在多任务操作系统中,"并发"是指宏观上在一段时间内多个进程"同时"运行。当然,如果计算机只有一个处理器,实际上任何时刻都只能有一个进程在运行,但由于多个进程在极短的时间内交替运行,用户察觉不到这种交替动作,这就形成了一种宏观意义上的"并发"。PC机上使用过Windows的用户有这样的做法,即一边用播放器播放音乐,一边用高级语言编写程序,这其实就是所谓的"并发"。

2. 共享性(Sharing)

资源的"共享"是指计算机系统中的硬件资源和软件资源为各用户所共同使用,而不再是为某个程序所独占。资源共享是为了提高计算机系统资源的利用率。依据资源属性的不同,资源共享的方式有以下两种:

(1)互斥共享

计算机系统中的许多资源(如打印机),虽然多个程序都能够使用,但在某一时间却只能允许一个程序使用。当一个程序正在使用该资源时,其他要使用该资源的程序必须等待,只有正在使用该资源的程序使用完并释放所占资源之后,其他程序才能使用。我们把这种在一段时间内只允许一个程序使用的资源称做临界资源。事实上,计算机系统中的大多数物理设备都是这种临界资源,如打印机等。有些不允许多个用户同时访问的变量、数据、文件等,也看做是临界资源。对它们的共享只能采用互斥访问方式。

(2)同时访问

计算机系统中还有一类资源,它们允许多个进程在一段时间内同时访问。当然,这里所说的"同时",仍然是宏观上的。这类资源中最有代表性的是磁盘。在多任务操作系统中,处理器也是一种可同时访问的资源。多个进程在极短的时间间隔内交替使用处理器,形成了宏观上的并发执行。

3. 虚拟性(Virtual)

虚拟是计算机技术中使用最多的一种技术,其最主要的目的就是向用户提供一个方便、高效、易于使用的操作环境。所谓"虚拟",是把一个物理实体,通过适当方法,变成若干个逻辑上的对应物。物理实体是实际存在的,而逻辑实体则是"虚拟"的,只是用户的一种看法和感觉。例如,在多任务操作系统中,虽然只有一个处理器,但是多个进程在极短的时间间隔中交替运行,用户的感觉就像是有多个处理器,每一个进程都有一个处理器为它服务一样,操作系统中使用的 SPOOLing(Simultaneous Peripheral Operation On Line,外围设备同时联机操作)技术采用的就是这种技术,它把一个物理上的输入输出设备映射成多个逻辑上的输入输出设备,每一个使用该物理设备的用户都感觉到好像有一个设备为他一个人服务。使用过共享打印机的用户都会有这样的体会:任何时刻都可以向打印机提交打印任务,就好像共享打印机就是他的专用设备一样,这其实采用的就是虚拟技术。

并发和共享是现代操作系统的两个最基本的特征。只有采用并发和共享,才能大幅度地提高计算机系统资源的使用效率,提高系统的吞吐量。需要注意的是,并发和共享是相互联系、互为条件的。一方面,资源共享是以并发为前提条件的,没有并发,自然也就谈不上资源的共享;另一方面,如果不能对共享的资源进行有效的管理,势必影响到并发,甚至于无法实现并发执行。虚拟是现代操作系统的又一个重要特征。使用虚拟技术把硬件设备映射成虚拟的逻辑设备,可以向用户提供一个简单、方便、统一的用户界面并提高了用户使用计算机的效率。

3.2 几种典型的操作系统

3.2.1 DOS 操作系统

以简单、实用、高效为主要特征的、由 Microsoft 公司为 IBM PC 及其兼容机开发的单任务单用户微机操作系统——DOS(Disk Operating System)曾经是微型机上最为普及的操作系统。该操作系统运行于 IBM PC 及其兼容机上,随着 PC 机的普及而得到了广泛的使用。许多公司以 DOS 为平台开发了大量的应用软件。据估计,有上万种应用软件运行在 DOS 平台上,这大大推进了 DOS 的普及与应用,使 DOS 成为有史以来最为成功的操作系统之一。随着计算机硬件技术的进一步发展,DOS 已经难以适应新的硬件技术,不能充分利用新的硬件设备提供的新特性大幅度提高计算机系统性能。于是,DOS 逐渐失去了优势,并最终被性能更为优良的其他操作系统所取代。这似乎就是操作系统的命运,硬件技术的进步最终把落后的操作系统挤出历史舞台。

Microsoft 公司从 1981 年首次发布 MS-DOS 到后来宣布放弃对它的支持,共开发了六种版本,即 DOS 1.0 到最后的 DOS 6.22。每一版本都是先前版本在功能和性能方面的扩展。表 3-1 给出了 DOS 的部分版本信息。

表 3-1　　　　　　　　　　　　DOS 的部分版本信息

版本号	发布时间	功能
1.0	1981 年 8 月	基本磁盘操作系统
2.0	1983 年 3 月	支持子目录
3.0	1984 年 8 月	支持 1.2 MB 软盘和大硬盘
3.1	1985 年 3 月	支持高密软盘(3.5 英寸)
3.3	1987 年 4 月	支持大容量硬盘

从操作系统的角度来看,一方面,作为一个曾经广为流传的操作系统,DOS 还是很有特色的。比如,DOS 对硬件要求极低,既使是在最古老的 IBM PC/XT 上也可以运行。另一方面,DOS 只是一个简陋的系统,它只能运行于微机上;只提供了极其简单的内存管理、进程管理(从严格意义上来说,并没有进程管理的功能)、设备管理;不支持并发,没有多用户处理能力;系统没有提供安全子系统,文件系统缺少应有的安全保障机制,使系统极易受到攻击和破坏(目前 DOS 病毒有上千种)。

DOS 操作系统采用的是层次结构,由三个模块和一个引导程序组成(图 3-2)。Microsoft 公司和 IBM 公司都发布过 DOS 操作系统。Microsoft 公司发布的称做 MS-DOS,而 IBM 公司发布的称做 PC-DOS。MS-DOS 的组成文件是:COMMAND. COM、MSDOS. SYS 和 IO. SYS。PC-DOS 的组成文件是:COMMAND. COM、IBMDOS. COM 和 IBMBIO. COM。DOS 系统的启动过程如下:

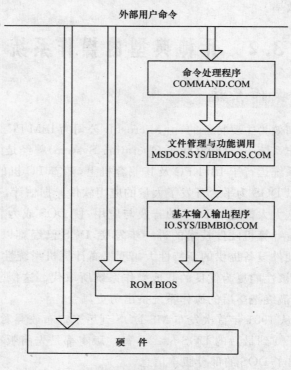

图 3-2　DOS 结构图

引导程序放在磁盘引导区,机器启动时,把引导程序装入内存并把控制权交给引导程序。引导程序获得运行权之后,首先检查磁盘上是否存在 IBMDOS. COM 和 IBMBIO. COM(以下均以 PC-DOS 为例),如果存在,就把它们调入内存,最后把运行权交给COMMAND. COM。

IBMBIO. COM 负责管理系统的基本输入输出设备,如磁盘、键盘、显示器、打印机等,取得控制权后,IBMBIO. COM 对系统进行测试,初始化附加设备,初始化磁盘,建立磁盘参数表,设置中断向量,把 IBMDOS. COM 装入内存并把控制权交给它。

IBMDOS. COM 是 DOS 的核心模块,它由多个模块组成,主要负责磁盘和文件系统的管理。它为用户程序提供了系统调用接口(即程序级接口)。其功能主要有:

(1)根据 IBMBIO. COM 建立的磁盘参数,建立新的磁盘参数表。

(2)为每个磁盘建立一个文件分配表(FAT)。

(3)检查 RAM 的大小,获取必要的内存信息。

(4)设置 21 号中断,这是系统提供给程序员的系统调用接口。

COMMAND. COM 位于 DOS 系统的最上层,它是用户与系统的接口,是系统的外壳,担负着分析解释用户输入的任务。COMMAND. COM 是一个命令行接口,需要用户记忆大量的命令和命令参数。为了尽量减轻用户负担,系统提供了帮助命令。DOS 命令分为两种:内部命令和外部命令。内部命令是系统提供的命令,如文件的拷贝、更名、删除;目录的建立、删除等。外部命令是用户程序,即可运行文件。在系统中,有三种类型的运行文件:批处理文件、扩展名为. COM 的文件和扩展名为. EXE 的文件。

从 DOS 结构图可以看出,在 DOS 中,程序员可以使用系统提供的接口,即著名的 21号中断,还可不受任何限制地使用 ROM BIOS 的中断调用,甚至于直接访问硬件。这在一般操作系统中是不允许的。这给程序设计带来了很大的灵活性,也在很大程度上提高了系统的运行速度。但是,这也造成了系统的不稳定,留下了很大的系统安全隐患。目前有上千种 DOS 病毒,这不能说与 DOS 本身的结构没有关系。

对于微机系统来说,DOS 确实是一个不错的操作系统。但是随着计算机技术的进步,DOS 也越来越暴露出它的不足,比如:不支持多任务,不能直接管理 1 MB 以上的内存空间,不支持多媒体,特别是字符命令行的用户界面不友好、难以记忆等,这些不足导致了新一代操作系统——Windows 的诞生。

3.2.2　Windows 系列操作系统

1. Windows 95

1995 年 Microsoft 公司推出的微机单用户多任务 32 位操作系统——Windows 95,继承了 Windows 系统简单、易用的产品特色,并作了进一步改进。作为真正的 32 位保护模式操作系统,Windows 95 提供了抢先式多任务机制,支持长文件名的 32 位文件系统,32 位的驱动、网络支持等。此外,该操作系统直观形象、易学易用,以更多更好的硬件支持、更加强大的功能、更为良好的系统性能和兼容性成为 PC 机上的最主要的操作系统之一。Windows 95 有以下主要特性:①直观形象的用户界面;②简单方便的安装、配置;③强大的功能、良好的兼容性;④良好的网络支持。

2. Windows 98

继 Windows 95 之后,1998 年 6 月,Microsoft 又发布了使用更方便、可靠性更高,而且更具娱乐性的 Windows 98。Windows 98 的一些新功能如下:①易于使用;②可靠性更高;③速度更快;④真正的 Web 集成;⑤更具娱乐性。

3. Windows 2000

2000 年 2 月,Microsoft 公司发布了基于 NT 内核的 Windows 2000,Windows 2000 继承了 Windows NT 的稳定性,同时成功地集成了 Windows 98 的多媒体特性。Windows 2000 原名 Windows NT 5.0,它结合了 Windows 98 和 Windows NT 4.0 的很多优良的功能/性能于一身,超越了 Windows NT 原来的含义。Windows 2000 平台包括了 Windows 2000 Professional 和 Windows 2000 Server 前后台的集成,它的新特性和新功能如下:①活动目录;②文件服务;③存储服务;④智能镜像;⑤安全特性。

4. Windows XP

2001 年,微软又推出了 Windows XP,它拥有众多的新功能和面向任务的简化设计。Windows XP 在简化电脑使用的同时提高了电脑的"聪明"程度,可以与朋友、家人通过 Internet 随时保持联系。同以往的家用操作系统相比,Windows XP 使用了新型 Windows 引擎,因此可以提供更高的可靠性和保密性。Windows XP 的诞生,标志着 PC 操作系统又进入一个新的历史阶段。

(1)优秀的稳定性

与 Windows 9X 的 16/32 位混合代码结构不同,Windows XP 建立在久经考验的 Windows NT 和 Windows 2000 代码基础之上,采用了纯 32 位代码结构和完全受保护的内存模型,保持了系统最大的稳定性和性能。Windows XP 继承了 Windows 2000 的稳定性,增强的"文件保护"和"系统还原功能",使 Windows XP 成为有史以来最为稳定的 Windows 系统。

Windows XP 采用"AppFixes"模拟仿真技术,通过模拟与软硬件设备适应的操作环境来解决不兼容的问题。一般情况下,Windows XP 会根据应用程序的要求自动模拟相应的操作环境。当然,用户也可以手动指定。另外,"AppFixes"模拟仿真技术的驱动数据库也支持动态升级,它的模拟注册表和文件属性的功能也会不断增强。

(2)设备兼容性

为了改进 Windows 2000 硬件兼容性差的缺点,并最终使 NT 成为家用操作系统的核心,微软为 Windows XP 编写了大量的硬件驱动程序,并进行了广泛的测试,以保证 Windows XP 的驱动程序尽可能地与各种硬件兼容。典型的例子就是对 VIA 芯片组的支持,从 Apollo Pro133/133A、PM/KM、KT133/KT133A 到 Apollo Pro266 和 KT266,由于有了 Windows XP 强有力的支持,用户不必为芯片组或 VIA 的 AGP 控制器安装其他驱动程序。

(3)系统更加可靠

在可靠性方面,因为 Windows XP 沿袭了 Windows 2000 系统内核,因此比 Windows 98、Windows ME 更吸引人;其第三方设备驱动也增强了 Windows XP 的可靠性;并且加强了系统恢复功能,它允许操作系统恢复到先前的状态上。

（4）安全性得到进一步提高

Windows XP 的安全性得到进一步提高，融入了更多的技术改良，尤其提供了增强的安全性能、保护个人信息安全的 Internet 连接防火墙，以及支持多用户的加密文件系统 EFS 等，从而保护了用户数据安全及隐私信息。

（5）可得到更多的协作和信息共享

Windows XP 里的"快速用户交换"功能，使得共用一台电脑的用户可以方便地进行各自文件的存储或其他操作；"遥控帮助"功能，使得企业用户互助变得非常方便。另外，Windows XP 中集成的视频会议软件，可以使企业间的沟通变得更加方便：不必再使用电话，同时沟通双方还可以相互看到对方。实际上，这是跨地域的企业进行沟通的主要方式之一。

5. Windows 7

2009 年 10 月 22 日，微软于美国正式发布 Windows 7。Windows 7 的核心版本号为 Windows NT 6.1。Windows 7 可供家庭及商业工作环境、笔记本电脑、平板电脑、多媒体中心等使用。

（1）更易使用

Windows 7 做了许多方便用户的设计，如快速最大化，窗口半屏显示，跳转列表（Jump List），系统故障快速修复等。

（2）更加快速和简单

Windows 7 大幅缩减了 Windows 的启动时间。Windows 7 将会让搜索和使用信息更加简单，包括本地、网络和互联网搜索功能，直观的用户体验将更加高级，还会整合自动化应用程序提交和交叉程序数据透明性。

（3）更加安全

Windows 7 包括了改进了的安全和功能合法性，还会把数据保护和管理扩展到外围设备。Windows 7 改进了基于角色的计算方案和用户帐户管理，在数据保护和坚固协作的固有冲突之间搭建沟通桥梁，同时也会开启企业级的数据保护和权限许可。

（4）小工具更加丰富

Windows 7 的小工具更加丰富，没有了像 Windows Vista 的侧边栏，因此，小工具可以放在桌面的任何位置，而不只是固定在侧边栏。

3.2.3　UNIX 操作系统

介绍操作系统而不提 UNIX 是不可思议的。1969 年，AT&T 公司贝尔实验室的研究人员 K. Thompson 在 PDP-7 小型机上开发了第一个 UNIX 操作系统。1973 年，D. M. Ritchie 用 C 语言重写了 UNIX 系统的主要部分并运行于 PDP-11/20 系列计算机上，这就是所谓的 V5 UNIX。D. M. Ritchie 的工作使 UNIX 具有其他系统所不具备的最大优势——可移植性。1975 年，V6 发表并广泛运行于各大学的 PDP-11 计算机上。1978 年，V7 发表。1981 年，AT&T 发表了 S3（System 3）。同年，加利福尼亚大学伯克利分校在 VAX 机上推出了 UNIX 伯克利版，这就是常说的 UNIX BSD 版。1983 年，AT&T 正式发布 S5（System V）。这样就形成了 UNIX 系统的两个最主要的版本 AT&T S5 和 BSD

4.3。目前,许多商品化的 UNIX 系统都与它们有或多或少的联系。最初,贝尔实验室将 UNIX 系统的源代码公开了,并允许厂商在其提供的源代码的基础上进行新的开发,这对 UNIX 系统的研究、开发、推广和普及起到了积极的推进作用,但也出现了 UNIX 系统版本众多、不同厂家的 UNIX 系统版本之间兼容性不好等问题。目前已商业化的主要的 UNIX 系统有:IBM 公司的 AIX 系统、SUN 公司的 SUNOS 系统、HP 公司的 HP-UX 系统、Compaq 公司的 Digital UNIX 系统等,它们大都运行于自己公司的计算机系统上。目前在 Intel 平台上,最主要的 UNIX 系统就是 SCO 公司的 UNIXWARE 和 Open Server 系统。

1.UNIX 系统的结构与特性

UNIX 以其简洁优美的风格,稳定、可靠、高效的性能赢得了科研人员和用户的广泛支持,它是有史以来使用最广泛的操作系统之一,也是关键应用中的首选操作系统,更是许多后来操作系统的楷模,并被很多大学作为操作系统课程的"活教材"。UNIX 系统能获得如此巨大的成功与其优越的特性是分不开的。UNIX 系统的特性主要有:

(1)UNIX 系统是一个多用户多任务操作系统,每个用户都可以同时运行多个进程。用户进程数目在逻辑上不受任何限制。

(2)UNIX 系统的大部分是用 C 语言编写的。这使得系统易读、易修改、易移植。

(3)提供了丰富的经过精心挑选的系统调用。整个系统的实现十分紧凑、简洁、优美。

(4)UNIX 系统提供了功能强大的可编程 Shell 语言(即外壳语言)作为用户界面。此外,系统还为程序开发人员提供了丰富、高效的系统调用。用户界面具有简洁、高效的特点。

(5)UNIX 系统采用的树形文件系统,具有良好的安全性、保密性和可维护性。在文件系统的实现方面,UNIX 也有较大创新。

(6)UNIX 系统提供了多种通信机制,如管道通信、软中断通信、消息通信、共享存储器通信和信号灯通信。后来的操作系统或多或少地借鉴了 UNIX 的通信机理。

(7)UNIX 系统的进程对内存管理机制和请求调页的存储管理方式,实现了虚拟存储管理,大大提高了内存的使用效率。

UNIX 系统可分为两大部分,其中一部分是由用户程序和系统提供的服务构成,称为核外程序。另一部分是操作系统内核,其中两个最主要的部分是文件子系统和进程控制子系统。进程控制子系统负责进程的创建、撤销、同步、通信、进程调度以及存储管理。文件子系统对系统中的文件进行管理并提供高速缓冲机制(图 3-3)。

2.不同厂家的 UNIX

UNIX 系统作为服务器和工作站操作系统得到了广泛的应用,这导致了在各种硬件平台上运行 UNIX 系统的需求,许多公司、大学甚至个人用户都希望在自己的硬件平台上运行 UNIX 系统。基于这种需要,具有相近内核、相近核心命令集和相似开发工具的不同版本的运行于不同硬件平台的 UNIX 先后被开发出来,真正形成了"百花齐放"的格局。可以说,在当今任何一种主要的硬件平台上都可以找到一种适合于这种平台的 UNIX 操作系统。这里着重介绍几种重要的广泛使用的 UNIX 系统。

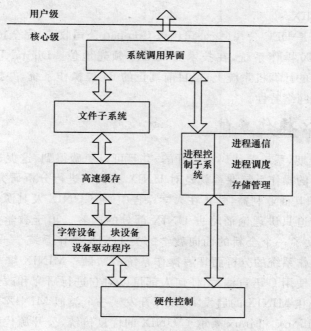

图 3-3 UNIX 系统结构示意图

（1）AIX

AIX 全名为 Advanced Interactive Executive，它是 IBM 公司开发的 UNIX 操作系统，整个系统的设计从网络、主机硬件系统到操作系统完全遵守开放系统的原则。AIX 包含了许多 IBM 大型机传统受欢迎的特征，如系统完整性，系统可管理性和系统可用性等。

（2）Solaris

Solaris 是 SUN 公司开发的 UNIX 操作系统，它是在 SUN 公司自己的 SUNOS 的基础上进一步设计开发而成的。Solaris 运行于使用 SUN 公司的 RISC 芯片的工作站和服务器上，如 SUN ULTRA 系列工作站等。Solaris 所特有的不寻常的装载能力和高性能使 Solaris 成为当今 Internet 网络上使用最为普遍的操作系统。

（3）HP-UX

大多数用户对 HP 公司的了解是从 HP 打印机开始的，不过，HP 公司确实提供自己的 UNIX 系统——HP-UX。为公司网络运行和严格管理提供一个高稳定的、高可靠度的具有标准功能的 UNIX 系统是 HP-UX 的设计目标，该系统依照 POSIX 标准，以良好的开放性、互操作性和出色的软件功能而在金融等领域得到了广泛应用。

（4）Open Server

Open Server 是 SCO 公司的基于 Intel 硬件平台的处于领先地位的商业化 UNIX 系统。该系统以优良的多任务多用户环境、对具有大量输入输出操作的应用的良好支持，在政府部门、中小企业等领域得到了广泛应用。

（5）Digital UNIX

Digital UNIX 是 DEC 公司（该公司已被 Compaq 公司收购）完全按照 POSIX 标准而实现的 64 位 UNIX 操作系统，在技术方面处于领先地位。Digital UNIX 运行于使用 Digital Alpha 芯片的计算机系统上，是目前真正的 64 位操作系统，并拥有其他 UNIX 系统所具有的强大的网络特性。

3.2.4　Linux 操作系统

在 UNIX 的早期，系统源代码是公开的，并且可以免费得到，这促进了对 UNIX 的广泛研究。许多大学的操作系统课程就是对 UNIX 源代码进行分析研究。AT&T 发布第 7 版之后，为了保护其商业利益，禁止在大学课程中研究 UNIX 及其源代码。许多大学在讲述操作系统时被迫只讲理论而略去 UNIX 部分的内容。出于教学上的需要，Andrew S. Tanenbaum 开发了一个全新的面向教学的类 UNIX 操作系统——MINIX，以便学生能够通过对实际操作系统的分析而理解操作系统的精髓。MINIX 继承了 UNIX 的优良传统；源代码公开，使用 C 语言编写，任何人都可以对它进行研究和改进。一个芬兰大学生 Linus Torvalds 在 MINIX 的启发下，设计开发了一个类似 MINIX 的以实用为目的的操作系统，这就是 Linux。Linux 秉承了 UNIX 的优良传统，公开源代码并欢迎全世界的计算机爱好者进行研究和改进。"众人拾柴火焰高"，在众多爱好者的支持下，Linux 以其技术优秀、内核较小、性能优越、稳定可靠、对硬件要求不高（普通的 IBM PC 386 机即可）、免费获取等优势赢得了广大用户的青睐，成为近年来最令人瞩目的操作系统。由于许多软件厂商如 IBM、Oracle、Informix、Sybase、Netscape 等都对 Linux 提供了有力的支持，随着 Linux 系统的进一步改进，Linux 有望成为 21 世纪使用最广泛的操作系统之一。

3.2.5　嵌入式操作系统

嵌入式操作系统一般具有系统内核小、专用性强、系统精简和高实时性等特征。常见的嵌入式操作系统有：Linux、uClinux、WinCE、uCOS-II、VxWorks、QNX 等。而随着当前智能手机的逐渐普及，智能手机操作系统在嵌入式操作系统中的地位也越来越突出，目前占据市场主导地位的智能手机操作系统主要有 Android、iOS、Windows Phone、Symbian 和 Black Berry 等。

3.3　进程与线程管理

在传统的操作系统中，程序并不能独立运行，作为资源分配和独立运行的基本单位是进程。显然，在操作系统中，进程是一个极其重要的概念。在讨论进程管理之前，首先讨论几个基本概念。

3.3.1　进程的概念及定义

1. 多道程序设计

所谓多道程序设计是指将一个以上的作业放在主存中，并且同时处于运行状态。这些作业共享处理器时间、外围设备以及其他资源。现代计算机系统一般都基于多道程序设计技术。我们来看一个例子。假定有某个数据处理问题,每次从输入机读一批数据,按要求进行处理后,把产生的结果打印输出,然后再读一批数据,如此循环直至所有数据处理完毕。如图 3-4 所示。

图 3-4　数据的循环处理

　　显然,这个数据处理问题的程序在运行时不能使输入机、打印机同时工作。在输入数据时,处理器和打印机空闲。当处理器在处理数据时,输入机和打印机又在空等。同样的,打印机也只是在有结果产生时才工作,而这时处理器和输入机又无事可做。如图 3-5 所示。

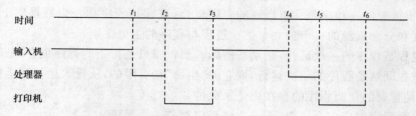

图 3-5　单道处理

　　实际上,现代计算机都具有处理器与外围设备以及外围设备间的并行工作能力。但是,上述的数据处理问题无法利用这种并行工作的能力。不仅如此,由于处理器的运行速度远远高于外围设备的传输速度,所以,处理器的实际工作时间较短,从图 3-5 中也可以看到在大部分时间里处理器都处于空闲状态。

　　为了提高系统效率,可以考虑同时接收两道以上的计算问题。这样,当一道算题在等待外围设备传输信息的同时可以让另一道算题去占用空闲的处理器。如图 3-6 所示。

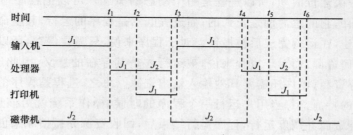

图 3-6　两道并行处理

　　引入多道程序设计技术的目的是为了提高 CPU 的利用率,实现程序之间、设备之间、设备与 CPU 之间的并行工作。

　　2. 进程概念的引入

　　我们知道,并发性是操作系统的最主要的特性之一。而所谓的并发性,就是程序的并发执行,但是,程序并发执行时所产生的一系列特点使得传统的程序概念已经不足以对其进行描述。为此,人们引入了"进程(Process)"的概念。

3. 进程的定义

"进程"这一术语是 20 世纪 60 年代初期在 Multics 系统和 IBM 公司的 CTSS/360 系统中首先引入的。其后又有不少人从不同的角度对"进程"下过各式各样的定义,但直至目前还没有一个统一的定义,这里给出几种比较容易理解又能反映进程实质的定义:

(1)进程是内存区域中的一组指令序列的运行过程,即进程是程序的一次运行。

(2)进程是可以和别的计算并发执行的计算。

(3)进程是一个可并发执行的程序在其数据集上的一次运行,是操作系统进行资源分配的单位。

(4)进程是一个具有一定功能的程序关于某个数据集合的一次运行活动。

4. 进程与程序的区别

以上定义从不同的角度描述了进程的概念,有些是相似的,有些可看做是互相补充。从这些描述中可以看出,程序和进程是两个既有联系又有区别的概念。把它们从本质上区分开是很重要的。程序是一组指令的有序集合,进程是程序在一个数据集上的运行过程,是调度和分配资源的一个独立单位。进程与程序的主要区别:

(1)进程是程序的一次运行,是动态概念。而程序只是指令的有序集合,是静止的。

(2)进程既然是程序的一次运行,则它的"生命"是有限的,从投入运行到运行完成,即它的存在是暂时的。而程序的存在则是永久的。

(3)一个程序对应多个进程,而一个进程仅对应一个程序。

(4)进程在结构上是由程序、数据集、进程控制块(PCB)三部分组成,而程序则不是。

5. 进程的特征

一般来说,进程具有以下特征:

(1)动态性

进程的实质就是程序的运行过程。程序就是对问题的解题步骤和解题方法的描述,它是一系列指令的集合,所以它是一个静态的概念;而进程是程序在所需资源上的一次动态地运行,是一次运行活动,所以进程是一个动态的概念。可以把程序写在纸上、在磁盘中进行长期保存,它的生命期是长久的;而进程既然是程序的运行,其生命期是短暂的,在运行初期被创建,在运行完成后被撤销。对于程序来说,只需要保存,所以,除了存储介质之外不需要任何资源;而对于进程来说,被运行才是其存在的意义,因此进程需要处理器资源,需要内存资源,也许还需要其他输入输出资源。总之,进程是程序的一次运行,动态性是其最根本的特征。每当用户运行一个程序的时候,操作系统就为该程序创建一个进程,为进程分配资源并调度运行,程序运行结束后,回收资源并撤销原来创建的进程。

(2)并发性

我们知道,引入进程就是为了描述操作系统的并发特征,并发执行提高了计算机系统资源的利用率。所以,并发性是进程的另一个最主要的特征。在多任务操作系统,如 UNIX、Windows NT 中,用户可以查看到当前正在运行的进程。

(3)独立性

进程是一个能够独立运行的基本单位,同时也是系统资源分配和运行调度的基本单位。进程在获得所需的资源之后便可运行,如果缺少某种资源就暂停运行。

（4）异步性

计算机系统的资源是有限的，一般不可能满足所有进程的需要，这就导致了资源的竞争使用，导致了进程间的相互制约，使进程的运行具有间断性。也就是说，进程按各自独立的、不可预知的速度向前推进，即异步性。所以，操作系统必须提供某种机制来协调进程间的资源共享。

（5）结构性

为了描述进程状态的变化和对进程进行资源分配、运行调度，必须使用一些数据结构（如 PCB）来对进程进行描述和控制。

显然，这样加大了系统在空间方面的开销。此外，系统对进程的调度和进程之间的切换，也需要花费 CPU 时间，增加了系统在时间方面的开销。

3.3.2　进程状态及进程控制块

1. 进程的状态及其变化

进程在其存在过程中，由于系统中各进程并行运行及相互制约，使得它们的状态不断发生变化。系统中出现的不同事件均可使其在处理器上的运行是间歇的、不确定的，所以进程在它的整个生命周期中可以有多种状态。通常，进程至少可划分为三个基本状态。

（1）就绪（Ready）状态

进程已经分配到除处理器之外的一切资源，已经具备了运行的条件。一旦得到 CPU 的使用权便可以立即投入运行。显然，在多任务系统中，处于就绪状态的进程可以有若干个。通常把它们放在一个队列中，这个队列叫做就绪队列。

（2）运行（Run）状态

进程已经获得了 CPU 的使用权，正在运行。在单处理器系统中，任何时刻只有一个进程处于运行状态；在多处理器系统中，可以有多个进程处于运行状态。

（3）阻塞（Blocked）状态

正在运行中的进程，由于某个事件的发生（如进程请求输入输出、申请缓冲空间等）而暂时停止，放弃处理器，也就是说进程的运行受到阻塞，故把这种暂停状态称为阻塞状态。处于阻塞状态的进程一般也有多个，通常把阻塞状态的进程放到一个队列中。有些系统根据进程阻塞的原因再把处于阻塞状态的进程排成若干个队列。

进程并非固定处于某一状态，它随着自身的推进和外界条件的变化而发生变化，图3-7 是进程三种基本状态转换图。由图 3-7 可见：

（1）处于就绪状态的进程被进程调度程序选中后，就分配到处理器，即进程由就绪状态变为运行状态。

（2）处于运行状态的进程在运行过程中需要等待某一事件时，比如提出了输入输出的要求，等待为其分配输入输出设备或等待输入输出的完成时，进程的状态就由运行状态变为阻塞状态。

（3）处于阻塞状态的进程，在其等待的事件已经发生，如输入输出完成，则进程就由阻塞状态变为就绪状态。

（4）在分时系统中，采用分时方式运行的作业，其相应的进程在运行过程中若分给它的时间片用完,进程的状态将由运行状态变为就绪状态。

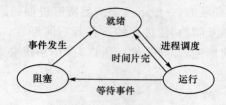

图 3-7 进程基本状态转换图

需要说明的是,进程之间的状态转换并非都是可逆的。首先,进程既不能从阻塞状态变为运行状态,也不能从就绪状态变为阻塞状态。其次,进程之间的状态并非都是主动的,在很多情况下是"被动的"。事实上,只有"运行状态→阻塞状态"的转换是进程的主动行为,其他都是被动的。一般来说,转换是由其他进程发现并唤醒的,从运行状态到就绪状态,通常是时钟中断引起的,从阻塞状态到就绪状态,是一个进程把另一个进程唤醒。显然,一个进程在任一指定时刻必须且只能处于上述状态中的某一种状态。当进程处于运行状态时,它是微观意义上的运行。从宏观来说,不管进程处于何种状态,它都是"正在运行",用户无从知道进程到底处于哪个状态。

2. 进程控制块

进程由三部分组成。一部分是程序,另一部分是数据集合,最后一部分是进程控制块(Process Control Block),简称 PCB。如图 3-8 所示。

进程的程序部分描述了进程要完成的功能。而数据集合则为一个进程所独用,是进程可变部分。程序和数据集是进程存在的物质基础,是进程的实体。

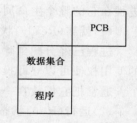

图 3-8 进程组成

进程控制块包含了进程的描述信息和控制信息,是进程动态特性的集中反应。显然,进程控制块 PCB 是进程的重要组成部分,是操作系统能"感知"进程存在的唯一标识,它和进程是一一对应的,操作系统正是通过管理 PCB 来管理进程的。

在实际中,大多数操作系统中的 PCB 采用的是记录型数据结构。不同的操作系统,其所记录的进程信息在细节上可能会有所不同。通常,在 PCB 中,都存放有进程的名称、状态和资源占用等相关信息。当系统建立一个新进程时,系统必须为该进程设置一个 PCB,并根据它对进程进行管理与控制。进程完成时,系统回收它的 PCB,进程也消亡。PCB 中通常有如下信息:

(1)标识符(Identification)

标识符是以字母或数字形式表示的一个进程的名称。

(2)进程的状态(Status)信息

说明进程当前所处的状态。作为进程调度的主要依据,只有进程处于就绪状态,且具有高优先数时才有可能分到处理器。当某个进程处于阻塞状态时,则在 PCB 中要说明阻塞的原因。

(3)CPU 状态保护区

当进程由于某种事件而从运行状态变为阻塞状态时,CPU 现场信息被保存在 PCB

内的一个区域中,以便在重新获得处理器时该进程能继续运行。被保护信息通常有:指令计数器和工作寄存器的内容及程序状态字等。

(4)进程起始地址

存放该进程程序在内存或外存的起始地址。在采用上、下界地址寄存器的存储管理中,还应给出上、下界的值。在页面管理中,应给出页表指针值(页表首地址)。

(5)进程占用的资源信息

主要包括进程的优先数、通信信息、调度信息等资源信息。

虽然不同的操作系统对进程的描述在方法和细节上有一些差别,但是,无论怎么变,PCB 的基本内容不变。小系统中可能用十几个单元,而大系统中可能用几十个单元。

3. 进程控制块(PCB)的组织形式

一般系统中仅有一个 CPU(除特别说明外),但进程数量很多。所以,通常处于运行状态的进程只有一个,而其他进程可能处于阻塞状态或就绪状态。为了便于查找,对就绪状态或阻塞状态的进程要适当地进行管理。

一种方法:把处于相同状态的所有进程按某种原则(如优先数、按先来先服务等)排成一个队列,于是产生就绪队列和阻塞队列,如图 3-9 所示。

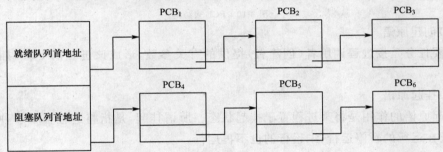

图 3-9　PCB 的队列结构

另一种方法:把处于同一状态的进程登记在一张表上,这样就形成了就绪表、阻塞表等,如图 3-10 所示。

3.3.3　进程控制

1. 进程控制任务

进程管理亦即进程控制,是对系统中的全部进程实施有效的控制和管理,从而达到多进程高效率并发执行和实现资源共享的目的。包括进程的建立、进程的撤销、进程的阻塞与唤醒。

2. 进程控制原语

实现进程的管理使用"原语"。所谓原语,是由若干条机器指令构成的,用以完成某一特定功能的一段程序。原语在运行期间是不可分割的,即在原语运行时要屏蔽中断。

用于进程控制的原语有:创建原语、挂起原语、激活原语、阻塞原语、唤醒原语、撤销原语。

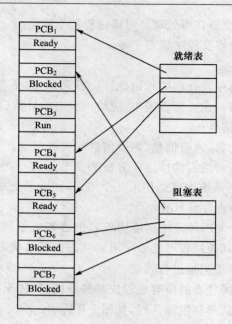

图 3-10　PCB 表结构

（1）创建原语

主要任务是按进程调用者（创建者）提供的有关参数，形成该进程的 PCB，插入就绪队列。

（2）挂起原语

挂起原语的作用是将某进程置于挂起状态。所谓挂起，是指将进程置于一种静止状态，即正在运行的暂停运行，未运行的也不再运行。

（3）激活原语

使处于静止状态的进程变为活动状态。上述挂起原语的作用则是将进程由活动状态变为静止状态，两者的作用正好相反。

（4）阻塞原语

当一个进程所期待的某一事件尚未出现时，该进程调用阻塞原语把自己"阻塞"起来。即该原语的作用是将进程由运行状态变为阻塞状态。

（5）唤醒原语

其作用是将进程由阻塞状态变为就绪状态。一个进程因为等待事件的发生而处于阻塞状态，当等待事件完成后，就用唤醒原语将其转换为就绪状态。

（6）撤销原语

当某进程完成它的任务之后，应予以撤销，同时释放它所占用的所有资源。此时撤销原语根据被撤销进程的标识符到 PCB 集合中查找该进程的 PCB，立即停止该进程运行，并撤销该进程控制块。然后看撤销进程是否有子孙进程，如果有则先撤销它所有的子孙进程，最后撤销本进程。

3.3.4 进程调度

1.进程调度的任务

进程调度(又称低级调度)的任务:是按照一定的算法,动态地把 CPU 分配给就绪队列中的某一进程,并使之运行。

进程调度程序必须完成下述功能:

(1)记录系统中所有进程的状态、优先数和资源使用情况。

(2)根据一定的调度算法,从就绪队列中选出一个进程,把处理器分配给它。这要求把处理器的各寄存器置成与该进程状态相对应的正确状态。

(3)运行将处理器分配给进程的操作。

2.进程调度方式

进程调度一般有两种方式:一种是剥夺式,另一种是非剥夺式。

(1)剥夺式

剥夺式是当一个进程正在运行时,系统可基于某种原则,剥夺已分配给它的处理器,将处理器分配给其他进程。

(2)非剥夺式

非剥夺式是系统一旦把处理器分配给某个进程之后,便让它一直运行下去,直到该进程运行完成或因发生某事件而被阻塞,才把处理器使用权分配给其他进程。

非剥夺式简单、系统开销小,易于实现。Windows 3.X 采用的就是非剥夺式进程调度算法,Windows 95/98 采用的则是剥夺式进程调度算法。

3.进程调度算法

进程调度算法就是根据一定的原则从就绪队列中选择一个就绪进程,并把 CPU 分配给它。一般来说,进程调度算法应当公平、高效。下面介绍几个常用的调度算法。

(1)优先级调度策略

指把 CPU 分配给就绪队列中优先级最高的进程。进程优先级的确定可以由系统自动地按照一定的原则分配,也可以由系统外部来进行安排,甚至可由用户支付高额费用来获得。

优先级调度策略又分为静态优先数法和动态优先数法。

①静态优先数法

静态优先数法是指系统在创建一个进程时,根据进程的类型(系统进程还是用户进程、前台作业还是后台作业)、要求资源的数量(占用的 CPU 时间、内存储量)以及运行时间等因素为它指定一个优先数,并且在进程的整个运行期间一直不变,直到进程消亡。

静态优先数法易于实现,但不够合理,因为低优先级的进程可能长时间地处于等待状态。

②动态优先数法

这种调度算法要求在进程的存在期间,随着进程特性的变化,不断地去修改其优先级,这样可以获得更好的调度效果。如何动态地确定一个进程在当时情况下的优先数,也有各种不同的原则。例如,为了合理地分配 CPU 时间,优先调度等待 CPU 时间最长的进程。如果一个进程占用 CPU 的时间越长,其优先级就越小。一个进程等待 CPU 的时间越长,其调度优先级就越高。该算法要求在每个进程的进程控制块 PCB 中动态记录进程使用和放弃 CPU 的时间,以便在调度时根据这个信息来确定它的优先级。

这种算法不易实现,但较为公平合理。

(2)时间片轮转法

这种调度算法常用于分时系统中,确保各个进程能公平地获得执行权。简单的循环转换法总是按先进先出原则把处理器分配给处于就绪队列首位的进程,并规定其可占用处理器的时间片。当该时间片用完时,强迫其释放处理器,并把处理器分配给下一个处于就绪队列首位的就绪进程。而把原来运行的进程重新排列到就绪队列的末尾,以等待下次轮转到它时再运行。

(3)多重时间片循环调度算法

设有多个时间片不同的就绪队列,各队列按时间片从小到大顺序排列,进程从挂起状态进入就绪状态时,首先进入序数较小的队列中。当它分到处理器时,就给它一个与就绪队列相对应的时间片。该时间片用完后进程被迫释放处理器,并进入下一级的就绪队列中,虽然它运行的时间被推迟了一些,但在下次得到处理器时间片却增长了一倍。处于最大序数的就绪队列,时间片可以很长,即一直到该进程处理完为止。这种算法可以先用较小的时间片处理完需要时间较短的进程,而给需要时间较长的进程分配较大的时间片,以免较长的进程频繁地被中断而影响处理器的效率。

【例 3-2】 有 X、Y、Z 三个程序,分别单独处理时的 CPU 和 I/O 的占用时间见表3-2。

表 3-2　　　　　　　　　　　　CPU 和 I/O 的占用时间

程序 X	IO_2 60 ms	CPU 20 ms	IO_1 30 ms	CPU 10 ms	IO_1 40 ms	CPU 20 ms	IO_1 20 ms
程序 Y	IO_1 30 ms	CPU 40 ms	IO_2 70 ms	CPU 30 ms	IO_2 30 ms		
程序 Z	CPU 40 ms	IO_1 60 ms	CPU 30 ms	IO_2 70 ms			

假设三个程序在能进行多道程序处理的计算机和操作系统以及下述条件下运行。

条件:

(1)一台 CPU,两台 I/O 设备 IO_1 和 IO_2 能同时动作。

(2)优先级:X 最高,Y 次之,Z 最低。(高优先级程序可中断低优先级程序)

(3)转换时间不考虑。

(4)设 X、Y、Z 三个程序同时开始运行。

求:

(1)最早结束谁? 最后结束谁?

(2)X、Y、Z 三个程序到结束时所用时间分别为多少 ms?

（3）CPU 的利用率是多少？

（4）多道程序设计的优点是什么？

解：

（1）用时间图表示处理过程（图 3-11）。

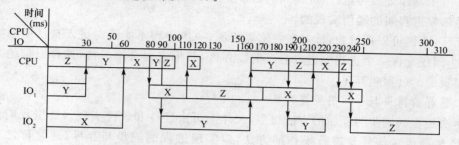

图 3-11　例 3-2 时间图

（2）分析并计算：

①最早结束是 Y，最后结束是 Z；

②X、Y、Z 三个程序到结束时所用时间分别为 250 ms、220 ms、310 ms；

③CPU 的利用率为

$$\frac{CPU\ 工作的时间}{总运行时间}=\frac{50+70+70}{310}=\frac{190}{310}=61\%$$

④对具有处理器与外设并行工作能力的计算机系统采用了多道程序设计的技术后，能提高整个系统资源的利用率。

具体表现为：提高了处理器的利用率，充分利用外围设备资源，发挥了处理器与外围设备以及外围设备之间的并行工作能力。

3.3.5　进程的同步与互斥

在操作系统中，资源是可以共享的，譬如，多个进程可以共享硬盘、文件、变量，甚至可以运行程序段等。然而系统中的所有进程都是相互独立、以异步的方式并发执行的。所以，进程间共享资源可能会出现问题。

1. 同步与互斥概念

在介绍进程的同步与互斥之前先引进两个概念：一是临界资源，二是临界区。设有两个进程 A、B 共享一台打印机，若让它们任意使用，则可能发生的情况是两个进程的输出结果交织在一起，很难区分。解决的方法是进程 A 要使用打印机时应先提出申请，一旦系统把资源分配给它，就一直为它独占，进程 B 若要使用这一资源，就必须等待，直到进程 A 用完并释放后，系统才能把打印机资源分配给进程 B 使用。

由此可见，虽然系统中同时有许多进程，它们共享各种资源，然而其中许多资源一次只能为一个进程所使用。我们把一次仅允许一个进程使用的资源叫做临界资源。例如，打印机、卡片机、缓冲器、变量等。把进程中使用临界资源的那段程序叫做临界区。

在计算机系统中各个进程之间存在着相互依赖，相互制约的关系。一方面表现为进程间的合作关系，以便共同完成某项任务；另一方面，表现为进程间的相互制约关系，这是由于竞争有限的系统资源而产生的。这就是进程中的同步与互斥问题。

同步：是一组合作进程在运行中，由于是异步的，所以进程之间要协调其推进的速度，以便正确完成作业的运行。这种一个进程等待另一个进程发来的消息或等待另一个进程完成某一个动作之后再运行，进程间的通过交换一定的信息实现相互合作的关系叫同步。同步是依靠进程间的通信实现的。

互斥：我们可以理解为，针对某一临界资源，一组进程不能同时进入自己的临界区去使用它，而仅允许一个进程先进入自己的临界区，其他进程必须等待，这种以排他方式使用临界资源的过程叫互斥。

2. 进程的同步与互斥的实现方法

解决进程的同步与互斥的方法很多，大体上可由硬件和软件实现。这里我们介绍一种用 P、V 原语对信号量进行操作的方法，以实现进程的同步与互斥，通常称之为 P-V 操作。

信号量概念和 P、V 原语是荷兰科学家提出的，它把交通管理的信号灯方法搬到了操作系统中来，以实现进程间的互斥。所谓信号量是一个与队列有关的整型变量，表示系统中某类资源的数量；当其值大于零时，表示系统中尚有可用资源的数目；当其值为负时，其绝对值表示等待该类资源的进程的个数。信号量的值仅能由 P 操作和 V 操作来改变，操作系统利用它的状态对进程和资源进行管理。

根据信号量的用途不同，信号量分为公用信号量和私用信号量两类：

(1)公用信号量是指每个进程均可对它施加 P 操作和 V 操作的量，它联系着一组并行进程，其初值为 1，通常是为实现进程互斥而设置的。

(2)私用信号量是指仅允许拥有它的进程对它进行 P 操作和 V 操作的量，它也联系着一组并行进程，其初值为 0 或某个正整数 n。

按信号量的取值不同可分为：

(1)二元信号量：它仅能取 0 和 1 两个数值。

(2)一般信号量：它允许取任意整数。

在信号量数据结构之上定义了两个原语，它们是 P 原语和 V 原语。

(1)P 操作过程

P 操作记为 P(S)，其中 S 为一信号量，其运行时顺序完成以下两个动作：

①S：＝S－1，表示申请使用一个资源。

②若 S≥0，表示系统中有可用资源，现进程可继续运行。若 S<0，表示系统中没有可用资源，则置该进程为阻塞状态，到 S 信号量的队列中去等待，直到其他进程在 S 上运行 V 操作释放它为止。

P 操作意味着：请求系统分配一个单位资源，根据分配后的情况判断，是继续运行现进程，还是阻塞现进程，调度新进程。

(2)V 操作过程

V 操作记为 V(S)，其中 S 为一信号量，其运行时顺序完成以下两个动作：

①S：＝S＋1，表示释放一个资源。

②若 S>0，表示系统中没有等待该资源的进程，继续运行现进程。若 S≤0，表示系统

中有等待该资源的进程,则唤醒 S 信号量队列中的第一个进程,使其插入就绪队列,继续运行现进程。

V 操作意味着:释放一个单位资源,根据释放的情况进行判断,要不要唤醒一个新进程,但无论如何,现进程总是继续运行。

3. P、V 原语应用

(1)实现进程同步

【例 3-3】　假设有一个查询进程 S 和一个打印输出查询结果的进程 P。它们合作完成查询和输出查询结果的任务,在工作过程中使用同一个缓冲区。为正确完成查询并输出结果的任务,它们之间必须是同步工作的。当查询进程 S 尚未完成对数据的查询,还没有把结果送到缓冲区之前,进程 P 只有等待;一旦查询进程 S 把查询结果送入缓冲区,应给进程 P 发出一个通知信号,进程 P 收到通知信号后,便可以从缓冲区取出查询结果打印。反之,在进程 P 把缓冲区中的查询结果取出打印之前,进程 S 也不能把下一次的查询结果送入缓冲区中。因此,进程 P 在取出缓冲区查询结果时,也要给进程 S 发送一信号,进程 S 只有在收到该信号后,才能向缓冲区送入下一个查询结果。

分析:设 S_1 和 S_2 为两个私用信号量,信号量 S_1 表示缓冲区中是否已有供打印的查询结果,其初始值为 0;每当查询进程把查询结果送入缓冲区后,便对 S_1 执行 $V(S_1)$ 操作,表示已有可供打印的查询结果。打印进程在运行打印之前,先对 S_1 执行 $P(S_1)$ 操作,若 $S_1 <$ 0,表示缓冲区中尚无可供打印的查询结果,打印进程被阻塞。若执行 $P(S_1)$ 操作后, $S_1 =$ 0,则打印进程执行打印操作。信号量 S_2 用来表示缓冲区中的查询结果是否已被打印进程取走,其初值为 0。每当查询进程把所得的查询结果送入缓冲区后,对 S_2 执行 $P(S_2)$ 操作,若 $S_2 < 0$,便阻塞自己,以等待打印进程将缓冲区中的查询结果取走。当打印进程把缓冲区中内容取走后,便对 S_2 执行 $V(S_2)$ 操作。下面具体说明查询进程和打印进程同步的实现,它们的同步描述如下:

查询进程 S	打印进程 P
…	…
把查询结果写到缓冲区	$P(S_1)$
$V(S_1)$	把缓冲区内容打印输出
$P(S_2)$	$V(S_2)$
…	…

这里假定查询进程先对第一个数据进行查询,当查询完成并送入缓冲区后运行 $V(S_1)$ 操作,置 $S_1 = 1$,表示允许打印进程打印第一个查询结果。然后,查询进程再对 S_2 执行 $P(S_2)$ 操作,使 $S_2 = -1$,导致阻塞自己,直到打印进程从缓冲区取走第一个查询结果,运行 $V(S_2)$ 操作,将查询进程唤醒,使之继续执行。当查询全部完成,查询进程撤销,否则对下一个数据进行查询,如此反复直至全部查询完成。

(2)实现进程同步与互斥——生产者与消费者问题

【例 3-4】　把并发进程间的同步与互斥问题抽象化,可有一个一般的模型,即生产者与消费者问题。在计算机系统中,通常可以把数据的产生进程叫生产者(例如计算进程),把数据的消费(打印输出)进程叫消费者。可用一个有界缓冲区把一组生产者 P_1,P_2,…,

P_m 和一组消费者 $C_1,C_2,\cdots,C_n$ 联系起来。如图 3-12 所示。

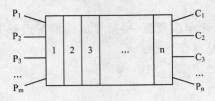

图 3-12 有界缓冲区

分析：①首先观察同步问题

- 生产者的产品生产，只有在缓冲区不满时才可生产，否则停止等待；
- 消费者要消费，只有缓冲区中有产品时才可消费，否则等待。

②然后是互斥问题

- 生产者间和消费者间要互斥访问缓冲区。

③为实现上述两进程互斥进入临界区，设置两个私用信号量和一个公用信号量，具体如下：

- 公用信号量 S：初值为 1，表示没有进程进入临界区。
- 私用信号量 S_0：初值为 0，用以表示产品数目。
- 私用信号量 S_n：初值为 n，用以表示可用缓冲区个数。

同步互斥算法如下：

在下面算法中请注意，P 操作次序是不能随意颠倒的，而 V 操作次序却是无所谓的。

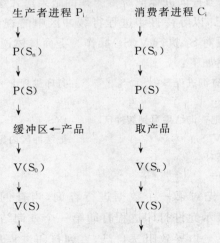

3.3.6 进程通信

仔细分析进程同步就会发现，进程同步其实质就是进程间的通信。只不过它是通过信号量来传递一些状态和少量数据，效率极低。显然，这是一种低层次上的通信，传送的信息是有限的。其实，进程之间有时还是需要传送大量数据的。熟悉 UNIX 系统或 DOS 系统的人，都会了解系统提供的管道机制。所谓管道，其实就是现实生活中的管道在操作系统中的抽象，它允许一个进程把另一个进程的输出作为自己的输入。为广大 PC 机用户所熟悉的 Windows 系列操作系统采用的消息机制，其实就是一种进程通信方式。一般来说，进程通信有以下几种：

1. 消息缓冲通信

在这种通信方式下，由系统管理一组缓冲区，每个缓冲区存放一个消息，当某进程要发送消息给另一进程时，先申请一空的缓冲区。然后把消息从进程发送区写到缓冲区，再利用发送原语 Send 把装满消息的缓冲区送到接收进程的消息队列中，接收进程等待适当时机从消息队列取消息，把消息拷贝到消息接收区，释放缓冲区，完成一次通信。

一个消息一般包含下面几种信息：

A. name：发送消息的进程名或标识符。

B. size：消息长度。

C. text：消息正文。

D. next-point：指向下一消息缓冲区的指针。

在用消息缓冲通信的系统中，进程的 PCB 应增设如下信息项：

A. hand-point：指向消息队列头的指针。

B. mutex：消息队列互斥操作信号量。

C. ssm：同步信号量，表示接收到的消息个数。两进程通信过程如图 3-13 所示。

发送原语和接收原语可分别描述如下：

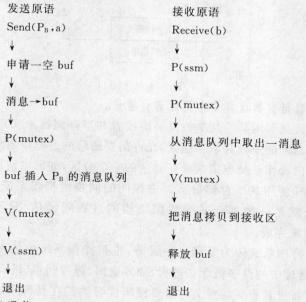

2. 信箱(Mailbox)通信

信箱通信是一种间接通信方式，是消息缓冲通信的改进。在这种方式中，通信双方需要一个中间实体，一般把它称做信箱。所谓信箱是实现进程通信的一种装置，可以存放信件。信件则是一个进程向另一进程传递的一组信息，如图 3-14 所示。发送进程把消息发送到接收进程的信箱中，接收进程到自己的信箱中读取消息。电子邮件采用的就是这种模型。

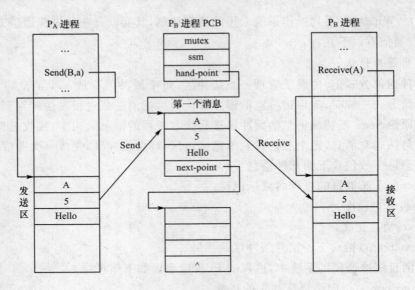

图 3-13　消息缓冲通信

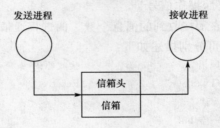

图 3-14　信箱通信

3.基于共享数据结构或共享存储区进行通信

　　这种通信方式是利用某些共享数据结构或者共享存储区来实现通信,操作系统负责维护内存中划分出来的一段共享存储区,允许需要通信的进程申请使用这段共享存储区,需要通信的进程向操作系统申请共享存储区的一个分区,如果申请成功,进程就可以像读写普通存储器一样使用共享存储分区。进程间的同步由操作系统自己完成。Windows系统中的剪贴板就是一种基于共享数据结构的进程间通信,只不过所有的工作都由Windows操作系统完成。

　　进程管理是操作系统较为复杂的一部分,也是操作系统中的重要部分,所用篇幅较多。其中,进程管理中的许多概念如进程、临界资源、进程同步、进程通信和进程调度等对理解操作系统有着极其重要的意义。需要提醒读者的是在其他系统譬如数据库系统中,也可看到这些概念的影子,所以希望读者注重理解。

3.3.7　线　　程

1.线程简介

(1)线程的基本概念

线程(Thread)是操作系统能够进行运算调度的最小单位,它被包含在进程之中,是进程中的实际运作单位。一条线程指的是进程中一个单一顺序的控制流，一个进程中可以并行多个线程，每条线程并行执行不同的任务。在 UNIX System V 及 SUNOS 中也被称为轻量级进程（Lightweight Processes）。

（2）线程的属性

①轻型实体

除了有一些必不可少的、能保证独立运行的资源，线程中的实体基本上不拥有系统资源，比如，在每个线程中一般应具有一个用于控制线程运行的线程控制块 TCB、用于指示被运行指令序列的程序计数器，保留局部变量、少数状态参数和返回地址等的一组寄存器和堆栈。

②独立调度和分派的基本单位

在多线程操作系统中，线程是能独立运行的基本单位，因而也是独立调度和分派的基本单位。由于线程很"轻"，故线程的切换非常迅速且开销小。

③可并发执行

在一个进程中的多个线程之间，可以并发执行，甚至允许在一个进程中的所有线程都能并发执行；同样，不同进程中的线程也能并发执行。

④共享进程资源

在同一个进程中的各个线程，都可以共享该进程所拥有的资源，这首先表现在所有线程都具有相同的地址空间（进程的地址空间），这意味着，线程可以访问该地址空间中的每一个虚地址；此外，还可以访问进程所拥有的已打开文件、定时器、信号量机构等。

（3）线程的状态

①状态参数

在操作系统中的每一个线程都可以利用线程标识符和一组状态参数进行描述。状态参数通常有这样几项：

- 寄存器状态，它包括程序计数器 PC 和堆栈指针中的内容；
- 堆栈，在堆栈中通常保存有局部变量和返回地址；
- 线程运行状态，用于描述线程正处于何种运行状态；
- 优先级，描述线程运行的优先程度；
- 线程专有存储器，用于保存线程自己的局部变量拷贝；
- 信号屏蔽，即对某些信号加以屏蔽。

②线程运行状态

如同传统的进程一样，在各线程之间也存在着共享资源和相互合作的制约关系，致使线程在运行时也具有间断性。相应的，线程在运行时，也具有下述三种基本状态：

- 运行状态，表示线程获得处理器正在运行；
- 就绪状态，指线程已具备了各种运行条件，一旦获得 CPU 便可运行的状态；
- 阻塞状态，指线程在运行中因某事件而受阻，处于暂停运行时的状态。

（4）线程的创建和终止

在多线程 OS 环境下，应用程序在启动时，通常仅有一个线程在运行，该线程被人们称为"初始化线程"。它可根据需要再去创建若干个线程。在创建新线程时，需要利用一个线程创建函数(或系统调用),并提供相应的参数,如指向线程主程序的入口指针、堆栈的大小,以及用于调度的优先级等。在线程创建函数运行完后,将返回一个线程标识符供以后使用。

终止线程的方式有两种:一种是在线程完成了自己的工作后自愿退出;另一种是线程在运行中出现错误或由于某种原因而被其他线程强行终止。

(5)线程实例

操作系统在进程的基础上再引入线程,使得程序并发执行时的并发粒度更细、并发性更好,减少了程序并发执行时所付出的时空开销。因此,多线程设计尤其适合于需要前后台协同工作、异步处理、需要提高运行速度、同时处理多个请求服务等应用场合。以一个字处理程序为例,可能会有一个线程读取用户输入,一个线程显示文本和图片内容,一个线程在后台进行语法和拼写检查,一个线程实施定期保存。

如图 3-15 所示,采用多线程之后,线程共享它们所属进程的资源,这种代码共享的优点在于它允许应用程序在同样的地址空间内拥有多个不同的活动线程,而且线程的创建和上下文切换更加经济有效。

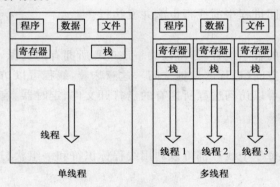

图 3-15 多线程示意图

2. 线程间的同步和通信

为使系统中的多线程协调有序地进行,必须考虑不同线程之间的同步和通信机制。在多线程操作系统中通常提供多种同步机制,如互斥锁、条件变量、信号量等机制。

(1)互斥锁(mutex)

互斥锁是一种比较简单的、用于实现进程间对资源互斥访问的机制。由于操作互斥锁的时间和空间开销都较低,因而较适合于高频度使用的关键共享数据和程序段。互斥锁可以有两种状态,即开锁(unlock)和关锁(lock)。相应的,可用两条命令(函数)对互斥锁进行操作。其中的关锁操作 lock 用于将 mutex 关上,开锁操作 unlock 则用于打开 mutex。

当一个线程需要读/写一个共享数据段时,需要首先判别该数据段的 mutex 锁状态,如果它已经处于关锁状态,则试图访问该数据段的线程将被阻塞;而如果 mutex 是处于开锁状态,则将 mutex 上锁后便去读/写该数据段。在线程完成对该数据段的读/写操作后,必须再发出开锁命令将 mutex 打开,同时还需将阻塞在该互斥锁上的一个线程唤醒,其他的线程仍被阻塞在等待 mutex 打开的队列上。

（2）条件变量

在很多情况下，只使用 mutex 来实现互斥访问，可能会引起死锁，为此而引入了条件变量。每一个条件变量通常都与一个互斥锁一起使用，亦即，在创建一个互斥锁时便联系着一个条件变量。单纯的互斥锁用于短期锁定，主要是用来保证对临界区的互斥进入。而条件变量则用于线程的长期等待，直至所等待的资源成为可用的。

线程首先对 mutex 运行关锁操作，若成功便进入临界区，然后查找用于描述资源状态的数据结构，以了解资源的情况。只要发现所需资源正处于忙碌状态，线程便转为等待状态，并对 mutex 运行开锁操作后，等待该资源被释放；若资源处于空闲状态，表明线程可以使用该资源，于是将该资源设置为忙碌状态，再对 mutex 运行开锁操作。

（3）信号量

①私用信号量（Private Samephore）

当某线程需利用信号量来实现同一进程中各线程之间的同步时，可调用创建信号量的命令来创建一私用信号量，其数据结构是存放在应用程序的地址空间中。私用信号量属于特定的进程所有，操作系统并不知道私用信号量的存在，因此，一旦发生私用信号量的占用者异常结束或正常结束，但并未释放该信号量所占用空间的情况时，系统将无法使它恢复为 0（空），也不能将它传送给下一个请求它的线程。

②公用信号量（Public Samephore）

公用信号量是为实现不同进程间或不同进程中各线程之间的同步而设置的。由于它有着一个公开的名字供所有的进程使用，故把它称为公用信号量。其数据结构是存放在受保护的系统存储区中，由操作系统为它分配空间并进行管理，故也称为系统信号量。如果信号量的占用者在结束时未释放该公用信号量，则操作系统会自动将该信号量空间回收，并通知下一进程。可见，公用信号量是一种比较安全的同步机制。

3. 内核支持线程和用户级线程

线程在不同操作系统的实现方式并不完全相同，有的系统实现的是内核支持线程，有的系统实现的是用户级线程，而有的系统则同时实现了这两种类型的线程。

（1）内核支持线程

这里所谓的内核支持线程，也都同样是在内核的支持下运行的，即无论是用户进程中的线程，还是系统进程中的线程，它们的创建、撤销和切换等，也是依靠内核实现的。此外，在内核空间还为每一个内核支持线程设置了一个线程控制块，内核是根据该控制块而感知某线程的存在的，并对其加以控制。典型的内核支持线程是 OS/2。

（2）用户级线程

用户级线程仅存在于用户空间中。对于这种线程的创建、撤销、线程之间的同步与通信等功能，都无需利用系统调用来实现。对于用户级线程的切换，通常是发生在一个应用进程的诸多线程之间，这时，也同样无需内核的支持。由于切换的规则远比进程调度和切换的规则简单，因而使线程的切换速度特别快。可见，这种线程是与内核无关的。用户级线程的典型实现是 Java、Informix 等。

4. 线程控制

由于内核支持线程可以直接利用系统调用为自己服务，故线程的控制相当简单；而用户级线程必须借助于某种形式的中间系统的帮助才能取得内核的服务,因此在对线程的控制上要稍微复杂些。

(1)内核支持线程的实现

内核支持线程操作系统中,一种可能的线程控制方法是,系统在创建一个新进程时,便为它分配一个任务数据区 PTDA(Per Task Data Area),其中包括若干个线程控制块 TCB 空间。在 TCB 中可保存线程标识符、优先级、线程运行的 CPU 状态等信息。每当进程要创建一个新线程时,便为新线程分配一个 TCB,将有关信息填入该 TCB 中,并为之分配必要的资源,当 PTDA 中的所有 TCB 空间已用完,而进程又要创建新的线程时,只要其所创建的线程数目未超过系统的允许值,系统可再为之分配 TCB 空间;在撤销一个进程时,也应回收该线程的所有资源和 TCB。

(2)用户级线程的实现

用户级线程是在用户空间实现的。所有的用户级线程都具有相同的结构,它们都运行在一个中间系统的上面。典型的实现方式有两种,即运行时系统和内核控制线程。

①运行时系统(Runtime System)

所谓运行时系统,实质上是用于管理和控制线程的函数(过程)的集合,其中包括用于创建和撤销线程的函数、线程同步和通信的函数以及实现线程调度的函数等。正因为有这些函数,才能使用户级线程与内核无关。运行时系统中的所有函数都驻留在用户空间,并作为用户级线程与内核之间的接口。

②内核控制线程

这种线程又称为轻型进程 LWP(Light Weight Process)。每一个进程都可拥有多个 LWP,同用户级线程一样,每个 LWP 都有自己的数据结构(如 TCB),其中包括线程标识符、优先级、状态,另外还有栈和局部存储区等。它们也可以共享进程所拥有的资源。LWP 可通过系统调用来获得内核提供的服务,这样,当一个用户级线程运行时,只要将它连接到一个 LWP 上,此时它便具有内核支持线程的所有属性。

3.4　处理器调度与死锁

随着计算机的迅速发展,操作系统中对处理器(CPU)的管理越来越引起人们的重视。首先,由于 CPU 的速度越来越快,故对于 CPU 利用方面的任何一点浪费都会使系统的总效率大大下降。其次,CPU 的管理是操作系统的重中之重,它直接影响操作系统的运行效率。其三,在操作系统中,并发活动的管理和控制是在处理器管理程序中实现的,它集中了操作系统中最复杂的部分。

在介绍处理器调度之前,首先对有关的概念和术语作简单的介绍,前面我们已提到用户、作业、作业步等概念。现在对上述概念再给以确定的描述。

"用户"是指要求计算机为它工作的人。

"作业"是用户要求计算机给以计算或处理的一个相对独立的任务。

一个作业可以分成几个必须顺序处理的工作步骤,称为"作业步"。例如,一个用高级语言写成的用户作业要提交给计算机运行,通常计算机系统要为其做以下几项工作:编辑、编译、连接、装入、运行。它们是顺序进行的,一个作业步运行的结果产生下一个作业步要用到的文件。

在多道程序系统中,一个作业被提交后,必须经过处理器调度后方能运行。对于批量作业而言,通常需要经历作业调度(高级调度)和进程调度(低级调度)两个过程后方能获得处理器。对于终端型作业,通常只经过进程调度。在上一节中我们已经介绍了进程调度,因此本节重点介绍处理器调度中的作业调度。

3.4.1 用户与操作系统之间的接口

用户与操作系统之间的接口是用户与操作系统打交道的手段。在计算机系统中配置操作系统的实质是为了方便用户,用户通过和操作系统打交道来使用计算机系统中的软硬件资源。为此操作系统提供了两类接口,一类是程序一级的接口,另一类是作业控制一级的接口,所有用户都通过这些接口和操作系统联系。

1. 程序一级的接口

这类接口是由一组系统调用命令(简称系统调用)组成。用户通过在程序中使用这些系统调用命令来请求操作系统提供的服务。

对于用汇编语言编写程序的用户,在程序中可以直接使用这组系统调用命令,向系统提出使用各种外部设备的要求,进行有关磁盘文件的操作,申请分配和回收内存的分区以及其他各种控制要求。

对于使用高级语言的用户,则可以在程序中使用过程调用语句。这些调用语句在源程序被编译时翻译成有关的系统调用命令,在目标程序运行时再运行这些系统调用命令,调用系统提供的功能。

2. 作业控制一级的接口

这类接口又分为联机用户接口和脱机用户接口。

(1)联机用户接口

联机用户也称交互式用户。这种接口由一组键盘操作命令组成。用户通过控制台或终端输入操作命令,向系统提出各种要求。用户每输入一条命令,控制就转入命令解释程序(操作系统中的一部分),然后命令解释程序对输入的命令解释运行,完成指定的操作,最后控制又返回到控制台或终端,准备输入新的命令。

(2)脱机用户接口

脱机用户也称批处理用户。这种接口由一组作业控制命令(或称做业控制语言)组成。脱机用户不能直接干预作业的运行,而是事先用相应的作业控制命令写成一份作业操作说明书,连同作业一起提交给系统。当系统调度到该作业时,由系统中命令解释程序对作业说明书上的命令或作业控制语句逐条解释运行。

3. 系统调用

所谓系统调用,就是用户在程序中调用操作系统所提供的各项子功能。这些子功能由一个或多个子程序完成。具体来说,系统调用的过程就是通过系统调用命令,中断现行程序转去运行完成系统调用功能的子程序,以完成特定的系统功能,完成后,控制又返回到发出系统调用命令之后的一条指令,被中断的程序将继续运行下去。

对每个操作系统而言,其所提供的系统调用命令条数、格式以及所执行的功能等都不尽相同,即使同一种操作系统,其版本不同,它们所提供的系统调用命令的条数也会有所增减。通常,一个操作系统提供的系统调用命令有数十条乃至上百条之多,它们各自有一个统一的编号或助记符。这些系统调用命令按功能划分,大致可分为三类:

(1)一般设备的输入输出类;

(2)磁盘的输入输出及磁盘文件的管理类;

(3)其他类。

其中前两类的系统调用命令,每个通用的操作系统,甚至微机操作系统中都有,它们的功能也大致相同。而第三类中的系统调用命令,则随系统而异,差别很大。

3.4.2　作业状态及转换图

多道程序中作业状态转换,反映了从用户向计算机提交作业,到计算机运行,直到给出结果为止的全部过程,它可以分为提交、后备、执行、完成四种状态,其含义如下:

(1)提交状态

用户向计算机提交作业。

(2)后备状态(或收容状态)

计算机通过设备管理程序,将用户提交的作业送入外部存储器(或称辅存、后援存储器)中,并为其建立作业控制块 JCB(3.4.3 小节将介绍),加入后备作业队列。所以这一状态也称收容状态。

(3)执行状态

由作业调度程序将后备作业队列中若干作业选中,并分配一定的系统资源,建立相应的进程,进入内存运行的状态。

(4)完成状态

从作业运行完毕或发生错误而终止,系统收回资源,到作业完全退出系统时所处的状态。

作业状态转换图如图 3-16 所示。

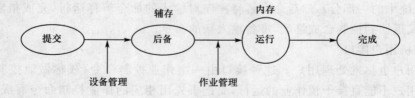

图 3-16　作业状态转换图

3.4.3　作业调度算法

1.作业控制块和后备作业队列

(1)作业控制块(JCB)

当系统将用户提交的作业装入后援存储器时,系统为每个作业建立一个作业控制块,详细记录每个作业的相关信息。当作业退出系统时,JCB 也被撤销,JCB 是作业存在的标志。

(2)后备作业队列

由 JCB 组成,以表格或链表形式存于内存区域中。

作业控制块结构及链表结构的后备作业队列如图 3-17 所示,其中:

(1)作业名:各用户作业的名称,由用户定义。

(2)现在状态:当前作业所处的状态,是提交、后备、执行三种状态之一。

(3)优先数:根据作业的重要程度,由系统操作员或用户确定。

(4)时间估计:完成本作业所需时间估计。

(5)位置:本作业在外存中地址。

(6)长度:作业长度。

(7)外设申请:作业运行中需要的外部设备。

(8)指向下一 JCB 指针:即指向下一 JCB 的地址指针。

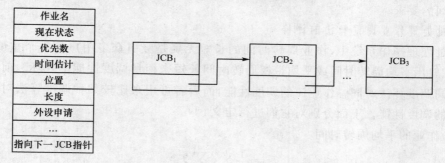

图 3-17 JCB 结构及链表结构的后备作业队列

2.作业调度的主要功能

(1)按某种调度算法,从 JCB 队列中选取作业进入内存。

(2)调用存储管理和设备管理程序,为被选中的作业分配内存和外设。

(3)按被选中作业的 JCB 信息建立运行控制系统。

(4)填写作业运行时需要的有关表格及建立运行控制作业的运行控制程序。

(5)作业运行完毕或运行过程中因某种原因要撤离时,做好一切善后处理工作。

3.主要作业调度算法

作业调度算法是确定将作业调入内存的原则依据,由于算法选择不当可能造成系统"梗塞",或设备利用率不高等结果。以下介绍几种常用的算法。

(1)先来先服务(FCFS)(First Come First Served)

是一种简单的算法,即按照作业进入后援存储器的先后顺序选取作业。其优点是省机时,但效率不高。因为它仅考虑作业等待时间的长短,而不考虑要求服务的时间,实际上损害了短作业,而有利于长作业。

(2)最短作业优先算法(SJF)(Shortest Job First scheduling)

总是优先调度要求运行时间最短的作业。这一算法易于实现,但效率不高,由于系统不断接受短作业而使长作业等待时间过长。

（3）响应比最高者优先算法（HRRN）（Highest Response Ratio Next）

HRRN 是前两种算法的折中，既照顾运行时间长短，又考虑等待时间长短，选取作业响应时间最大的作业投入运行。一般把作业响应时间（包括运行时间以及作业在后援存储器中的等待时间）与运行时间（用户申请的时间）的比值称为响应比 R_p。

$$R_p = \frac{\text{作业响应时间}}{\text{运行时间（估算）}} = 1 + \frac{\text{作业等待时间}}{\text{运行时间}}$$

这种算法对于计算时间短的作业容易得到较高的响应比，因此这一算法对短作业是优待的，但如果一个长作业在系统中等待时间足够长后，也将获得最高的优先度，不至于无限期等待下去。

算法的选择要按照设计的目标进行，如对于批量处理的计算机应着重发挥计算机的效率；对于实时系统着重考虑的是响应的及时性；对于分时系统则要保证所有用户能容忍的响应时间。在顾及设计目标下，应考虑最大限度地发挥各种资源的效能以及平衡系统和用户间的要求。

4. 批处理作业调度算法的评价

在批处理操作系统中，作业周转时间的长短无疑是吸引众多用户的一个重要指标。因此，一般用平均周转时间或平均带权周转时间长短来衡量调度性能的好坏。前者用来衡量不同调度算法对同一作业流的调度性能，而后者可用来比较某种调度算法对不同的作业流的调度性能。下面分别对它们进行定义：

（1）作业的平均周转时间

$$T = \frac{1}{n} \times \left(\sum_{i=1}^{n} T_i\right)$$

其中：n 为被测作业流中作业数目；T_i 为作业 i 的周转时间，$T_i = t_c - t_s$；t_c 为作业 i 的完成时间；t_s 为作业 i 的提交（到达）时间。

（2）作业的平均带权周转时间

$$W = \frac{1}{n} \times \left(\sum_{i=1}^{n} W_i\right) = \frac{1}{n} \times \left(\sum_{i=1}^{n} \frac{T_i}{t_r}\right)$$

其中：t_r 是作业 i 的所需运行时间。

【例 3-5】 假定有作业 1，2，3，4。其到达时间 t_s，估计运行时间 t_r 如图 3-18（a）所示。这里为简便起见，时间都按十进制计算。如果对这个作业流实行 FCFS 调度算法，则每个作业的开始运行时间 t_b，完成时间 t_c，所需周转时间 T_i，带权周转时间 W_i 如图 3-18（b）所示。这时调度的顺序是依到达时间先后进行的，即是 1，2，3，4。因此

平均周转时间 $T = 1.725$

平均带权周转时间 $W = 6.875$

如果对这个作业流实行 SJF 调度算法，系统开始时只有作业 1，故调度它投入运行。在时间 10 完成时，作业 2、3、4 均已到达，按调度算法应让作业 3 投入运行，它的 t_r 值最小，再次是作业 4，最后是作业 2。这样调度的结果如图 3-18（c）所示。此时

平均周转时间 $T = 1.55$

平均带权周转时间 $W = 5.15$

如果对这个作业流实行 HRRN 调度算法,开始时,显然仍是调度作业 1 投入运行。作业 1 完成后,作业 2、3、4 均已到达。它们此时各自的响应比是:

$R_2 = (10-8.5)/0.5 = 3$

$R_3 = (10-9)/0.1 = 10$

$R_4 = (10-9.5)/0.2 = 2.5$

这表明在时间 10 作业 1 完成后,作业 2、3、4 中响应比最高者为作业 3,应该调度它投入运行。在作业 3 于时间 10.1 完成后,剩下的作业 2 和作业 4 的响应比分别是

$R_2 = (10.1-8.5)/0.5 = 3.2$

$R_4 = (10.1-9.5)/0.2 = 3$

所以调度的应是作业 2,最后调度作业 4。这样的调度结果如图 3-18(d)所示。并且

平均周转时间 $T = 1.625$

平均带权周转时间 $W = 5.675$

作业	到达时间 t_s	估计运行时间 t_r
1	8	2
2	8.5	0.5
3	9	0.1
4	9.5	0.2

(a)4 个作业的基本情况

作业	开始时间 t_b	完成时间 t_c	周转时间 T_i	带权周转时间 W_i
1	8	10	2	1
2	10	10.5	2	4
3	10.5	10.6	1.6	16
4	10.6	10.8	1.3	6.5

(b)FCFS 调度算法

作业	开始时间 t_b	完成时间 t_c	周转时间 T_i	带权周转时间 W_i
1	8	10	2	1
2	10.3	10.8	2.3	4.6
3	10	10.1	1.1	11
4	10.1	10.3	0.8	4

(c)SJF 调度算法

作业	开始时间 t_b	完成时间 t_c	周转时间 T_i	带权周转时间 W_i
1	8	10	2	1
2	10.1	10.6	2.1	4.2
3	10	10.1	1.1	11
4	10.6	10.8	1.3	6.5

(d)HRRN 调度算法

图 3-18　3 种作业调度的比较

3.4.4　作业控制

用户作业是用户要求计算机完成的一系列工作,如何组织这些工作,如何控制作业的运行,当运行过程中出现错误又如何处理,用户需要对自己的作业进行必要的干预,这就是作业控制。

作业控制可以分为脱机作业控制方式和联机作业控制方式两种。

(1)脱机作业控制方式

是用户预先编制和提供对用户作业的控制意图,并提交给系统,然后由系统根据用户的控制意图自动控制作业的运行,用户不再干预。

(2)联机作业控制方式

联机作业是一种人机交互方式,通过采用人机对话方式来进行作业控制。

以上两种对作业的控制方式,实际上是系统为用户提供的一种接口。通过这个接口——命令接口,来实现用户与系统的连接。

系统还为用户提供了另一接口——程序接口,是用户用汇编语言来编写源程序时使用的系统调用。系统调用实际上是用户通过它来使用操作系统的一些子功能。这些子功能的实现是通过一小段汇编程序,调用的实现是通过中断方式。

3.4.5　死　锁

1. 死锁的概念

所谓死锁是指在系统中的两个或两个以上的进程无限期地等待永远不会发生的条件,即在无外力作用下,永远不能继续运行。死锁是计算机系统和进程所处的一种状态。

例如,假设系统中只有一台打印机和一台输入设备,进程 P_1 正占用输入设备,同时又提出使用打印机的请求,但此时打印机正被进程 P_2 所占用,而且 P_2 在未释放打印机之前又提出了使用 P_1 正占用着的输入设备的请求。这样两个进程相互无休止地等待下去,均无法继续运行,系统进入死锁状态。

2. 死锁产生的原因

(1)资源独占性(资源不能共享)

首先我们来看在死锁实例中涉及的资源,如打印机、读卡机或临界段等。它们实质上是不能共享使用的资源。也就是说在某一进程使用这种资源时,别的进程不能同时也使用。两个进程同时使用一台打印机,打印的内容就会交织在一起难以分开。两个进程同时使用一台读卡机,就会使读入内容混乱。可见这种资源的使用具有独占性或互斥性,使得任一时刻一个资源只能为一个进程所占用,若别的进程在此刻申请一个已被占用的资源时,它只能暂时被置为等待状态,直到占用者释放该资源为止。设想一下,如果系统中的任何一种资源都不具有这种使用上的排他性。任何一个进程想用就用,那么这个系统就绝对不会产生死锁。因此,资源使用的独占性是产生死锁的一个原因。

(2)资源的不可剥夺性

资源使用的独占性是否就一定产生死锁呢? 实际上,仅是资源使用的独占性,如果允许进程强夺对方已占用的资源,死锁也就不会发生。譬如进程 A 占用了打印机,进程 B

占用了读卡机。之所以后来进程 A 和进程 B 处于死锁状态,主要是进程 A 在申请不到读卡机时,不能从进程 B 那里强夺下读卡机。同样地,进程 B 在申请不到打印机时,也不能从进程 A 中夺下打印机。这样才出现了进程 A 占据着打印机不放又想要读卡机,进程 B 占用着读卡机不放又想要打印机的循环等待局面,导致死锁。如果允许进程能强夺别的进程已占据的资源,不去运行“资源只能由占用者自己释放”的释放原则,那么系统显然也就不会出现死锁。因此,资源的不可剥夺性是产生死锁的另一个原因。

(3)资源采用动态部分分配原则

如果允许“资源使用的独占性”和“资源的不可剥夺性”存在,但实行“所需资源一次性分配到位”的分配策略,那么系统也不会产生死锁。所谓“所需资源一次性分配到位”,含义是每个进程并不是在运行过程中用到什么资源时才去申请什么资源,而是把其整个生命周期内所要用到的资源一次性地提出,系统要么什么资源也不分配给它,要么从一开始就把它所需的所有资源全部分配给它,即使有些资源直到它结束时才可能真正用上。这是一种静态分配策略。实行这种分配策略,投入运行的进程决不会因为申请不到某一个资源而处于等待状态,当然也就不会产生死锁。可见对进程实行动态性的部分分配,允许一个进程不释放已占用的资源,就又允许去申请别的资源,是产生死锁的另一个原因。

(4)允许进程间非法交叉推进顺序的存在

产生死锁的最后一个原因是由于允许进程间的非法交叉推进顺序的存在,这种顺序导致循环等待的僵持局面,如图 3-19 所示。图中 P_1 和 P_2 表示两个不同进程,R_1 和 R_2 表示两种资源,箭头指向资源表示进程请求这种资源,箭头指向进程表示进程已获得这种资源。当每种资源只有一个时,这种环形的请求方式必然产生死锁。

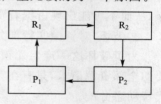

图 3-19　死锁的循环等待

假定在资源分配过程中,如果发现某种资源的分配会导致循环等待就暂不分配,显然就可避免死锁的产生。

3. 死锁产生的必要条件

死锁产生必须同时具有的四个必要条件是:

(1)资源使用的独占性:即一个资源在一段时间内一次只能被一个进程所独占。

(2)资源的不可剥夺性:即占用一种资源的进程,在其未使用完并由自己将该资源释放的时候,其他进程不能将该资源强行“夺走”。

(3)对资源采用动态的部分分配原则:即一个进程已经占用了分给它的资源,但仍然请求其他资源。

(4)循环等待:即每一个进程均占用着某种资源,却又同时都还要求占用下一个进程所占用的资源。

4. 解决死锁的办法

为了解决系统中的死锁问题,常从死锁的预防、避免、检测三个角度加以研究。

“死锁的预防”即防患于未然的意思。它的着眼点是消除任何可能产生死锁的条件,使系统运行在安全可靠的环境里。很自然的做法是从上面所述的 4 个必须同时出现的必要条件出发,设法破坏其中的任一个,从而确保系统不发生死锁。

　　"死锁的避免"着眼于躲避死锁的发生,也就是说系统运行在有可能产生死锁的环境里。只有采取各种有效措施,才能在接近死锁时,就小心翼翼地提前避开它。

　　"死锁的检测"比前两种更放宽一步,它允许死锁的发生,只是在出现死锁时系统能检测出来,能知道死锁涉及哪些进程和资源,于是采取必要措施,使系统从死锁中解救出来。

　　(1)死锁的预防——破坏产生死锁的 4 个必要条件中的任何一个

　　已经有人给出了证明,如果破坏产生死锁的 4 个必要条件中的任何一个,系统就不再可能出现死锁。不过对于第一个必要条件"资源使用的独占性"来讲,它实际上是有些资源本身具有的特征,例如打印机、读卡机等。如果让几个进程共享具有这种特征的资源,一定会出现混乱的情况。所以在死锁的预防上,仅关注对其他 3 个必要条件的破坏,而允许"资源使用的独占性"存在。

　　①破坏"资源的不可剥夺性"

　　为了破坏"资源的不可剥夺性",可以采用如下策略:一个已占用资源的进程,若申请使用一个不可共享资源时遭到拒绝,则必须释放掉它早先占用的全部资源,然后才进入等待状态,以后再一起(即原先占用的和新申请的)向系统提出申请。

　　这种策略的实施效果是:进程在申请资源未获准的情况下,将以往已占用的资源剥夺,从而不可能出现占据着资源又等待新资源的情形,保证了系统的安全性。

　　②破坏"对资源实行部分分配"

　　为了破坏这一产生死锁的条件,可以施行的策略是每一个进程必须同时提出它所需要的全部资源请求,只有在完全得到满足的情况下,它才能启动运行,也就是用静态分配代替动态分配。

　　③破坏"循环等待"

　　为了破坏"循环等待"条件,可以采用所谓的"资源顺序分配法"。基本思想是:系统对所拥有的资源进行统一编号,例如读卡机为 1 号,行式打印机为 2 号,纸带穿孔机为 3 号,卡片输出机为 4 号,磁带机为 5 号,磁盘为 6 号等。进程申请使用资源时,必须严格按照编号的升序进行。例如先申请读卡机 1,再申请穿孔机 3,最后申请磁带机 5,这是合法的资源请求序列。而先申请读卡机 1,再申请磁带机 5,最后申请穿孔机 3,则是错误的资源请求序列。

　　进程依照这种规定次序申请资源时,只要系统有这种可用的资源,就满足它的要求。如果因没有资源而暂时无法满足时,进程就等待。这种"资源顺序分配法"一定不会产生进程间的"循环等待"现象,从而能够预防死锁的发生。

　　譬如在一个系统中,有 3 台读卡机,2 台行式打印机,1 台卡片输出机,1 台磁带机,资源编号如前。进程 A、B、C 都按编号递增的顺序申请使用这些资源,某一时间资源使用和申请情况见表 3-3。

　　此时,进程 C 正等待着要使用由进程 A 和 B 占用的行式打印机,进程 B 正等待着要使用由进程 A 占用的卡片输出机,而进程 A 下次能够申请的资源编号按规则一定高于进程 B、C 以及它自身目前所占用资源的最高编号,因此它不会等待进程 B、C 现在已占用的资源,故不可能形成资源的循环等待。

表 3-3　　　　　　　　　　　　　　资源顺序分配法

资源		进程		
		A	B	C
1 号	读卡机(3 台)	□	□	□
2 号	行式打印机(2 台)	□	□	*
4 号	卡片输出机(1 台)	□	*	
5 号	磁带机(1 台)			

注:□—表示正在使用这种资源;*—表示申请使用但未获得

（2）死锁的避免——躲避死锁的发生

为了避免死锁,系统对进程提出的每一个资源请求,先不是真正去实行分配,而是根据当时资源的使用情况,按一定的算法进行模拟分配,往前探测模拟分配后的结果。只有当探测的结果不会导致死锁时,才回过头来真正接受进程提出的这一资源请求。

目前常用的避免死锁算法是由 E. W. Dijkstra 于 1968 年提出的银行家算法。为了便于叙述和理解,我们只考虑在同类资源的分配上实行这一算法的情况。

银行家算法的基本思想:假定系统中有一资源,数量为 S,并有 N 个进程共享。对于这些进程,系统提出如下要求:

①每个进程必级预先说明自己运行期间对该资源的最大需求量;

②进程只能一个资源、一个资源地提出申请和获得分配;

③如果系统满足了进程对资源的最大需求量,则该进程应保证在有限时间内将这些资源使用完毕并交还给系统。

只要进程做到这些,系统将保证:

①如果一个进程对资源的最大需求量没有超过 S,则系统一定接纳此进程,并对它提出的资源申请加以处理;

②系统在接到一个资源申请时,可能会让提出申请的进程暂时等待,但保证在有限时间里使该进程获得资源。

可以看到,系统仅要求每个进程申请资源的总量不超过 S,因此 N 个进程对这类资源的总需求量可能会大大超过 S,于是,在系统处理一个进程提出的资源申请时,必须谨慎小心。如果它接受了某一申请从而导致各进程因得不到所需的最大量,无法结束自己的运行,那么整个系统就会陷于瘫痪。因此在任何时刻,系统都将处于安全或不安全的两种状态之一:若系统有办法逐步满足当前各进程的资源请求,保证它们运行结束,则称此时系统处于安全状态;否则,就说处于不安全状态。很明显,不安全状态可能会导致死锁。

银行家算法的基本思想是:在安全状态下系统接到一个进程的资源请求后,就先假定承认这一申请,把资源假装地分配给它。在这一假定下,系统用剩下的资源和每一个进程还需要的资源数相比较,看能否找到这样的进程:系统把剩余的资源都给它,就能满足它对资源的最大需求,从而保证其运行完毕。如果能找到,系统就可进一步认为在资源收回后,就会有更多的剩下资源。再重复这一步骤,用更多的剩余资源去与别的进程还需要的资源数比较(注意,比较过的进程由于它能完成,故它所需总量已"收回",就不会再去和它比较了)。这样的"比较—收回—再比较—再收回"过程一直进行到找不出这样的进程为止。随之检查一下在这一过程后是否所有的进程都能"运行结束",如果都能,则表明开始假定承认这一申请是可行的,于是就能真正地实行这一分配。如果发现有进程运行不到结束,则表明开始假定的承认将使系统处于不安全状态,于是应该暂不答应这一申请,即使当时的系统仍有资源可以分配。

【例 3-6】 假定某系统有 12 台磁带机,由 3 个进程 A、B、C 共享使用。进程 A 的最大需求量为 4 台,进程 B 的最大需求量为 6 台,进程 C 的最大需求量是 8 台。又假定经过若干次的申请、分配,系统处于如图 3-20(a)所示的状态。这一状态安全吗?

我们说是安全的,因为目前系统剩余两台。由于进程 B 还需资源数恰好为 2。故可把这两台全分给它使用,使它运行到结束。这样系统就可收回它所使用的所有资源——6 台磁带机,于是无论怎样分配,都能保证进程 A 和 C 运行到结束。

在图 3-20(a)状态下,如果进程 A 提出了申请一台磁带机的要求,系统能否接受这一请求? 实行一下银行家算法。

假定系统进行了这一分配,则成为图 3-20(b)的情形。这时系统还剩余 1 台磁带机。但进程 A 要运行到结束还需两台,进程 B 还需两台,进程 C 还需 3 台。于是无论把这剩余的一台分配给谁,3 个进程中没有一个能运行到结束。所以在图 3-20(a)状态下,虽然系统还有两台磁带机可以分配使用,但系统宁愿暂不接受进程 A 的资源请求,否则将有可能导致死锁。

进程	已分配数	还需要数
A	1	3
B	4	2
C	5	3
系统剩余	2	

进程	已分配数	还需要数
A	2	2
B	4	2
C	5	3
系统剩余	1	

(a)　　　　　　　　　　　　　　(b)

图 3-20　银行家算法实例

(3)死锁的检测与恢复——允许死锁产生,当死锁发生时能检测出来,并且有能力处理,进行恢复

在死锁的预防和避免中,都是通过对资源的分配和使用加以各种各样的规定和限制来达到目的的。这样做当然不利于进程对各种资源的充分共享。如果系统发生死锁的可能性极小,并且有办法检测出涉及死锁的进程和资源,那么采用适当办法排除已发生的死锁,使系统得以恢复,也是一种颇具吸引力的考虑。

检测系统是否发生了死锁,最根本的就是检测系统中有无一组进程之间由于资源分配不当而产生了循环等待。这可通过系统对所有资源和进程进行编号并设置一张资源分配表和一张进程等待表来实现。

资源分配表记录系统中各种资源被进程占用的情况。进程等待表记录了各进程提出的资源请求未能得到满足的情况。

假定现在系统中有 5 个资源,它们分别用编号 1～5 表示。系统中有 3 个进程,分别

用编号1～3表示。在某一时刻,系统的资源分配如图3-21(a)所示,即1号和5号资源分配给了1号进程,2号资源分配给了3号进程,3号和4号资源分配给了2号进程。由于这些分配都能立即满足,所以没有进程因申请不到资源而等待。

资源号(I)	占用本次资源进程号(K)
1	1
2	3
3	2
4	2
5	1

(a)资源分配表

进程号(J)	所等待的资源号(I)
1	3

(b)进程等待表1

进程号(J)	所等待的资源号(I)
1	3
2	2
3	5

(c)进程等待表2

图3-21 死锁检测过程

假定这时进程1提出了申请资源3的请求。系统首先通过申请的资源号3去查资源分配表,得知资源3已经分给了进程2。于是又根据进程号2去查进程等待表,看进程2此时在等待什么资源。因目前进程2不等待任何资源,没有进程间的循环等待存在,所以可以把进程1等待资源3的情况填入进程等待表,以记录在案,如图3-21(b)所示。

随之,进程2提出申请资源2,仍用上法根据资源号和进程号反复在资源分配表及进程等待表之间查看,也没有发现循环等待现象,因此也把进程2等待资源2的情况填入进程等待表,记录在案,如图3-21(c)所示。

现在进程3提出申请资源5。从资源分配表可知资源5已分给了进程1,查进程等待表可知进程1现在在等待资源3,从资源分配表可知资源3分配给了进程2,查进程等待表可知进程2现在在等待资源2,从资源分配表可知资源2分配给了进程3,至此形成了一个如图3-22所示的循环等待链,产生了死锁,且它涉及进程1、2、3和资源2、3、5。

发现形成死锁,就必须立即排除,使系统能从死锁中恢复。并不存在一种最好的恢复系统的方法,常用的有以下几种:

① 一旦发现死锁,立即终止所有进程的运行,重新启动操作系统。这种方法虽然很简单,但造成的损失可能很大,因为以前运行的工作全部作废。

② 一旦检测出死锁,根据提供的信息,终止陷入循环等待链的所有进程的运行。

③ 一旦检测出死锁,根据提供的信息,一次终止一个陷入死锁状态的进程的运行,然

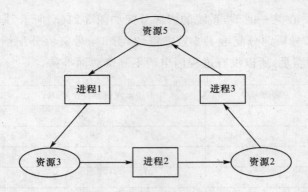

图 3-22　进程间对资源的循环等待

后重新检测死锁是否已经解除。在选择终止进程时,应考虑它们使用资源的情况,应当先终止那些资源使用量(包括资源的品种、数量、时间)最小的进程。

④一旦检测出死锁,根据提供的信息,逐个强夺下陷于死锁状态的进程所占用的资源,然后让它重新启动,选择的标准以造成的损失最小为依据。每释放一个资源后,就重新检测死锁是否消除。由于进程的并发性,进程重新启动、重新进行资源申请,一般不会再出现前次运行的死锁现象。

3.5　设 备 管 理

设备管理是操作系统的重要而基本的组成部分。输入输出设备从资源分配的角度可以分为以下三种:

(1)独占设备

为了保证信息传输的连贯和正确性,设备一经分配给某一作业,就在作业整个运行期间独占,直到运行结束才释放。多数低速设备均属独占设备,如纸带输入机、打印机等。

(2)共享设备

允许多个用户同时共享使用的设备为共享设备,如磁盘、磁鼓等。

(3)虚拟设备

通过假脱机技术(SPOOLing 技术),把原来的独占设备改造成共享设备,相当于将一台独占的物理设备"虚拟"成多台同类设备。

输入输出设备按其所属关系可以分为:

(1)系统设备

系统生成时登记的标准设备,如键盘、显示器、打印机等。

(2)用户设备

系统生成时未登记的非标准设备,是由用户提供的,其驱动程序也应由用户提供,并以适当方式将其介绍给操作系统。

设备管理的基本功能应包括:

(1)分配设备

按某种算法将设备分配给需要的进程。为了保障输入、输出设备与 CPU 之间的信息传递,还要同时分配通道和控制器。

(2)实现 I/O 操作

启动设备完成实际的输入输出操作。在有通道的系统中,先组成通道程序完成 I/O 操作。然后指定设备进行具体的 I/O 操作。最后,再处理中断问题。输入输出设备都有一个控制器,它直接控制设备完成具体的输入输出。一般通过控制该控制器来完成具体的输入输出。

(3)其他功能

向用户提供一个统一的、友好的使用界面以及对缓冲区的管理,提供可扩展性和系统的适应性等功能。对于输入输出设备来说,提供方便灵活的用户界面这一点尤为重要,一般通过设备无关性来实现。

鉴于设备的多样性以及设备管理的复杂性,我们只讨论几个基本问题,以使读者对设备管理有一个大概的了解。

3.5.1 通道与中断技术

1.I/O(输入/输出)的实现

I/O 的实现,随着中断、通道技术的出现而逐渐改进,主要有以下三种方式。

(1)循环测试 I/O 方式

早期是用循环测试 I/O 方式。当 CPU 启动外设后,不断询问外设的忙/闲情况,当外设为"忙"时,CPU 不断对它测试,直到外设为"闲"时为止。在此期间 CPU 不能另做它用。其缺点是:CPU 大部分时间浪费在循环测试中,设备不具备向 CPU 汇报的能力。

(2)程序 I/O 中断方式

程序 I/O 中断方式是在中断技术产生的基础上实现的。

所谓中断是 CPU 对外部事件的这样一种响应:暂停目前正运行的工作,转去处理中断处理程序(更紧急的任务),处理完后再继续原来的工作。计算机系统的中断来自计算机系统内部,也来自计算机系统外部,分别称为内部中断和外部中断。

引入中断后,I/O 设备就具有向 CPU 汇报的能力,每当设备完成 I/O 操作时,便向 CPU 汇报,所以 CPU 启动 I/O 设备后,便可转去处理其他程序,仅在接到 I/O 中断请求后,才花少量时间去处理中断。如外设打印一行字符需要 50 ms,而 CPU 处理时间只要 0.1 ms,因此大部分时间 CPU 可以另做它用。此时 CPU 与设备之间具有双向通信能力。

(3)通道 I/O 方式

程序中断 I/O 方式中每处理一个字,要进行一次中断处理,这样当有大批数据需要传递时,中断次数就很多,仍要花费处理器的很多时间。当 I/O 设备很多时,CPU 将主要花在外设 I/O 处理中。

通道的出现建立了 I/O 的独立管理机构,这时只要 CPU 发一条 I/O 指令给通道,告诉通道要运行的 I/O 操作访问的设备,通道便向主存索取通道程序以完成 I/O 控制管理。通道程序由通道指令组成,一般包括操作码、交换信息数及信息在内存的首地址。

2. 通道、控制器和设备的多重连接

现代计算机的外部设备多数不是由中央处理器直接控制,而是专门由外部设备的管理机构来控制,例如外部设备处理器或通道。

在开始阶段,各类电子设备的电子部分和机械部分常常是合成一体的,但由于很多设备经常不是同时使用,因而人们将其电子控制部分从机械部分中分离出来成为独立的部件,称为控制器。为了节省器材并提高系统的可靠性,一个通道可以同时连接多个控制器,一个控制器又可以连接多个设备,因此应考虑通道、控制器与设备的连接关系。目前常见的有如图 3-23、图 3-24 和图 3-25 所示的三种方式。

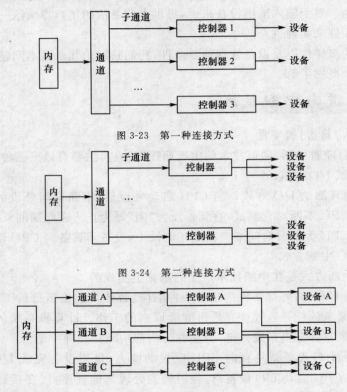

图 3-23　第一种连接方式

图 3-24　第二种连接方式

图 3-25　第三种连接方式

通道是 I/O 与主存之间双向数据通路,当通道接收 CPU 的命令后,能独立运行通道程序,再通过控制器运行 I/O 操作。然后借助中断请求,向 CPU 报告通道、控制器和设备的当前状态,以便操作系统进行相应的处理。因此,通道能相对独立地完成信息传输操作,对 I/O 设备实现统一管理,使主存储器的访问效率得到进一步提高。

不同的连接方式有不同的控制管理方法,对于第一种连接方式(图 3-23),由于控制器与设备是一一对应的,当系统对某一设备申请工作时,CPU 将设备号、操作符及有关参数送给通道,由通道负责启动该设备完成对该设备操作。对于第二种连接方式(图 3-24),需要考虑控制器的管理,若当时被申请设备是空闲的,但连接该设备的控制器及子通道被别的设备占用,则仍不能启动该设备。对于第三种连接方式(图 3-25),则要对通道、控制器、设备统一管理。

当通道或外部设备发生需要向操作系统报告的事件时,通道就向 CPU 发出中断请求,这时就产生外部设备中断事件。外部设备中断的中断源主要有:

(1)操作正常结束(通道、控制器、设备);

(2)操作中发生故障或错误;

(3)人工输入控制命令。

当通道的中断请求被响应后,该通道的状态字被送到内存的固定单元中,通道状态字应具有如下信息:

(1)通道状态:表示此次中断是由于通道正常结束还是其他错误中断。

(2)设备状态:它由设备和控制器提供,说明这些设备、控制器当前的忙闲情况。

当中断发生时系统首先引至中断处理程序,检查通道状态字,以弄清中断原因,然后按各种不同的原因转向不同的中断程序。

如果是正常操作结束,则将相应的通道、控制器或设备置成释放状态。

由于故障引起的中断,则查明原因,采取相应的措施。

3.5.2　缓冲技术

通道的建立解决了 CPU、通道与 I/O 之间并行操作的可能性问题,但往往由于通道数较设备数少而产生"瓶颈"现象,使并行程序受到限制。缓冲技术的引入可以减少占用通道的时间,使"瓶颈"现象得到缓解,同时它也能使 CPU 与 I/O 设备之间速度不匹配情况得到改善。缓冲技术是系统在内存中开辟一个具有 n 个单元的区域作为缓冲区。缓冲区的大小可以按实际应用需要来确定,其结构可以有多种形式。

1. 循环队列形式

用循环队列构成输入输出缓冲区,当主机将数据写入缓冲区时,相当于在循环队列中加入一个元素;当从缓冲区取走一个数据时,相当于在循环队列中删除一个元素,它们分别用输入输出指针指向被操作单元。

2. 单缓冲区及多缓冲区形式

操作系统将输入信息送到内存的一个输入缓冲区中,用户进程从该缓冲区中取用数据,只有当缓冲区为空时才被迫等待。同样,进程输出时把信息送到输出缓冲区,当缓冲区满时,操作系统将缓冲区内容传到相应的物理设备上去。

当进程运行频繁,又有大量的输入输出时,可以使用两个缓冲区技术或多个缓冲区技术,以求主机与外设并行操作。

3. 缓冲池结构

把输入输出缓冲区统一起来,形成一个既能用于输入又能用于输出的缓冲区,称为缓冲池。缓冲池中存在三种类型缓冲区:输入数据缓冲区;输出数据缓冲区;空白缓冲区。

它们都通过链接指针分别链成三个队列(图 3-26),即输入队列(in)、输出队列(out)以及空白队列(em)。

当输入设备通过通道要求输入数据时,系统从空白缓冲区链中取出一个缓冲区,收容输入数据,并将它挂在输入队列末尾。

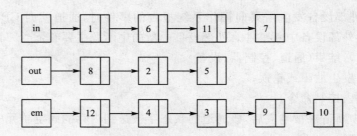

图 3-26   三种类型缓冲区

当进程要求输出数据时,从空白队列中取出空白缓冲区,作为收容输出缓冲区,并将它挂在输出队列末尾。

当进程取用完输入数据,或外设处理完输出数据后,就将这部分数据缓冲区挂到空白缓冲区队列末尾。

3.5.3   设备处理程序

一旦要求 I/O 的进程在设备分配程序工作下,为其分配了设备及相应的控制器和通道后,设备处理程序为它实现 I/O 操作。设备处理程序主要完成下述功能:

(1)使处理器通过发 I/O 指令,去启动指定的 I/O 设备,进行 I/O 操作。

(2)当 I/O 操作完成或发生其他事件时,I/O 设备向处理器发出中断请求,要求处理器进行相应处理。

在设置有通道的计算机系统中,I/O 操作是由通道通过运行通道程序来完成的,对于不同的设备,应运行不同的通道程序,因此设备处理程序应具备根据不同的 I/O 要求构成相应的通道程序的功能。总之,使处理器与外部设备之间进行通信是设备处理程序最基本的任务。

设备处理程序的工作方式:设备处理程序是一个进程,平时该进程处于阻塞状态,仅当有 I/O 请求或 I/O 中断时才被唤醒。唤醒后,首先分析被唤醒的原因,若是中断请求,则再进一步判别中断的原因后转入相应的中断处理程序;若唤醒的原因是用户的 I/O 请求,则编制通道的程序,然后启动指定的 I/O 设备进行 I/O 操作。当 I/O 操作完成后,它又回到起始位置收集信息,若无新的信息,则把自己阻塞起来。

3.6   存 储 管 理

存储器资源是计算机系统中最为重要的资源之一,也是系统进程和用户进程争夺最激烈的资源。如何更好地管理和合理地使用计算机的存储器,是存储管理研究的核心问题。存储管理的好坏,直接影响到整个计算机系统的效率。

存储管理的对象是内存储器以及作为内存的扩展和延伸的外存(辅存)。内存用来临时存放系统运行时所需的信息,它具有存取速度快和随机存取的特点,但容量一般较小,价格也较昂贵。磁带、磁盘、光盘等称为外存储器(简称外存),外存用来存放永久信息,它具有容量大和非随机存取的特点,但存取速度较慢。

存储管理的目标是为程序设计人员提供方便、安全和充分大的存储空间。所谓方便，指的是将逻辑地址和物理地址分开,程序设计人员在各自的逻辑空间内编程,不必过问实际存储空间分配的细节。所谓安全,指的是同时驻留在内存的各个进程相互之间不会发生干扰。所谓充分大,指的是用户程序需要多大的内存空间,系统就能提供多大的空间,这是通过虚存管理实现的。

一般来说,存储管理有以下几种主要的功能:①存储空间的分配和回收;②地址映射,就是把程序使用的地址映射成内存空间地址;③内存保护,就是系统必须保证内存中的进程不相互干扰,以免影响整个系统的稳定性、可靠性。

3.6.1 基本概念

1.地址空间和物理空间

（1）地址空间（也称逻辑空间）

为了程序的独立性,一般程序设计人员编制的源程序是由符号指令、数据说明和输入输出操作说明组成的。这种源程序所在的空间称为名空间,如图 3-27(a)所示。当源程序经编译后把源程序转换成计算机指令和数据组成的目标程序,目标程序的地址不是内存真正地址,而是逻辑地址。一个用户作业目标程序的逻辑地址的总体称为该作业的地址空间,如图 3-27(b)所示。地址空间可以是一维的,也可以是二维的。在一维地址空间中,逻辑地址用 $0,1,2,\cdots,n$ 表示;在二维地址空间中,整个用户作业被分为若干个段,每一个段有不同的段号,段内的逻辑地址从 0 开始。由于逻辑地址的单元编号均相对于起始地址给出,所以逻辑地址也叫相对地址。

（2）物理空间（也称存储空间）

物理空间是指内存中一系列存储信息的物理单元的集合,是内存中真实地址(即物理地址)的总体,是由存储器总线扫描出来的空间。这些单元的编号称为物理地址或绝对地址。它的大小取决于实际的内存容量,如图 3-27(c)所示。

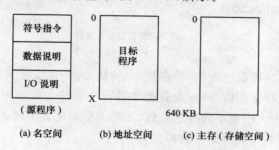

图 3-27　地址空间和物理空间

2.重定位

在设计程序时,程序设计人员使用的是逻辑地址空间,没有必要也不会考虑程序在内存中的物理地址。当用户的程序调入内存实际运行时,操作系统再将地址空间的逻辑地址映射到存储空间的物理地址,这一过程称为重定位。

重定位主要发生在以下两种情况下:一是当某程序装入内存运行时,根据其所获得的空间位置将程序的逻辑地址映射成相应的物理地址,以便将该程序定位在其所获得的物理空间内;二是在程序的运行过程中,如果系统移动了其在内存的位置,需要将程序的逻辑地址重新映射成新的物理地址。

根据地址映射的时间和采用的技术手段,可把重定位分成两类:静态重定位和动态重定位。

(1)静态重定位

如果地址映射是在程序运行前由编译、连接、装配程序一次完成的,叫做静态重定位。静态重定位要求事先知道程序将放在内存的什么地方。地址映射的方法是将程序中的所有逻辑地址,包括指令本身的地址和指令中的操作数的地址(它们都是相对于 0 编址的)逐个变换成物理地址。

(2)动态重定位

若地址映射是在程序运行时进行的,就叫动态重定位。一般的,静态重定位由连接装配程序完成,而动态重定位由硬件提供的地址映射机构再加上软件的配合来实现。这个地址映射机构通常由一个公用的基址寄存器构成,寄存器中存放实际分配的存储器起始地址,在指令运行之前,指令中与地址有关的重定位项均与该寄存器中的基准地址相加,形成真正的物理地址。所以基址寄存器也称为重定位寄存器。如图 3-28 所示。

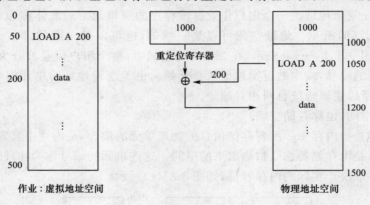

图 3-28　动态重定位示意图

3.虚拟存储管理

主机直接访问的存储器速度快,但容量小、价格高;外存容量大、价格低,但速度慢,尤其当作业大小大于主存空间时,该作业就无法运行。如何合理组织这两种存储器以充分发挥各自的长处,解决大作业小内存的矛盾,是存储管理需要解决的问题之一。虚拟存储管理就是用软件的方法实现存储器的扩充。

虚拟存储器(简称虚存)是指一种实际上并不存在的虚假存储器,是由内存和外存连接成的存储器。其基本思想是把当前正在使用的部分保留在内存中,其他暂时不用的部分放在外存,运行时根据需要由操作系统把保存在外存的部分调入内存。虚存是逻辑上的概念,是一个比实际内存空间大得多的存储空间,也就是程序的逻辑地址的集合所对应的存储空间。

虚拟存储器的容量只与 CPU 的地址结构有关,若 CPU 的地址是 20 位,则程序可寻址范围是 1 MB;Pentium II 芯片的地址位是 64 位,那么程序可寻址范围是 16 GB。

向用户提供一个比实际内存大得多的逻辑内存是十分具有诱惑力的。不过,虚拟存储器的实现是以占用 CPU 的时间为代价的,也就是所谓的"以时间换取空间",过多地对换显然会降低计算机系统的性能,此时,增加物理内存数量则是提高系统性能的最好方法了。

3.6.2 存储管理方式

存储管理主要有以下几种方式,即单一连续区分配、分区式分配、分页式分配、分段式分配和段页式分配。

1.单一连续区分配

单一连续区分配是一种最简单的存储管理方式,整个存储空间(除操作系统外)均归一个用户作业使用。通常操作系统驻留在存储空间的顶部或底部。如图 3-29 所示。

该方式的主要优点是简单、容易实现。主要缺点是存储器浪费严重;处理器利用率低。

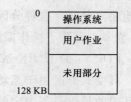

图 3-29 单一连续区分配示意图

2.分区式分配

分区式分配分为固定式分区分配、可变式分区分配、可重定位分区分配和多重定位分区分配。

分区管理的基本思想是:把内存空间静态地或动态地划分成若干个大小不等的区域,每个作业分配一片连续的存储空间,程序一次整体装入。

(1)固定式分区分配

固定式分区分配是在处理作业之前,存储器被分割成若干个大小不等的区域。分区的数量和大小在运行期间不变。

实现方法:建立一分区说明表,表中给出分区的数量、各分区的大小、起始地址和使用情况。通常,用户要为它的作业规定所需的最大存储量,然后由系统查找分区说明表,找到一个足够大的分区分配给它。

图 3-30 是一个有四个固定分区的分区管理过程的示例。

区号	大小	始址	状态
1	8 KB	20 KB	已使用 A
2	32 KB	28 KB	已使用 B
3	64 KB	60 KB	已使用 C
4	132 KB	124 KB	未分配

分区说明表

图 3-30 主存空间分配情况

　　这种方式的主要优点是:简单易行,并支持多道作业共享主存。但是由于作业需要的存储量和分区大小一般都不会恰好相等,这样实际上每个分区都有一部分空间被浪费了,即产生"碎片",通常称为内零头问题。

　　单用户单任务操作系统 MS-DOS,采用的就是固定式分区内存管理方式。IBM 公司的大型机系统 OS/360 也使用了这种方法。现在这种方法已经被逐渐淘汰了。

　　(2)可变式分区分配

　　可变式分区分配是为了克服固定分区造成的存储空间的浪费而提出来的。可变式分区分配是指主存事先并未划分成一块块分区,当作业进入主存时,根据作业的实际需要动态地建立分区。这种分区分配的特点是分区的个数和大小都是可变的。在系统初始启动时,整个主存除了操作系统区以外,其余部分都是一个空白分区。

　　PDP-11 的 UNIX 系统存储管理技术属于这种类型。

　　可变式分区由于是动态分配内存,需要建立已分配区表和空白区表,如图 3-31 所示,而且表的长度是不固定的,随着系统运行过程的推移,随时增加或删除表中内容。

区号	大小	始址	状态
1	8 KB	312 KB	已使用
2	32 KB	320 KB	已使用
3	120 KB	384 KB	已使用
…	…	…	…

(a)已分配区表

空白区号	大小	始址	状态
1	32 KB	352 KB	可用
2	520 KB	504 KB	可用
…	…	…	…

(b)空白区表

图 3-31　已分配区表和空白区表示意图

　　图 3-32 表示在可变式分区分配方式下,系统在处理一批作业时申请和释放分区的情况。

　　由图 3-32 可以看出,可变式分区避免了固定分区中每个分区都可能有剩余空间的情况。但是由于它的空闲区域仍是分散的,即仍有分散在各处的碎片存在,因此,有可能出现这种情况:内存中所有空闲区的总和(即全部碎片空间)虽然可以容纳一个作业,但因为每个空闲区的大小都小于要进入的作业的大小,因此这些空闲区不能被利用,从而造成空间的浪费。例如,图 3-32 中撤销作业 2、3 以后,剩余空间的总和是 296 KB,现有一个140 KB 的作业 7 申请进入,但不能将其调入内存运行,因为此时最大的剩余空间仅有136 KB。由此可见,可变式分区分配还存在较突出的碎片问题,通常称为外零头问题。

　　这种方式的优点是:分区的大小和个数可以满足作业的需求,能比较有效地使用内存,分配较为灵活。

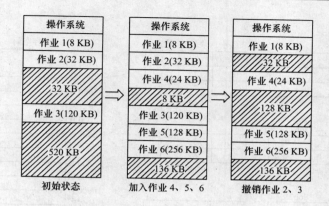

图 3-32 可变式分区的申请和释放示意图

3. 分页式分配

(1)分配方式

分页式存储管理的基本思想是:将每个进程的地址空间按固定大小(如 2 KB 或 4 KB 等)分成若干个相等的页,并用 0、1、2…序号表示,叫做页面;同时,把内存空间也按同样大小分为若干个相等的块,也用 0、1、2…序号表示,叫做块。在对进程进行存储分配时,将进程的页面映射到内存的块上,这些页面可以不连续。用户程序的页数可以大大超过内存的总块数,正在使用的页面在内存中,暂时不用的页则放在磁盘中。

(2)建立页面映像

由于一个作业的各页并不全部在内存中,并且每个作业在内存中的页面可能分散在内存各块中,为此系统为每个作业建立一个页面映像表(简称页表或 PMT 表),页和块之间的映射是通过页表来实现的。当进程要访问某个虚地址时,系统以此为根据判断该页是否在内存以及若在内存判断在哪一块中。

页表中包括:页号(从 0 开始记数)、块号(该页面在内存中的块号)、状态(表示该页是否在主存中,1 表示在,0 表示不在)。

(3)地址转换

当一作业运行时,必须对装入内存各块的虚地址进行动态重定位。为实现地址转换,需要以下硬件机构支持:

①地址转换机构

将逻辑地址分解成页号 P' 和页内单元号 d,将物理地址分解成块号 P 和单元号 d。为了分解方便,通常选择页(块)的大小为 2 的幂次,例如选 $(512)_{10}$ 字节为一页,即相当于 $(1000)_8$ 字节,若逻辑地址为 $(1320)_8$,可分解得 $P'=1,d=320$。

②页表地址寄存器

现以图 3-33、图 3-34 说明地址转换过程。当 CPU 运行一条访问内存指令时,硬件地址转换机构把逻辑地址 1320 分解成页号 $P'=1$,单元号 $d=320$,以 P' 为索引,通过对页表查找,找出对应的表目中的状态,若状态为"1",将该页对应的块号送入地址转换机构 P 中与单元号拼成内存实际地址号,因此要访问的实际地址为 10320。若状态为"0",表明此页不在内存中,系统将产生缺页中断,停止运行该用户程序,由存储管理模块将该页调入内存。

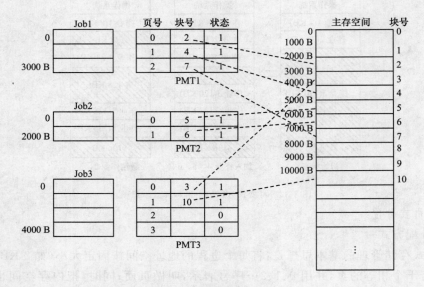

图 3-33　页面映像

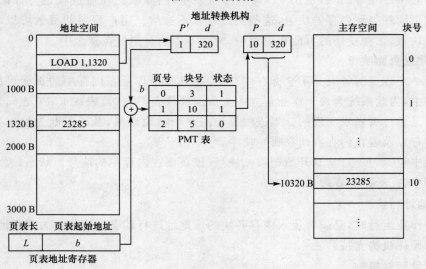

图 3-34　页式地址转换

（4）页面替换算法

正在运行的进程需要的页面需要放置到内存里面,由于内存容量的限制,常常需要从内存淘汰一些页面,但应将哪些页面调出,需要根据一定的算法来确定,通常把选择换出页面的算法称为页面替换算法。替换算法的优劣,将直接影响到系统的性能。常见的页面替换算法有：

①随机替换算法

该算法在选择淘汰页面时,是按照计算机生成的一个随机数来确定的,虽然这种算法在替换页面时没有什么合理性可言,然而其特点是实现简单,在内存容量很大的情况下,随机替换算法也是切实可行的算法。

②先进先出(FIFO)算法

该算法总是淘汰最先进入内存的页面。它认为最先进入内存的页面,不再被使用的可能性最大。然而,在很多情况下该算法与进程运行的实际情况不符,有些页面虽然进入内存较早,但是却经常被访问到。

③最近最少使用(Least Recently Used,LRU)算法

LRU 算法的原则是选择内存中最近最久未被使用过的页面进行替换。这种算法考虑了内存中页面被使用的历史信息,符合局部性原理,但是实现这种算法需要花费很大的工作量,增加了较多的额外开销。

④最不常用(Least Frequently Used,LFU)算法

这种算法的原则是选择内存中近期被访问次数最少的页面进行替换。

⑤最佳(Optimal)替换算法

最佳替换算法并不是考虑内存的历史使用信息,而是考虑未来时间内进程使用内存的情况,其算法思想是选择一个在未来时间内不再使用的页面进行替换。该算法是一种理想化的算法,具有最合理的设计思想和最好的性能,但是却很难实现,因此该算法主要用作评价其他替换算法的标准。

4. 分段式分配

前面所介绍的各种存储管理技术,用户作业的地址空间都被连接成一个一维的线性地址空间。但当前程序设计一般都采用模块化结构,即由一个主程序、若干个子程序和数据区等部分组成。人们希望按照模块来划分存储空间,这样既便于作业运行,也便于模块共享。

(1)分配方式

我们把每个作业地址空间按照程序自身的自然逻辑关系划分的各个部分称做"段",每个段可以有自己的段名,并规定一个段号,每一个段内又从 0 开始计数。这样,用户程序的逻辑地址空间变成了二维地址空间,即段号 S 和段内地址 W,如图 3-35 所示。

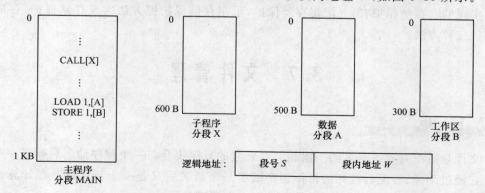

图 3-35 分段式分配

我们以"段"为单位进行内存管理,每段分配一块连续分区,一个作业的各段在主存的各分区不要求连续。

（2）段表

段表和段地址寄存器与分页式管理一样，为了记录各段在内存中的存储位置及长度，以便进行虚拟地址到实地址的转换，分段存储管理对每个进程建立一个段映像表（SMT表），简称段表。

段表包括：段号、段的长度、段在主存中起始地址、段的状态和存取权限等。

类似分页式管理，系统还需要设立一个段表地址寄存器以保存进程的段表在内存中的起始地址 b 和段表的长度 L。

（3）地址转换

以图 3-36 为例，当作业要进行存储访问时，由硬件地址转换机构将段式地址空间的二维地址转换成实际内存地址。

若状态位为"1"，表示该段在内存，即可得到要访问的内存地址。若状态位为"0"，则产生缺段中断，由存储管理模块把要求的段调入内存中。

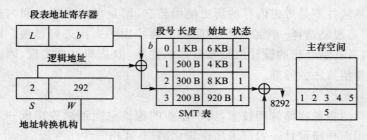

图 3-36　段式地址转换示意图

分段与分页的区别在于"段"式信息的逻辑单位，是由程序设计人员规定的，其长度随程序的不同而变化；而分页式管理中的页面，对用户和程序员来说都是不可见的，一切都由操作系统和硬件相互配合完成，确定页的长度，进行分页等。

5. 存储保护

除了存储管理分配方式，还要加强存储保护，存储保护通常是由软件与硬件的相互配合来实现的。存储保护有：界限寄存器保护，采用存储保护键方法实现存储保护，存取控制保护三种方法。

3.7　文 件 管 理

3.7.1　概　　述

文件是一个具有符号名的一组相关联元素的有序集合。一个程序命名后就是一个文件。它经过编译、装配后得到的目标程序赋予一个新名后又是一个新文件。在计算机系统中的各种程序、数据等都是以文件方式存在和管理的。

文件可以是有结构的，并且对数据项进行说明。例如在数据库中的文件（关系）是由记录构成的，而记录是由各个数据项组成的，而每个数据项又是有不同的数据类型的。另一种文件则是无结构的、无解释的。例如，我们编写的程序和使用的数据就是这样的文件,它们是以行为存储单位和编辑单位,每行则是以字符流组成的,这样的文件也叫流式文件。在操作系统中讨论的文件是流式文件。

文件可分成不同的种类,若按其性质和用途可分为三类:

①系统文件:是操作系统及其他系统程序组成的文件。用户通过操作系统才能使用这些文件。

②库文件:是由标准子程序和应用程序所组成的文件。用户只可以调用,但无权进行修改。

③用户文件:由用户信息(源程序、目标程序、数据、计算结果等)组成的文件。这些文件由文件拥有者进行读写或运行,其他用户按授权范围使用此文件。

按存取保护可分为四类:

①执行文件:用户可以执行此程序,但不能读也不能修改。

②只读文件:允许文件授权者读出、执行,但不准修改。

③读写文件:文件授权者可以读写此文件。

④不保护文件:文件可以被任一用户读写、运行。

文件授权者对文件的权限由文件的所有者(文件主)或系统授予。

还可以从不同的角度把文件分为:临时文件、永久文件、档案文件、输入文件、输出文件、输入输出文件等多种文件。

文件系统就是指在操作系统中与文件管理有关的那部分软件和被管理的文件及所需的一些数据结构的总体。具体来讲,它负责为用户建立文件;存入、读取、修改、转储文件;控制对文件的存取,实现“按名存取”。

有了文件系统,它可为用户提供以下的服务:

①实现按名存取操作,方便用户。

②提供各种对文件的保护措施。

③提供一致的存取接口。

④解决命名冲突和提供文件共享。

3.7.2　文件的结构与存取方法

文件的结构就是文件中信息的组织方式。用户和系统常常从不同的角度看待一个文件,一般用户是从文件的编制组织角度来看待文件,称为文件的逻辑结构;而系统程序人员则需要考虑文件在外存中的存取方式,称为文件的物理结构。文件的逻辑结构和文件的物理结构的映像关系如图 3-37 所示。

1. 文件的逻辑结构

操作系统中文件的逻辑结构通常有两种形式:

(1)无结构的流式文件

它是由一串连续的字符序列组成。如 UNIX 系统中的文件逻辑结构即属于这种文件。

(2)有结构的记录式文件

文件由若干个记录组成,这些记录顺序编号。若各记录长度相等称为定长记录文件,否则为不定长记录文件。

2.文件的物理结构

文件是驻留在某个物理介质上的,物理介质一般分为若干个物理块,它是文件存储器与主存之间交换信息的基本单元。文件的物理结构是指文件在外存上的组织形式。文件的物理结构一般有三种类型:连续结构、链接结构和索引结构。

(1)连续结构

也称顺序结构,这是最简单的文件结构形式,即把逻辑上连续的文件存放在一个连续的物理介质上,它的结构形式如图 3-38 所示。这种结构的特点是一旦知道文件存储的起始地址和长度后,就可以很快找到所需的记录。

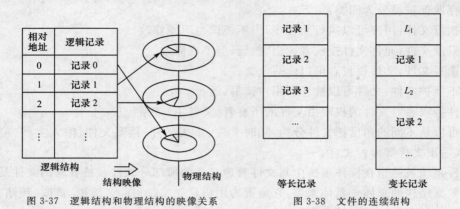

图 3-37 逻辑结构和物理结构的映像关系   图 3-38 文件的连续结构

对于等长的记录文件,可以按记录顺序存放;对于变长的记录文件,则应将每条记录的长度 L_i 存放在记录中。

连续结构有以下特点:

①必须预先提供最大长度,以便系统分配足够的外存空间。

②如果要增加新的记录,只能放在文件的尾部,不能插入或删除某个记录。

(2)链接结构

这种文件结构形式不需要连续存放的物理空间,文件可以分别存放在物理介质的不同块中,块与块之间通过指针取得联系。这种结构形式插入、删除某一记录比较方便,用户不必事先声明文件的最大长度。这种文件存取时必须从第一块地址开始顺序检索。链接结构如图 3-39 所示。

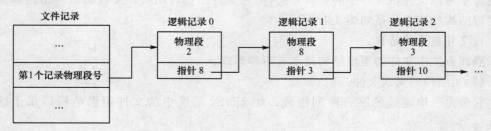

图 3-39 文件的链接结构

（3）索引结构

上述两种文件结构适用于顺序存取方式，而当用户需要随机访问文件中任意一个记录时，应采用索引结构。

索引方法是将文件的全部记录分别存放在物理介质的不同块中，系统为每个文件建立一张索引表，表中记录了每个文件记录的长度，逻辑记录号及其在外存中的位置，如图3-40所示。索引表的指针存放在此文件的说明表中，这种结构有利于进行随机存取。

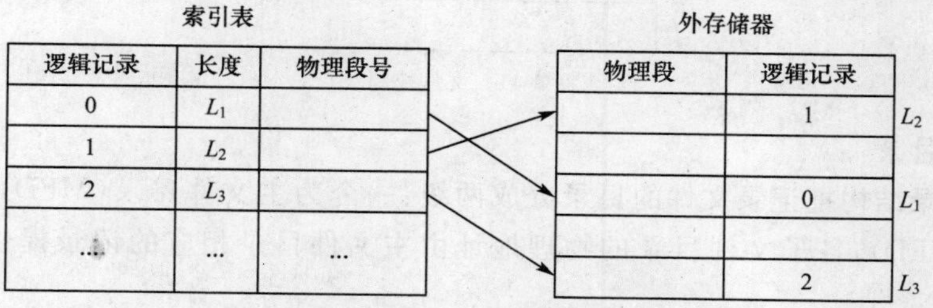

索引表

逻辑记录	长度	物理段号
0	L_1	
1	L_2	
2	L_3	
...	...	...

外存储器

物理段	逻辑记录	
	1	L_2
	0	L_1
	2	L_3

图 3-40　文件的索引结构

3. 文件的存取方法

程序员按文件的逻辑结构访问文件，一般可以有两种形式：

（1）顺序存取

每次存取在上次存取的基础上进行。例如，对于记录式文件，它总是在上次存取的基础上顺序存取下一个记录。而对于流式文件，则按读写指针的当前位置顺序存取文件的一串字符。

（2）随机存取（直接存取）

以任意次序随机存取文件中某一个记录，对于流式文件，需要把读写指针调整到要访问的位置。同时，随机存取技术的具体实现还与存取文件的物理介质结构有关。

3.7.3 文件的目录结构

文件是用来记录信息的，而目录却是用来记录文件的。在许多操作系统如 UNIX、MINIX、Linux 等中，目录也被看做是一种文件。文件系统通过文件目录来管理所有的文件，文件目录管理程序负责系统中所有文件目录的编排、维护等工作。

在每一个文件建立时，系统要为每个文件建立一个文件控制块（FCB），FCB 应包含该文件的内部符号名、所在的物理地址等信息，如图 3-41 所示。当用户要存取某个特定的文件时，系统通过查找这个文件的 FCB，取得所在物理地址以完成存取操作。文件目录是文件 FCB 的集合，它提供了用户和文件系统之间的接口。

文件目录按系统的大小，可分为单级目录（又称简单文件目录）、二级目录及多级目录。

1. 单级目录

将外存中所有文件的控制块集合成一个目录表，每当建立一个文件时，在目录表中增加一个控制块；撤销一个文件时，从表中抹去该文件的控制块。每当要访问文件时，先到目录中查找文件名，然后再按控制块的说明去查找。单级目录结构一般把一个卷组作为一个目录表,目录表可以存放在外存固定区中,使用时把它调入内存。

| 文件名 |
| 内部符号名 |
| 存取方式 |
| 物理位置 |
| 存取保护 |
| ... |

图 3-41　文件控制块

2.二级目录

这种目录结构把记录文件的目录分成两级:一个为主文件目录(MFD),另一个为子文件目录(UFD),各子文件目录的物理地址由主文件目录相应的记录提供。如图 3-42 所示。

在多用户系统中采用二级目录办法比较安全、方便。这时,不同用户可以在主文件目录中建立相应的子文件目录,同时,不同用户可以使用同一文件名称而不会引起混淆。

3.多级目录

在二级目录启示下,出现了多级目录,其中任何一级目录的一项可以是下一级目录,也可以是一个具体的文件,它的结构形式为树形结构,主文件目录也称为根目录,如图 3-43 所示。

多级目录结构比较适合实际应用,但查找文件时要经过若干次间接查询才能最后找到,比较费时间。为此,引进了"当前目录"来克服这一缺点,即由用户指定,在一定时间内某一级目录作为当前目录,用户只需从"当前目录"查起即可。

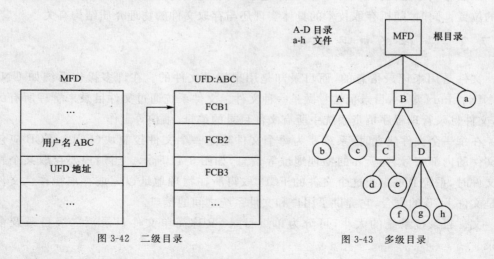

图 3-42　二级目录　　　　图 3-43　多级目录

3.7.4　文件存储空间的管理

根据文件的物理结构不同,文件在外存中存放的方式有连续和不连续两种。在多用户系统中,物理存储器为系统本身及各用户所共享,因此,对于文件存储空间的有效分配,是所有文件系统要解决的一个重要问题。这在许多方面与主存的管理很相似。常用的技术有以下几种。

1. 空白文件目录

我们把一个连续的未分配区称为"空白文件",系统为所有的"空白文件"建立一个目录。目录表的内容见表 3-4。

表 3-4　　　　　　　　　　　　　　　　　　空白文件目录表

序号	第一个空白块号	空白块个数	物理块号
1	2	4	2,3,4,5
2	9	3	9,10,11
3	15	5	15,16,17,18,19
4	—	—	—

当请求分配存储空间时,系统依次扫描空白文件目录表,直到找到一个合适的空白文件为止。当用户撤销一个文件时,系统收回空间。这种分配技术适用于建立连续文件。

2. 空白块链

空白块链是一种比较常用的空白块管理办法。空白块链把文件存储设备上的所有空白块链接在一起,在每一个空白块中设立一个链接用指针(通常放在该块的最后一个单元中)指示下一个空白块的位置,并设置一个头指针指示第一个空白块的位置。当申请者需要空白块时,分配程序从链头开始摘取所需要的空白块,然后调整链首指针。反之,当回收空白块时,把释放的空白块逐个插入链尾上。

这种方法的优点是只要求在主存中保存一个指向第一个空白块的指针,从而节省了空白区映像表文件所占空间,且分配和释放文件空间不需查表。其缺点是工作效率低,因为每当在链上增加或移去空白块时需要做很多的输入输出操作。

一种改进的方法是将空白块分成若干组,再用指针将空白块组依次链接起来。这种成组链接的方法,在进行空白块的分配和回收时比普通空白块的链接方法要节省时间。

3. 位 示 图

位示图又称盘图。系统为文件存储空间建立一张位示图,如图 3-44 所示。位示图反映整个存储空间分配情况。

	0	1	2	3	4	5	6	7	8	9	10	11	12	13	14	15
0	1	0	0	0	1	1	0	0	0	1	1	1	1	1	0	1
1	0	0	1	0	0	0	1	1	1	1	1	1	1	1	1	1
2	1	1	0	0	0	1	1	1	1	1	0	0	1	0	0

...

图 3-44　位示图

其中,每一位对应一个物理块,图中"1"表示对应块已分配,"0"表示对应块为"空白"。

3.7.5　文件的共享与文件系统的安全性

文件的共享和安全性是一个问题的两个方面。所谓共享,是指在不同的用户之间共同使用某些文件。实现文件的共享是文件系统的重要功能。但是,为了系统的可靠性、用户的安全性,文件的共享必须是有控制的。因此目前的计算机系统,既为用户提供了共享的便利,又充分注意到系统中文件的安全性和保密性。

1. 文件的共享

实现文件的共享有三种方法:①由系统实现对文件的共享;②采用基本文件目录和符号文件目录;③对需要共享的文件进行链接。

2. 文件的存取控制

系统中的文件既存在保护问题,也存在保密问题。所谓"保护"是指避免文件拥有者或其他用户因有意或无意的错误操作使文件受到破坏。所谓"保密"是指文件本身不得被未授权的用户访问。这两个问题都涉及每一个用户对文件的访问权限,即所谓文件的存取控制。

实现对文件的存取控制,通常有四种主要方法:①存取控制矩阵;②存取控制表;③用户权限表;④口令。

3.7.6　文件的使用

由于计算机系统中文件很多,文件目录也很长,不可能将全部目录放在主存中,通常以目录文件形式存在外存上。当要查找某个文件时,必须把目录逐块读入主存,如果查找频繁,将大大增加通道的压力。为了解决这一问题,采用活动文件表和活动符号名表。

文件系统为用户使用文件提供了一个接口。这个接口可以灵活、方便、有效地对文件作各种操作。这些操作是以系统调用方式来实现的。它们一般有:建立文件、打开文件、关闭文件、读写文件、修改文件、删除文件等。

习　题

一、选择题

1. 在计算机系统中,允许多个程序同时进入内存并运行,这种方法称为(　　)。

A. SPOOLing 技术　　　　　　　　　B. 虚拟存储技术

C. 缓冲技术　　　　　　　　　　　　D. 多道程序设计

2. 在操作系统中,当(　　)时,进程从运行状态转变为就绪状态。

A. 进程被进程调度程序选中　　　　　B. 时间片到

C. 等待某一事件　　　　　　　　　　D. 等待的事件发生

3. 文件系统的主要目的是(　　)。

A. 实现对文件按名存取　　　　　　　B. 实现虚拟存储

C. 提高外存的读写速度　　　　　　　D. 用于存储系统文件

4. 通过硬件和软件的功能扩充,把原来独立的设备改造成能为若干用户共享的设备,这种设备称为(　　)。

A. 存储设备　　　　B. 系统设备　　　　C. 虚拟设备　　　　D. 用户设备

5. 批处理操作系统,在作业运行过程中,(　　)的内容反映了作业的运行情况,并且是作业存在的唯一标志。

A. 作业状态　　　　B. 作业类型　　　　C. 作业控制块　　　　D. 作业优先级

6. 计算机操作系统中,若 P、V 操作的信号量 S 初值为 2,当前值为 -1,则表示有(　　)等待进程。

A. 0 个　　　　B. 1 个　　　　C. 2 个　　　　D. 3 个

7. 从资源管理的角度看,操作系统的进程调度是为了进行(　　)。

A. 输入输出管理　　B. 作业管理　　　C. 处理器管理　　　D. 存储器管理

8. 实时系统必须首先考虑的是(　　)。

A. 高效率

B. 及时响应和高可靠性、安全性

C. 有很强的交互会话功能

D. 可移植性和使用方便

9. 分时系统追求的目标是(　　)。

A. 高吞吐量　　　　B. 充分利用内存　　C. 快速响应　　　　D. 减少系统开销

10. CPU 输出数据的速度远远高于打印机的打印速度,为解决这一矛盾,可采用(　　)。

A. 并行技术　　　　B. 通道技术　　　　C. 缓冲技术　　　　D. 虚拟技术

二、简答题

1. 什么是操作系统?

2. 操作系统的功能是什么?

3. 批处理操作系统、分时系统和实时系统各有什么特点?

4. 当前常用微机操作系统有哪些? 各有什么特点?

5. 什么是网络操作系统? 当前流行的网络操作系统是哪一种?

6. 操作系统的特点有哪些?

7. 处理器管理主要解决什么问题?

8. 什么是进程?

9. 进程的组成有哪些?

10. 画出进程的基本状态转换图。

11. 什么是进程的同步和互斥? 什么是临界资源? 什么是临界区?

12. P、V 操作过程各是什么? P、V 原语有哪些应用?

13. 进程通信的含义是什么?

14. 为什么要在操作系统中引入线程?

15. 线程具有哪些属性?

16. 为了在多线程操作系统中实现线程之间的同步与通信,通常提供了哪些同步机制?

17. 用于实现线程同步的私用信号量和公用信号量之间有何差异?

18. 什么是内核支持线程和用户级线程?

19. 什么是作业、作业步、作业流?

20. 作业调度的主要功能是什么?

21. 常用的作业调度算法有哪几种?

22. 何为作业控制块? 其作用是什么? 它们由谁建立? 在什么时候建立和撤销? 它们至少包含哪些内容?

23. 假设有五道作业,它们的提交时间及运行时间由表 3-5 给出。

表 3-5　　　　提交时间及运行时间

作业号	提交时间（时）	运行时间（小时）
1	10：00	0.30
2	10：20	0.50
3	10：40	0.10
4	10：50	0.40
5	11：20	0.10

求在单道方式下运行，采用"先来先服务"算法，计算该组作业的平均周转时间 T 和平均带权周转时间 W。

24. 作业控制有哪些方面的作用？

25. 系统有输入机和行式打印机各一台，均采用 P-V 操作来实现对它们的请求和释放。现有两个进程都要用它们。你认为还会产生死锁吗？若否，说明理由；若会，举例说明，并给出一种预防死锁的办法。

26. 为什么要引入通道？

27. 设备管理的功能是什么？

28. 怎样把一台物理设备虚拟为多台虚拟设备？

29. 名词解释：名空间，地址空间，存储空间。

30. 为什么要引入虚拟存储器概念？虚拟存储器的容量由什么决定？存储分配有哪几种方式？

31. 虚拟存储的实质是什么？

32. 文件的逻辑结构和物理结构各指什么？文件在外存上的存储方式有几种？它与文件的存取有何关系？

33. 文件目录是什么？有几种形式的目录结构？各有什么特点？

34. 用于文件空间管理的位示图应保存在内存还是外存？

第 4 章

面向对象程序设计

自 20 世纪 80 年代以来,面向对象的方法与技术已受到计算机领域的专家、学者、研究人员和工程技术人员越来越广泛的重视。80 年代中期相继出现了一系列描述能力较强、运行效率较高的面向对象的编程语言,以抽象数据类型、模块封装和内部信息隐藏为主要特征,标志着面向对象的方法与技术开始走向实用。80 年代末到 90 年代,一个意义更为深远的动向是,面向对象的方法与技术向着软件生命周期的前期阶段发展,即人们对面向对象方法的研究与运用,不再局限于编程阶段,而是在系统分析和系统设计阶段就开始采用面向对象方法。这标志着面向对象方法已经发展成一种完整的方法论和系统化技术体系。

本章首先介绍面向对象思想的由来及技术的发展、面向对象方法学、面向对象的基本概念,接着讨论并比较面向对象程序设计,然后结合 C++、Java 介绍面向对象的编程。

4.1 面向对象概述

面向对象的概念可以追溯到 20 世纪 70 年代程序设计方法学中的抽象数据类型,以模块封装和内部信息隐藏为主要特征。面向对象的方法是一种新的思维方法,它不是把程序看做是工作在数据上的一系列过程或函数的集合,而是把程序看做是相互协作而又彼此独立的对象的集合。每个对象就像一个微型程序,有自己的数据、操作、功能和目的。因此,这样的程序易于理解和维护。这一概念在软件工程中广泛应用是在 20 世纪 80 年代初 Smalltalk 语言出现之后。

4.1.1 面向对象思想的由来及技术的发展

1. 为什么要面向对象

随着计算机应用的不断广泛,人们越来越希望不经专门训练,就能直接与计算机进行交互。Niklans Wirth 提出的"算法+数据结构=程序设计"在软件开发进程中曾产生了深远的影响,但随着软件系统的规模越来越大,复杂性不断增长,以致人们不得不对"关键数据结构"重新评价。在这种系统中,许多重要的过程和函数的实现都严格依赖于关键数据结构,如果这些关键数据结构的一个或几个数据有所改变,就会涉及整个软件系统,许多过程和函数必须重写,甚至因为几个关键数据结构改变,导致软件系统整个结构彻底崩溃。

此外,传统的结构化分析与设计方法的根本不足在于功能分析与数据分析之间的不一致性和不协调性。系统的数据流和控制流反映系统两个不同方面的本质特性,在进行数据分析和功能分析中采用了不同的概念和方法。

再有,与 20 世纪六七十年代的面向正文的批处理操作系统相比,现今的联机交互式系统把更多的注意力放在用户界面上。有些观察家,如 SUN 公司的 Bill Joy 论证当今系统高达 75% 以上的代码是与用户界面有关的。例如,窗口、下拉式菜单、各种图形符、鼠标移动等。对这样的系统,面向对象的方法较结构化的分析设计方法,是处理这种面向用户系统的更自然、简单的方法。于是,人们开始寻求一种更能反映人类解决问题的自然方法时,"面向对象"技术便应运而生了。

所谓"对象"就是对现实世界实体的正确抽象,它是把描述内部状态、表示静态属性的数据,以及可以对这些数据施加的操作,封装在一起所构成的统一体。对象之间通过传递消息互相联系,以模拟现实世界中不同事物彼此之间的联系。

简单地说,面向对象就是用对象的观点和概念来分析解决问题的一种思维方法。

2. 面向对象技术的发展及特点

自从面向对象语言 Smalltalk 出现以来,面向对象技术的研究已遍布计算机软硬件各个领域,如面向对象语言,面向对象程序设计学,面向对象操作系统,面向对象数据库,面向对象软件开发环境,面向对象硬件支持,面向对象的计算机体系结构等。由于面向对象技术在软硬件开发方面呈现出巨大的优越性,人们将其视为解决软件危机的一个很有希望的突破口,从而使面向对象技术的研究和应用成为当今计算机技术研究和应用的一个相当活跃的领域。面向对象的思想与技术之所以受到当今各个方面的重视,是因为它具有如下良好的特点:①模块性;②封装功能;③继承性;④易维护性;⑤扩充性。

3. 对象分类方法

面向对象方法学支持从一般到特殊的演绎思维过程和从特殊到一般的归纳思维过程。

例如,动物世界可以由分类图示(图 4-1)表示。其中,每个结点代表一类动物,括号内的文字表示该类对象的属性。按图自上而下生成树,便是一种演绎方法。

另一种认识方法是从特殊到一般的归纳方法。例如,我们今天看到一条黄狗,它是一个对象,明天又看到一条白狗,它也是一个对象,这两个对象除了在颜色上不同外,其他狗的特征完全一样,这样,我们便可以构造一个类——"狗"。其中描述了狗的所有共同特征,比如会叫,具有犬齿,嗅觉灵敏,有颜色,忠实等,黄狗和白狗都是这个类的实例。因此,面向对象很适合这种认识方式的组织(图 4-2)。

概括地说,面向对象方法具有以下四个要点:

(1)认为客观世界是由各种对象组成的,复杂的对象可以由比较简单的对象以某种方式组合而成;

(2)所有对象都可划分成各种对象类(Class),每个类都定义了一组数据和方法;

(3)按照子类和父类的关系,可把若干个对象类组成一个层次结构的系统,通常下层的子类完全具有上层父类的特性,这种现象称为继承;

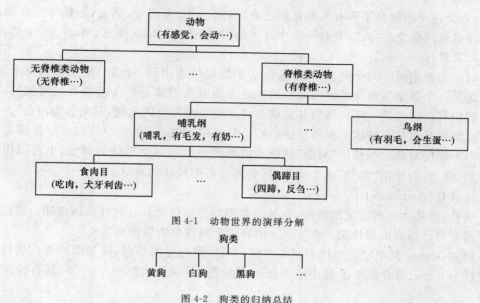

图 4-1　动物世界的演绎分解

图 4-2　狗类的归纳总结

（4）对象彼此之间仅能通过传递消息互相联系。

4.1.2　面向对象程序设计的基本概念

1. 对象（Object）

在现实世界中，我们身边的一切事物都是对象，小至原子、分子、一粒米、一本书，大到一个人、一架航天飞机，甚至到地球、银河系，这都是对象。对象既可以表示现实世界的实体，也可以表示某个概念，如整数、小数等。每个对象都有它的属性和操作，如电视机有颜色、音量、亮度、频道等属性，可以有切换频道、增大/减低音量等操作，电视机的属性值表示了电视机所处的状态，而这些属性值只能通过其提供的操作来改变。电视机的各组成部分，如显像管、电路板、开关等都封装在电视机机箱中，人们不知道也不关心电视机是如何实现这些操作的。

2. 类（Class）

在面向对象的方法中，"类"是"对象类"的简称。"类"是具有相同属性和相同操作的一组对象的共同描述。类是对具有相似性的对象建立的模板（Template）。换句话说，可以把类比拟成一个能"产生对象"的机器，每当要按一定的条件生成一个对象时，只要向该类发出一个请求，它就能产生一个具有该类所有性质的对象。如图 4-3 所示。

例如，一个面向对象的图形程序，屏幕上显示着三个圆：一个半径为 5 cm 的红颜色的圆，一个半径为 2 cm 的蓝颜色的圆，一个半径为 3 cm 的黄颜色的圆。这三个圆，其圆心位置、半径大小和颜色均不相

图 4-3　类工厂

同，是三个不同对象。但是，它们都有相同的数据项，如圆心坐标、半径、颜色，以及相同的操作，如显示自己、计算圆面积、在屏幕上移动位置等。因此，可以用"Circle 类"来描述。

类是对具有相同属性和行为的一组相似对象的抽象，在现实世界中并不能真正存在。

例如,人类这个词解释了所有人的共同之处:高级动物,有感情、语言、国籍等。在地球上谁也没有见过抽象的"人",只有一个个具体的人,如张三、李四、王五、Mary、John 等。

3. 实例(Instance)

对于类和实例这两个概念,在日常生活中随时可能用到。比如,某人拿到一个苹果,说,"这是一个苹果",翻译成面向对象的专业术语就是:"这是一个苹果类的实例"。而见到一匹白马,说"这是一匹白马",其实就是:"这是一个马类的实例,其毛色为白色"。

实例就是由某个特定的类所描述的一个具体的对象,一个类中的每个对象都是这个类的一个实例对象。当使用"对象"这个术语时既可以指一个具体的对象,也可以指一般的对象,但是,当使用"实例"这个术语时,必然指一个具体的对象。

4. 属性(Attribute)

属性,就是类中所定义的数据,它是对客观世界实体所具有的性质的描述。类的每个实例都有自己特有的属性值。在 C++语言中把属性称为数据成员。

例如,Circle 类中定义的代表圆心坐标、半径、颜色等的数据,就是圆形类的属性。一个半径为 5 cm、圆心位于屏幕中心的红颜色的圆,是圆形类的一个实例,具有特定的属性值。

5. 消息(Message)

对象之间怎样相互联系?怎样交互作用?如何要求一个对象完成一定的功能呢?这一切都只能依赖于对象之间的消息传递来实现。消息就是对象之间相互请求或相互协作的途径。一个消息通常由下述三部分组成:①接收消息的对象;②需要运行的方法(也称为消息名);③用到的参数(零个或多个)。

例如,MyCircle 是一个半径为 4 cm、圆心位于(100,200)的 Circle 类的对象,也就是Circle 类的一个实例,当要求它以绿颜色在屏幕上显示自己时,在 C++语言中应该向它发下列消息:

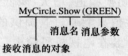

当 MyCircle 接收到这个消息后,将运行在 Circle 类中所定义的 Show 操作。

一个对象可以接收不同形式的消息;同一个消息也可以发给不同类型的对象;不同的对象对相同的消息可有不同的解释(这叫多态性)。

6. 方法(Method)

方法,就是对象所能运行的操作,也就是类中所定义的服务。方法描述了对象运行操作的算法。在 C++语言中把方法称为成员函数。

方法与消息是一一对应的,有一条消息就必然要有一个方法实现它,否则这条消息就无法起作用。同样有一个方法就应该对应一条消息,否则一个方法无法起作用,也只能是废品一堆。

例如,在屏幕上显示绿颜色的圆,就要发出 Show(GREEN)消息。在 Circle 类中必须定义成员函数 Show(int color),给出这个成员函数的实现代码。

7. 继承(Inheritance)

类的继承是指新的类继承原有类的全部数据、函数和访问机制,并可以增添新的数据、函数和访问特性。这样产生的新类叫子类或派生类,原来的类叫父类、基类或超类,这种产生新类的方法叫类的派生,也称为类的继承。

图 4-4 显示了类层次结构及类的继承关系。"人"可分为工人、学生、教师和农民等类,他们都继承了人的特性;学生又可分为小学生、中学生、大学生和研究生;教师又可分为研究生、助教、讲师、教授,等等。这样形成三个层次不同的类,其中研究生既是学生,又是教师,它继承了学生和教师的特性,属于多重继承。

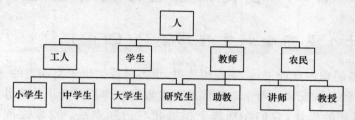

图 4-4 类层次与多重继承

继承有以下优点:

(1)类层次是分类与信息组织的有效方法,它反映了现实世界中普遍存在的一般与特殊的关系,也反映了人类认识世界的演绎方法。

(2)增强了类的共享机制,提高了软件的可重用性。在基类中,只定义一次各层次类中共同需要的属性和操作;在派生类中,只增加与基类不同的属性和方法。这样,用户可以充分利用已有的类,提高了软件的可重用性。

(3)简化系统开发工作,使系统易于扩充,具有良好的开放性。

8. 重载(Overload)

继承使得子类具有其父类的一切功能,也就是说子类自然继承了其父类的所有属性和方法。对于子类的功能定义,仅仅继承父类中的方法是远远不够的。比如,同样一个方法可以很好地处理父类的数据结构,但由于子类中增加了新的数据结构,它的处理功能就不够了。为了提高"操作"的效率,子类中还可对其父类(或祖先类)中已有的操作重新给出其实现方法。这就需要子类重新定义这个方法,并且要保证方法名相同,否则父类的方法仍为子类所用,也就是说子类定义的方法要覆盖(从名字到参数)父类中的相应方法。这就叫"重载"。

例如,"多边形"是"矩形"的父类,"矩形"继承了"多边形"中所定义的属性和操作。在"矩形"类中还可定义矩形的"长"、"宽"属性。"多边形"类中有"求面积"操作,计算多边形面积的方法比较复杂,而计算矩形面积的方法则比较简单,因此在其子类"矩形"中可对"求面积"操作定义新的实现方法,当求一个矩形的面积时就使用矩形类自己定义的方法。如图 4-5 所示。

有三种重载:函数重载(Function Overload)、运算符重载(Operator Overload)和虚函数与动态联编。

9. 多态性(Polymorphism)

在面向对象的方法中,多态性是指同一个(或相似的)操作

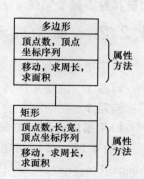

图 4-5 继承与重载

作用于不同的对象上可以有不同的解释,并产生不同的运行结果。例如"draw"操作,作用在"矩形"对象上:Rectangle. draw( ),会在屏幕上画一个矩形;作用在"圆"对象上:Circle. draw( ),则在屏幕上画一个圆。也就是说,相同操作的消息发送给不同的对象时,每个对象将根据自己所属类中定义的这个操作去运行,从而产生不同的结果。

4.2　面向对象程序设计基础

4.2.1　什么是面向对象程序设计(OOP)

在面向对象的程序设计中,必须先构造类,由类再派生出子类或类的一个个的实例对象,构成解空间的基本元素。每个对象都是通过数据和作用在其上的操作(C++中的成员函数)建立起来的模块,它们在功能上保持相对的独立性。对象之间只能通过消息(C++中用成员函数调用的形式)相互通信。一个对象只能通过调用另一个对象所提供的成员函数来访问其中的数据或提出其他要求,而不必了解其细节。

OOP 是建立在三个基本概念的基础上的:数据抽象、继承、多态性。

1. 数据抽象

数据抽象是定义抽象数据类型的过程,所谓抽象数据类型(ADT)是指程序定义的数据类型及一组可作用于该数据类型的操作。它被称为"抽象"是为了与 C 语言的基本和内部数据类型(如 int,char 和 double 等)相区别。

类概念和 ADT 实际上是相同的。C++提供了 class 来定义一个 ADT,从而产生一个创建对象的模板。作用于对象的操作称为"方法",方法定义了对象的行为。

2. 继承

继承揭示了类之间的等级关系,子类可以继承其父类的数据和行为。在 C++中,父类被称为基类,子类被称为派生类。

3. 多态性

在 OOP 环境下,多态性是指同一操作对不同的对象会产生不同的结果。换句话说,就是不同的对象在接收同一信息后会有不同的反应。面向对象语言 C++可以支持函数和运算符重载等实现灵活丰富的多态性。

4.2.2　面向过程程序设计与面向对象程序设计的比较

为了更好地理解 OOP,我们分别用 C 和 C++来实现以下问题的求解。

问题 1　绘制几何图形(如圆形、矩形)并计算其面积。

问题 2　在问题 1 的基础上,增加对三角形的处理。

1. 用面向过程的 C 语言来实现问题的求解

【例 4-1】　求解问题 1——绘制圆形和矩形并计算相应的面积。（由 cshapes1. h、cshapes1. c、csample1. c 三个文件组成)

【分析】

(1)将程序的任务划分成两个过程:一个画图,另一个计算面积,如图 4-6 所示。函数的调用通过一个指向数据结构的指针来实现,这个数据结构包含着与图形形状有关的信息。

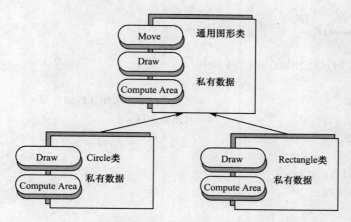

图 4-6　OOP 中的数据抽象、继承性和多态性

（2）确定数据结构。为每一种图形定义一个数据结构,例如对圆形来说,包括圆心坐标和半径,对矩形来说是各顶点的坐标。但是函数需要指向同一数据结构的指针。如何将不同的数据结构协调成一个统一表示的数据结构呢？用 C 语言中的 union 将不同图形的数据结构结合成一个新的数据结构。从图 4-7 中可以看出该程序的数据结构称为 SHAPE。

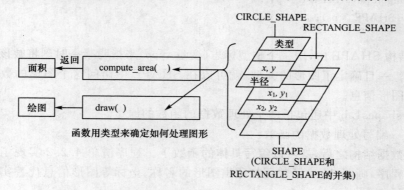

图 4-7　处理几何图形的 C 数据结构和过程

【程序代码】

步骤 1　定义数据结构。

程序清单 4.2.1　cshapes1. h:有关图形的数据类型的定义

```
// * * * * * * * * * * * * * 文件名:cshapes1. h * * * * * * * * * * * * * *
/ * * * * * * * * * * 定义操纵几何图形的 C 数据类型 * * * * * * * * * * * * * * * * /
# include <math. h>
# define PI 3. 141592653
# define T_CIRCLE 1
# define T_RECTANGLE 2
/ * 定义每种图形的数据结构 * /
typedef struct CIRCLE_SHAPE
```

```
{
    short type;                          /* 图形 T_CIRCLE 的类型 */
    double x,y;                          /* 圆心坐标 */
    double radius;                       /* 圆形的半径 */
};
typedef struct RECTANGLE_SHAPE
{
    short type;                          /* 图形 T_RECTANGLE 的类型 */
    double x1,y1;                        /* 对角的坐标 */
    double x2,y2;
};
/* 定义两个联合的结构 */
typedef union SHAPE
{
    short type;                          /* 图形的类型 */
    CIRCLE_SHAPE circle;                 /* 圆形的数据结构 */
    RECTANGLE_SHAPE rectangle;           /* 矩形的数据结构 */
};
/* 函数原型 */
double compute_area(SHAPE * ps);
void draw(SHAPE * ps);
```

【说明】

（1）在结构 SHAPE 中，用一个整型标志（变量 type）来指明某一时刻将被该数据结构处理的图形。一旦确定了图形的类型，就可以在 SHAPE 中访问这个图形的数据结构以提取正确的图形信息。

（2）在 cshapes1. h 中还包括两个处理数据的函数的原型。

步骤 2　　编写处理数据的函数。

定义了数据结构之后，就可以编写具体的函数了。程序清单 4.2.2 实现了这两个函数。为简化程序，画图 draw 函数用打印出图形的名称、坐标等图形信息代替实现画出图形的操作。

程序清单 4.2.2　　cshapes1. c:实现对图形操作的函数

```
//* * * * * * * * * * * * * * 文件名:cshapes1. c * * * * * * * * * * * * * *
#include <stdio. h>
#include "cshapes1. h"
/* 计算面积 */
double compute_area(SHAPE * ps)
{
    double area;
    switch(ps->type)
    {
        case T_CIRCLE:
            area=PI * ps->circle. radius * ps->circle. radius;
```

```
                break;
        case T_RECTANGLE:
            area=fabs((ps->rectangle. x2 - ps->rectangle. x1) *
            (ps->rectangle. y2 - ps->rectangle. y1));
                break;
    }
    return area;
}
/*绘制图形*/
/*此处为打印出某图形的基本信息*/
void draw(SHAPE * ps)
{
    printf("Draw:");
    switch(ps->type)
    {
        case T_CIRCLE:
            printf ("Circle of radius %f at (%f,%f)\n",
                ps->circle. radius,ps->circle. x,ps->circle. y);
                break;
        case T_RECTANGLE:
            printf ("Rectangle with corners:(%f,%f) and (%f,%f)\n",
                ps->rectangle. x1,ps->rectangle. y1,
                ps->rectangle. x2,ps->rectangle. y2);
                break;
    }
}
```

步骤 3 检验编写的函数。

实现绘图和计算面积还需要一个包含主函数 main 的程序。在程序 csample1.c 中定义了一个数组,存放圆形和矩形的基本信息。

程序清单 4.2.3 csample1.c:测试程序

```
//*************** 文件名:csample1.c***** ********
/****** 与程序 cshapes1.h 和 cshapes1.c 一起编译链接 ******/
#include <stdio.h>
#include "cshapes1.h"
int main( )
{
    int k;
    SHAPE a[2];
    /*为两个图形初始化*/
    /*一个 60*30 的矩形,其左上角坐标为(50,70)*/
    a[0]. type=T_RECTANGLE;
    a[0]. rectangle. x1=50.0;
    a[0]. rectangle. y1=70.0;
```

```
        a[0]. rectangle. x2=110.0;
        a[0]. rectangle. y2=100.0;
        /*一个圆心位于(150,200)的圆形,半径是 80 */
        a[1]. type= T_CIRCLE;
        a[1]. circle. x=150.0;
        a[1]. circle. y=200.0;
        a[1]. circle. radius=80;
        /*计算面积*/
        for(k=0; k<2; k++)
            printf("Area of shape[%d]= %f\n",k,compute_area(&a[k]));
        /*画图形*/
        for(k=0; k<2; k++)
            draw(&a[k]);
        return 0;
    }
```

运行 csample1. c 屏幕显示:

Area of shape[0]=1800.000000

Area of shape[1]=20106.19298

Draw:Rectangle with corners:(50.000000,70.000000) and (110.000000,100.000000)

Draw:Circle of radius 80.000000 at (150.000000,200.000000)

【说明】

(1)为使程序正确运行,将 cshapes1. c 和 csample1. c 添加到一个项目中,然后编译运行。

(2)这个例子包含了 C 语言中面向过程设计的一般风格:首先定义数据结构,然后编制过程来处理数据。通常用 switch 语句来处理不同类型的相关数据。

结合上面的例子,通过增加对三角形的处理,来说明面向过程的程序设计技术所存在的一些缺陷。

【例 4-2】　求解问题 2——在问题 1(例 4-1)的基础上增加对三角形的处理,计算三角形面积和绘图。

【分析】

增加三角形的数据结构,增加计算三角形面积、绘制三角形图形函数。

【程序代码】

步骤 1　为三角形定义一个数据结构。

程序清单 4.2.4　cshapes2. h:在 cshapes1. h(程序清单 4.2.1)基础上增加三角形的类型

```
//* * * * * * * * * * * * * 文件名 cshapes2. h * * * * * * * * * * * * * *
......
# define T_TRIANGLE 3
typedef struct TRIANGLE_SHAPE
{
    short type;                /*图形 T_TRIANGLE */
    double x1,y1;              /*角的坐标*/
    double x2,y2;
```

```
        double x3,y3;
};
```

步骤 2　在联合 SHAPE 中增加新的成员来反映增加新形状。

```
typedef union SHAPE
{
    short type;                          /* 图形的类型 */
    CIRCLE_SHAPE circle;                 /* 圆形的数据结构 */
    RECTANGLE_SHAPE rectangle;           /* 矩形的数据结构 */
    TRIANGLE_SHAPE triangle;             /* 三角形的数据结构 */
};
```

步骤 3　在文件 cshapes1. c 的两个函数中分别增加代码来处理三角形。

程序清单 4.2.5　cshapes2. c:在 cshapes1. c(程序清单 4.2.2)中修改两个函数

```
#include <stdio. h>
……
/* 在 area( )函数中加入对三角形的处理 */
double compute_area(SHAPE * ps)
{
    double area;
    switch(ps->type)
    {
        case T_CIRCLE:
            ……
        case T_TRIANGLE:
            double x11,y11,x21,y21,x31,y31;
            x21=ps->triangle. x2 - ps->triangle. x1;
            y21=ps->triangle. y2 - ps->triangle. y1;
            x31=ps->triangle. x3 - ps->triangle. x1;
            y31=ps->triangle. y3 - ps->triangle. y1;
            area=fabs(y21 * x31 - x21 * y31) / 2.0;
            break;
    }
    return area;
}
/* 在 draw( )中增加对三角形的操作 */
void draw(SHAPE * ps)
{
    printf("Draw:");
    switch(ps->type)
    {
        case T_CIRCLE:
            ……
        case T_TRIANGLE:
            printf ("Triangle with corners:(%f,%f),(%f,%f),(%f,%f)\n",
```

```
                        ps->triangle. x1,ps->triangle. y1,
                        ps->triangle. x2,ps->triangle. y2,
                        ps->triangle. x3,ps->triangle. y3);
                break;
        }
}
```

步骤 4   在 csample1. c 中增加对三角形的初始化和计算面积、绘图操作。

程序清单 4.2.6   csample2. c:在 csample1. c(程序清单 4.2.3)中添加处理三角形的代码

```
int main( )
{
        SHAPE t;
        ……
        t. type=T_TRIANGLE;
        t. triangle. x1=100. 0
        t. triangle. y1=100. 0
        t. triangle. x2=200. 0
        t. triangle. y2=100. 0
        t. triangle. x3=150. 0
        t. triangle. y3=150. 0
        ……
        /*计算面积*/
        ……
        printf("Area of the triangle is:%f\n",compute_area(&t));
        /*画三角形*/
        draw(&t);
        ……
}
```

编译 cshapes2. c 和 csample2. c 并把它们加到一个工程文件中。编译无误后,运行 csample2. c,结果如下:

Area of shape[0]=1800. 000000

Area of shape[1]=20106. 192979

Draw:Rectangle with corners:(50. 000000,70. 000000) and (110. 000000,100. 000000)

Draw:Circle of radius 80. 000000 at (150. 000000,200. 000000)

The area of the triangle is:2500. 000000

Draw:Triangle with corners:(100. 000000,100. 000000),(200. 000000,100. 000000),

(150. 000000,150. 000000)

【说明】   通过例 4-1 和例 4-2 可以看出,当用户增加对三角形的处理时,针对数据结构而言,既要增加三角形的数据结构,又要改变 union 定义的 SHAPE 的数据结构;就函数而言,要在原程序基础上处理三角形,必须修改相应的处理数据的函数 compute_area( )和 draw( )。如果实际的程序包含很多文件,那么,在众多文件中编辑 switch 语句的工作量之大是可想而知的。这就是"算法+数据结构=程序设计"编程的缺陷。即程序中的过程和函数的实现严格依赖于关键数据结构,如果这些关键数据结构的一个或几个数据有所改变,则涉及整个软件结构,许多过程和函数必须重写,甚至因为几个关键数据结构的改变,而导致软件系统整个结构的崩溃。

2．用面向对象的 C++ 来实现

【例 4-3】　用面向对象的方法实现问题 1。

【分析】

(1)首先,用关键字 class 建立一个自定义的图形类 shape,并声明其成员函数。

(2)由 shape 派生两个子类 circle_shape 与 rectangle_shape,并声明这些类的成员函数(重载 shape 类中的成员函数)。与类名相同的成员函数称为"构造函数"。

(3)声明类及其变量、成员函数之后,要具体定义这些函数。

(4)创建类的对象实例,画出具体图形并计算面积。

【程序代码】

步骤 1　建立图形类 shape。用 C++ 实现几何图形,首先要定义类。

程序清单 4.2.7　shapes. hpp:C++ 中几何图形类的定义

```
// * * * * * * * * * * * 文件名:shapes. hpp * * * * * * * * * * * * *
#if ! defined(SHPAES_H)      //保证所定义的宏只嵌入程序中一次
#define SHAPES_H             //定义宏
# include <stdio. h>
# include <math. h>
# include _PI 3. 14159
class shape                  //定义 shape 类,包含了数据和函数
{
public:
    int col;
public:
    virtual double compute_area(void) const
    {
        printf("Not implemented\n");
        return 0;
    };
    virtual void draw(void) const;
};
//定义"圆形"类
class circle_shape:public shape
{
private:
    double x11,y11;
    double radius;
public:
    circle_shape(double,double,double); //构造函数
    double compute_area(void) const;
    void draw(void) const;
};
```

```
//定义"矩形"类
class rectangle_shape:public shape
{
private:
    double x21,y21;          //对角坐标
    double x22,y22;
public:
    rectangle_shape(double,double,double,double);//构造函数
    double compute_area(void) const;
    void draw(void) const;
};
#endif
```

【说明】 头文件 shapes. hpp 中,定义了一个基类 shape、两个派生类以及这些类的成员函数。成员函数的定义通常放在单独的模块中(如本例),较小的函数也可以直接在类中定义。

步骤 2 定义成员函数。

类定义好了之后,就要对各个类中的成员函数进行编程。此例中,圆形类和矩形类继承了图形类,都有两个成员函数 compute_area( )和 draw( )。程序清单 4.2.8 和 4.2.9 分别对圆形类和矩形类的成员函数进行定义。

程序清单 4.2.8　circ. cpp:定义圆形类(circle_shape 类)的成员函数

```
//* * * * * * * * * * * * * 文件名:circ. cpp* * * * * * * * * * * *
#include "shapes. hpp"
circle_shape::circle_shape(double xc,double yc,double r)
{
    x11=xc;
    y11=yc;
    radius=r;
}
double circle_shape::compute_area(void) const
{
    return(_PI * radius * radius);
}
double circle_shape::draw(void) const
{
    printf("Draw:Circle of radius %f at (%f,%f)\n",radius,x11,y11);
}
```

程序清单 4.2.9　rect. cpp:定义矩形类(rectangle_shape 类)的成员函数

```
//* * * * * * * * * * * * 文件名:rect. cpp* * * * * * * * * * * *
#include <iostream. h>
#include "shapes. hpp"
rectangle_shape::rectangle_shape(double xm,double ym,double xn,double yn)
{
    x21=xm;
```

```
        y21＝ym；
        x22＝xn；
        y22＝yn；
    }
    double rectangle_shape∷compute_area(void) const
    {
        return fabs((x21－x22) * (y21－y22))；
    }
    void rectangle_shape∷draw(void) const
    {
        count <<"Draw：Rectangle with corners("<<x21<<","<<y21<< "),("
            <<x22<<","<<y22<<")\n"；
    }
```

步骤 3 编写使用图形的程序。

<u>程序清单 4.2.10 sample1.cpp：测试图形类的 C＋＋程序</u>

```
// * * * * * * * * * * * * 文件名：sample1.cpp * * * * * * * * * * * * * *
# include "circ.cpp"
# include "rect.cpp"
int main(void)
{
    int k；
    shape * ss[2]；                               //定义两个图形类变量
    ss[0]＝new circle_shape(150,200,80)；         //创建圆形对象
    ss[1]＝new rectangle_shape(50,70,110,100)；   //创建矩形对象
    for(k=0； k<2； k++)
    {
        printf("Area of shape[%d]＝%fl",k,ss[k]—>compute_area( ))；   //计算面积
    }
    for(k=0； k<2； k++)
    {
        ss[k]—>draw( )；      //画圆形和矩形
    }
    return 0；
}
```

运行结果：

Area of shape[0]＝20106.192983

Area of shape[1]＝1800.000000

Draw：Circle of radius 80.000000 at (150.000000,200.000000)

Draw：Rectangle with corners(50,70),(110,100)

此程序把指向不同类型的指针存在数组中并通过指针来调用适当类的成员函数。

【例 4-4】 用面向对象的方法实现问题 2，即在例 4-3 的基础上增加对三角形类的处理。

【分析】

（1）定义三角形类 triangle_shape；（2）定义三角形类的成员函数；（3）编程测试三角形图形。

【程序代码】

步骤 1　定义三角形类。

清单 4.2.11　　tria. cpp：triangle_shape 类的 C＋＋实现

```
//＊＊＊＊＊＊＊＊＊＊＊＊＊文件名：tria.cpp＊＊＊＊＊＊＊＊＊＊
# include "shapes.hpp"
//定义三角形类
class triangle_shape:public shape
{
private：
    double x31,y31;            //三角形坐标
    double x32,y32;
    double x33,y33;
public：
    triangle_shape(double,double,double,double,double,double);
    double compute_area(void) const;
    void draw(void) const;
};
//定义成员函数
triangle_shape::triangle_shape(double xa,double ya,double xb,double yb,
double xc,double yc);
{
    x31＝xa,y31＝ya;
    x32＝xb,y32＝yb;
    x33＝xc,y33＝yc;
}
double triangle_shape::compute_area(void) const
{
    double area,m21,n21,m31,n31;
    m21＝x32 － x31;
    n21＝y32 － y31;
    m31＝x33 － x31;
    n31＝y33 － y31;
    area＝fabs(n21 ＊ m31 － m21 ＊ n31) /2;
    return(area);
}
void triangle_shape::draw(void) const
{
    printf("Draw：triangle with corners at (%f,%f)(%f,%f)(%f %f)\n",
        x31,y31,x32,y32,x33,y33);
}
```

【说明】　三角形类的定义,可以添加在 shapes. hpp 文件末尾,也可以另外存放;三角形成员函数的定义可以与三角形类的定义放在一起,也可以采用单独的文件存储。这里将三角形类的定义与其函数的定义置于同一文件 tria. cpp 中。

步骤 2　在程序清单 4. 2. 10 中增加以下语句:

程序清单 4. 2. 12　　**sample2. cpp:在程序 sample1. cpp 基础上增加对三角形的测试**

```
triangle_shape tri(100,100,200,100,150,50);              //定义三角形类变量
printf("Area of triangle=%f \n",tri. compute_area( ));    //计算面积
tri. draw( );                                            //画三角形
……
```

编译 shapes. hpp、circ. cpp、rect. cpp、tria. cpp 及 sample2. cpp,并运行 sample2. cpp,结果如下:

Area of shape[0]=20106. 192983

Area of shape[1]=1800. 000000

Draw:Circle of radius 80. 000000 at (150. 000000,200. 000000)

Draw:Rectangle with corners(50,70),(110,100)

Area of triangle=2500. 000000

Draw:triangle with corners at (100. 000000,100. 000000),(200. 000000,100. 000000),(150. 000000 50. 000000)

【说明】　通过上面两种程序设计方法的对比,可以看出,面向对象的编程使得为程序增添新的功能变得非常简单。用户不必修改已有的代码,仅增加新模块所必需的代码即可支持一个新的对象。新模块代码既可以放在原来的程序文件中,也可以独立存储。这也使用户可以自由地改变对象的内部而不会影响程序的其他部分,从而增强了程序的模块化。

4.3　　面向对象程序设计语言 C++

在面向对象的程序设计中,必须先构造类,由类再派生出一个个的实例对象,构成解空间的基本元素(对象)。每个对象都是通过数据和作用在其上的代码建立模块,它们在功能上保持相对的独立性。对象之间只能通过消息(C++中采用函数调用的形式)相互通信、相互依赖。一个对象只能通过调用另一个对象所提供的成员函数来访问其中的数据或提出其他要求,而不必、也不允许了解其细节。

面向对象的 C++程序的编制过程有两步:首先,根据问题定义一个类,它一般包括数据成员、成员函数和访问规则;其次,在 main 函数中定义类实例并进行处理。

这里介绍用 C++作为面向对象语言所体现的几个重要特性,并给出相应的实例。

4.3.1　　C++对 ANSI 标准 C 的扩充

C++是在 C 语言的基础上发展起来的,它与 C 完全兼容。C++克服了 C 的不足和弱点,引入了对象、类、继承、多态性等面向对象的成分,从而形成了一种混合型面向对象的程序设计语言。

C++语言包含了两大方面,用面向对象的术语来讲就是 C++继承了 C 语言的成

分,并增加了新的功能。C++在以下四个方面对 C 做了扩充:

(1)C++与 C 高度兼容;

(2)C++在优化 C 方面的扩充;

(3)C++在数据类型方面对 C 的扩充;

(4)C++在直接支持面向对象的程序设计方面的扩充。

4.3.2　C++中的类

类是一组性质相同的对象的描述,是对一组数据和方法的封装。在 C++中它们分别用一组数据成员和成员函数来描述。由此而形成的类是一个新的类型,用它说明一个实例,从而形成了模拟问题空间的对象。

1. 定义类

定义类的一般形式为

Class 类名

{

　　私有的数据和函数

public:

　　公有的数据和函数

protected:

　　被保护的数据和函数

}

【说明】

(1)在 C++中要建立类,必须先用关键字 class 定义类(当然还有其他形式,这里不做介绍)。类在语法上类似于结构。

(2)在缺省情况下,类中定义的所有项都是私有的,只能被该类的成员函数和友元函数访问。

2. 定义类的成员函数

成员函数说明的一般形式为

函数返回的类型 类名::成员函数名(形参表)

【说明】

(1)类的成员函数是一种函数,它和普通函数一样,具有名称、返回值类型、存储类别、参数表和函数体等。

(2)"类名::"是 C++中新引入的运算符,称为"类作用域区分符",表明紧跟其后的是该类的成员,由于不同的类可以有相同的成员函数名,因此在定义成员函数时,必须指出类名。

3. 建立类的实例对象

一旦定义了类便可建立该类的对象。与变量一样,类对象必须先说明后使用。类对象说明的形式如下:

存储类 类名 对象名

对象名用标识符命名,可以是类实例、指针变量或数组等,被说明的类对象具有相应类的结构。例如：

```
Date nationalday(1,10,1949);        //对象
Date ＊pt,＊pd;                      //指针对象
Date week[2];                       //数组对象
```

【说明】

(1)存储类用来指出变量、函数等运行时在内存区域的位置。可用 auto、regist、extern 和 static 四个关键字之一,缺省为 auto。

(2)Date 为已定义的类。这里,声明了一个名为 nationalday 的 Date 类对象,两个名字分别为 pt 和 pd 的指向 Date 类对象的指针,一个名为 week 的具有两个 Date 类对象的数组。

(3)类中成员的使用,其一般格式如下：

类实例对象名.成员

或

指向类实例对象的指针—＞成员

下面通过一个简单的例子说明类的应用过程。

【例 4-5】　设计一个 Date 类来表示日期这个概念。它有一组数据表示年、月、日,相关的一组方法是设置、显示日期等。要求显示指定的日期。该问题由类的说明、成员函数的定义、编写主函数几个步骤来完成。

步骤 1　类的定义。

程序清单 4.3.1　date1.hpp:定义类 Date 的数据结构

```
//＊＊＊＊＊＊＊＊＊＊＊＊＊＊文件名:date1.hpp＊＊＊＊＊＊＊＊＊
class Date
{
    int day;
    int month;
    int year;
public:
    void set_date(int, int, int);
    void print( );
}
```

【说明】　class 是说明一个类的关键字,Date 是该类的名字,类说明体中 day、month、year 表示该类的数据成员,set_date()、print()表示该类的成员函数。变量 day、month、year 是私有的,只能由 Date 类中的成员函数 set_date()和 print()存取,外界不能直接使用。Date 的成员函数前用关键字 public 说明为公有的,外界可以调用这些函数。

步骤 2　成员函数的定义上面只给出了类的说明,还必须在程序中定义这些成员函数的实现。

程序清单 4.3.2　date1.cpp 定义成员函数

```
//＊＊＊＊＊＊＊＊＊＊＊＊＊文件名:date1.cpp＊＊＊＊＊＊＊＊＊＊＊
# include ＜iostream. h＞
# include "date. hpp"
void Date::set_date(int d, int m, int y)
```

```
    {
        day=d;
        month=m;
        year=y;
    }
    void Date::print( )
    {
        cout<<day<< "−"<<month<< "−"<<year<<endl;
    }
```

【说明】　定义成员函数 set_date( )和 print( )时,在函数名前加上 Date::,说明它们属于 Date 类。一般的,将类的定义放在.h 或.hpp 文件中,而将类中各成员函数的实现放在若干个.cpp 文件中。当某个程序文件中要用到该类时,只需用 include 嵌入该类的.hpp(或.h)头文件即可。以后当该类的实现发生了变化而接口不变时,只需修改相应类的.cpp文件,而不影响别的文件中的程序代码。

步骤 3　在主函数中建立类的实例对象,应用 Date 类。编写主函数:

程序清单 4.3.3　　exa4-3-1. cpp:日期类的应用

```
// * * * * * * * * * * * * * * * 文件名:exa4-3-1. cpp * * * * * * * * * * * * *
# include "date1. hpp"
void main( )
{
    Date birthday;
    birthday. set_date(22,10,1975);
    birthday. print( );
}
```

程序的输出结果为

22-10-1975

清单 4.3.3 给出了一个 Date 类的完整的 C++程序。要建立这个程序的运行文件,需编译和链接 date. cpp(程序清单 4.3.2)。

4.3.3　C++中的构造函数与析构函数

在 Date 类的例子中,当建立一个对象时,对象的状态是不确定的。我们是通过调用 Date 对象的 set_date()成员函数来对实例变量进行定义的。如果在调用 set_date()函数之前调用了 print()函数,结果将是不可预知的。从语义上讲,每个对象生成前,其实例变量都应该有确切的初始值,该对象才有意义。这就是说,每个类都需要一个初始化函数,在定义类对象时,为对象分配内存,进行初始化,在没有调用初始化函数之前对其他成员函数的调用将可能出错。

为此,C++提供了专用的初始化函数,当创建对象时它将被自动调用。这就是构造函数(Constructor)。构造函数是一种特殊函数,它属于类的成员,并与该类拥有相同的名字。构造函数可以带参数也可以没有参数,不带任何参数的构造函数叫默认构造函数。一个类可以有多个构造函数。

另外,C++还提供了一种特殊的成员函数,叫做析构函数(Destructor),每当要撤销一个类对象时,就会自动运行析构函数,释放对象占用的内存。析构函数的名字和类的名字一样,但要在名字前加上一个"~"字符前缀,它不带任何参数。一个类只能有一个析构函数。

【例 4-6】 在 Date 类中定义构造函数和析构函数。

程序清单 4.3.4 exa4-3-2.cpp:包含 Date 类的构造函数和析构函数的应用程序

```cpp
// * * * * * * * * 文件名:exa4-3-2.cpp * * * * * * * * * * * * *
#include <iostream.h>
//说明类
class Date
{
    int day;
    int month;
    int year;
public:
    Date( );                              //默认的构造函数
    Date(int x1, int y1, int z1=2000);    //带缺省参数的构造函数
    {
        day=x1,month=y1,year=z1;
        cout<< "Date initialized in No.2\n";
    }
    ~Date( )                              //析构函数
    void set_date(int, int, int);
    void print( );
};
// 定义成员函数
Date::Date( )                             //重载默认构造函数
{
    day=1,month=1,year=2000;
    cout<<"Date initialized in No.1\n";
}
Date::~Date( );                           //析构函数
{
    cout<< "Destroyed!"<<endl;
}
void Date::set_date(int d, int m, int y)
{
    day=d;
    month=m;
    year=y;
}
```

```
void Date::print( )
{
    cout<<day<<"-"<<month<<"-"<<year<<endl;
}
//主函数
void main( )
{
    Date firstday,weekday(27,5),birthday(20,12,1999);
    firstday. print( );
    weekday. print( );
    birthday. print( );
}
```

运行结果：

Date initialized in No. 1

Date initialized in No. 2

Date initialized in No. 2

1-1-2000

27-5-2000

20-12-1999

Destroyed!

Destroyed!

Destroyed!

【说明】　在定义类对象时,系统自动隐含地调用默认构造函数为对象分配内存,不需要用户调用。与重载成员函数一样,构造函数也可以被重载。

4.3.4　C++中的函数重载

C++获得多态性的一种方法是使用重载。在C++中,有运算符重载、函数重载、虚函数与动态联编。这些概念,在前面已经介绍过,这里我们通过举例说明函数重载。

类的成员函数、友元函数和普通函数都可以重载。两个以上的函数可共享同一个名字,只要其接口不变就不影响类的外部特性。在这种情况下,共享同名的函数称为重载的函数。

【例 4-7】　一个普通函数重载的例子。

程序清单 4.3.5　　exa4-3-3.cpp:绝对值函数重载

```
//* * * * * * * * * 文件名:exa4-3-3.cpp * * * * * * * * * * *
# include <iostream. h>
double abs(double d) {return(d > 0 ? d:-d); }
int abs(int i) {return(i > 0 ? i:-i); }
void main( )
{
    cout<<abs(38)<< " "<<abs(-24)<< "\n";
```

```
        cout<<abs(7.85)<< ""<<abs(-21.26)<< "\n";
}
```

程序输出结果：

38　24

7.85　21.26

　　【说明】　上例建立两个类似但有所不同的函数 abs()，该函数返回其参数的绝对值。程序调用重载函数时，编译程序会根据参数个数、类型和返回值调用不同的函数。多态性正是以这种方式使得程序员可在较高抽象级上管理非常复杂的程序。

　　类的成员函数重载的例子（参见 4.2.2 节的例 4-3），在程序清单 4.2.7 中的 shapes、circle_shape 和 rectangle_shape 类中，都定义了各自的成员函数 compute_area( )和 draw( )，其参数个数及函数实现的代码各不相同（参见程序清单 4.2.8、4.2.9、4.2.11），调用方式也就不同。

　　构造函数也可以重载。如例 4-6 程序清单 4.3.4 中，有两个 Date 构造函数，定义了三个 Date 类的实例对象，系统根据参数个数调用相应的构造函数。firstday 调用无参数的默认构造函数；weekday(27,5)调用带参数的 Date 构造函数（第三个参数是可缺省的），包含两个参数；birthday(20,12,1999)也调用带参数的 Date 构造函数，有三个参数。

　　在 4.2.2 节的例 4-3 中，程序清单 4.2.10 中 ss 是指向不同对象的指针调用，编译时编译器并不知道此对象的类型，这就需要动态链接来决定运行哪个对象的计算面积和画图函数。

4.3.5　C++中的继承

　　面向对象程序设计是建立类的层次过程。它首先建立一个简单的、普通的类，并以它为基类派生不同的子类，形成不同的类层次。

　　单继承的说明形式如下：

class 派生类名：访问控制符 基类名

{…}

　　【说明】

　　(1)"派生类名"是一个新的类名，"基类名"是已经说明的一个类，"访问控制符"修饰类派生时成员的存取权限，一般用 public 或 private 说明。例如：

class Date {…};　　　　　　　　　　　　　//定义基类 Date

class Holiday：public Date {…};　　　　　　//定义派生类 Holiday，并说明其成员

　　(2)如果派生类的新成员与基类成员同名，在派生类中隐藏基类中同名成员，若要在派生类对象中使用基类的同名成员，必须在前面加上类作用域区分符。如在派生类 Holiday 中，其成员函数 print()要引用基类 Date 中的 print()函数，则在相应的函数前面加上"Date：："。仍以 Date 类为例，给出继承的例子。

　　【例 4-8】　日期类 Date 为基类，Holiday 为 Date 的派生类。

程序清单 4.3.6   exa4-3-4.cpp：Date 类及其子类 Holiday 的应用程序

```cpp
//＊＊＊＊＊＊＊＊＊＊＊文件名：exa4-3-4.cpp＊＊＊＊＊＊＊＊＊＊
#include <iostream.h>
//定义类
class Date
{
    protected：
    int day；
    int month；
    int year；
public：
    Date（）；                            //默认的构造函数
    ～Date（）{cout<< "Destroyed!"<<endl；}    //析构函数
    void set_date(int, int, int)；
    void print（）；
};
//定义成员函数
Date：:Date（）{ day＝1,month＝1,year＝2000；}    //默认构造函数
void Date：:set_date(int d, int m, int y)
{
    day＝d；
    month＝m；
    year＝y；
}
void Date：:print（）
{
    cout<<day<<"-"<<month<<"-"<<year；
}
//定义派生类 Holiday
class Holiday：public Date                    //定义 Holiday
{
    char Name[20]；
public：
    void set_name（）                          //定义成员函数
    {
        cout<<"Enter Holiday's NAME："；
        cin>>Name；
    };
    void set_date（）                          //重载函数
    {
        cout<<"Enter the DAY of the Holiday："；
        cin>>day；
        cout<< "Enter the MONTH of the Holiday："；
```

```
        cin>>month；
    }；
    void print( )                                //重载函数
    {
        Date：：print( )；
        cout<< "is "<<Name<<". \n"；
    }；
}
//主函数
const int COUNT=4
void main( )
{
    Holiday hh[COUNT]；
    int k ；
    cout<< "Holidays!! \n"；
    for(k=0；k<COUNT；k++)
    {
        hh[k]. set_date( )；
        hh[k]. set_name( )；
    }
    cout <<"List of the Holidays：\n"；
    for(k=0；k<COUNT；k++)
    {
        hh[k]. print；
    }
}
```

【说明】　本例为单一继承应用。派生类 Holiday 继承了 Date 中的所有成员,同时还增加了新的数据成员 Name 和成员函数 set_name(),并重载了基类中的 set_date()和 print()函数。

以上所介绍的 C++的几个重要特性,是 C++提供的支持面向对象的主要机制,即类、继承、多态性等,从而成为面向对象的代表语言。

4.4　面向对象程序设计语言 Java

Java 是由 SUN Microsystems 公司于 1995 年 5 月推出的一种程序设计语言。Java 具有"简单、面向对象、分布式、解释型、健壮、安全、与体系结构无关、可移植、高性能、多线程和动态运行"等特点。主要特性简述如下：

简单性：Java 语言简单而高效,基本 Java 系统(编译器和解释器)所占空间不到 250 KB。

面向对象：Java 语言是一门面向对象的语言。

平台无关性与可移植性：Java 运行在 Java 虚拟机上,故只需要将 Java 程序编译成的字节码文件,由 Java 虚拟机即可在不同操作系统上解释运行。并且 Java 数据类型在任何机器上都是一致的,同一数据类型在所有操作系统中占据相同的空间大小。

稳定性和安全性:Java 摒弃了 C++中的不安全因素——指针数据类型,避免了恶意的使用者利用指针去改变不属于自己程序的内存空间。此外,Java 的运行环境还提供字节码校验器、运行时内存布局和类装载器(Class Loader)、文件访问限制等安全措施,保证字节码本身的安全和访问系统资源的安全。

多线程并且是动态的:多线程使应用程序可以同时并发执行不同的操作。不同的线程处理不同的任务,互不干涉,不会由于某一任务处于等待状态而影响了其他任务的运行,这样就很容易实现网络上的实时交互操作。Java 在运行过程中,可以动态地加载各种类库,这一特点使之非常适用于网络运行,同时也非常有利于软件的开发,即使是更新类库也不必重新编译使用这一类库的应用程序。

高性能:Java 语言在具有可移植性、稳定性和安全性的同时,也保持了较高的性能。通常解释型语言的运行效率要低于直接运行机器码的速度。但 Java 字节码转换成机器码非常简单和高效,很好地弥补了这方面的差距。

4.4.1　Java 与 Internet

Java 当前的主要应用领域在 Internet 上,它的出现也推动了 Internet 的进一步发展,作为一种全新的面向对象的"网络编程语言",它的可移植性、安全性和可靠性使它可以在分布式计算环境下得到广泛的运用,有助于通过网络公布和发行应用软件。Java 可以创建在 Web 浏览器和 Web 服务中运行的程序,开发适用于在线论坛、存储、投票、HTML格式处理以及其他用途的服务器端应用程序。

Java 是处理 Web 应用的最流行的解决方法。当前 Internet 上主要的 Java 应用就是用来增加 Web 页面动感的 Java 应用小程序(Applet),它是作为网页的一部分而自动下载的。当 Applet 被激活时,它便开始运行一个程序:它提供一种分发软件的方法,一旦用户需要客户端软件时,就自动从服务器把客户端软件分发给用户。用户获取最新版本的客户端软件时不会产生错误,而且也不需要很麻烦地重新安装。Java 的这种设计方式,使得程序员只需要创建单一的程序,就可以自动地在具有内置 Java 解释器的浏览器中运行。由于 Java 是一种成熟的编程语言,所以在提出对服务器的请求之前和之后,可以在客户端尽可能多做些事情。例如,不必跨网络地发送一张请求表单来检查自己是否填写了错误的日期或其他参数,客户端计算机就可以快速地标出错误数据,而不用等待服务器做出标记并传回图片。这不仅立即获得了快速的响应能力,而且也降低了网络流量和服务器负载,从而不会使整个 Internet 的速度都慢下来。

4.4.2　Java 对象

Java 是一门面向对象的语言。对象是对客观事物的一种抽象,而类是对对象的抽象。

类是一种抽象的数据类型,其定义为

```
class 类名{

}
```

它们的关系是,对象是类的实例,类是对象的模板。图 4-8 很好地诠释了类与对象的关系。

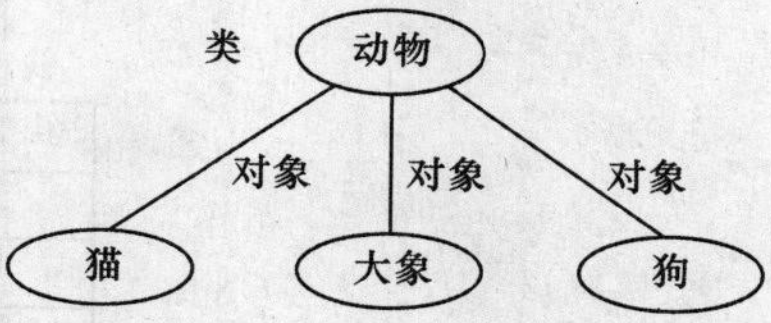

类和对象都有属性（成员变量）和方法，属性是事物静态特征的抽象，方法是事物动态特征的抽象。定义域的一般方式是：

图 4-8 类示意图

　　类型　域变量名

方法定义的一般形式如下

［修饰符］返回值类型 方法名（参数类型 参数 1，［参数类型 参数 2…］）{

　　方法体

}

【例 4-9】

```
class Animal {
    String voice;
    public void shout( ){
        System. out. println(voice);
    }
}
```

上例是一个 Java 类，此类对动物进行了抽象。voice 是此类的成员变量，shout 是此类的方法（分别表示动物的声音及喊叫）。

对象是类的一个实例，对象中的属性和方法是以类中定义的属性和方法为具体参照而产生的。

以类为模板产生对象，实质上就是将类中定义的属性或方法代码复制到生成的对象中（static 修饰的属性、方法以及构造方法例外）。所以上面定义的类的属性和方法，从某种角度上讲，虽然写在类中，但实质是为其对象而定义的。

【例 4-10】

```
public static void main(String args[]) {
    Animal cat=new Animal( );
    cat. voice="喵喵";
    cat. shout( ); //控制台输出"喵喵"声
}
```

上例中，Animal cat＝new Animal( )这段代码的运行过程如下：

①new Animal( )这段代码产生了一个新对象，具体含义为：根据类模板实例化一个对象，并在内存中为此对象开辟一块新的内存空间，之后将类中定义的属性 voice 及方法 shout 的代码复制到生成的对象中。

②Animal cat＝new Animal( )这段代码新生成一个对象引用 cat，并将刚才新生成的对象赋值给 cat。如图 4-9 所示，Java 虚拟机为了加快运行速度，将对象保存在堆中，而对象的引用保存在栈中，记录了所指对象的详细地址。当在程序中对对象引用进行操作时，会通过地址找到详细的对象及对象的相应方法。

同 C＋＋一样，Java 也有构造方法。Java 构造方法是一个与类名相同的类的方法。每当新创建一个对象时，系统会自动调用构造方法初始化这个新建的对象。

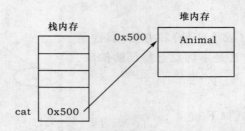

图 4-9 对象的保存与引用

构造方法的方法名与类名相同,是类的方法,不能对构造方法指定类型,如果指定了相应的类型,则该方法就不是构造方法。如下例 4-3,构造方法 Animal( )为 name 属性进行初始化操作

【例 4-11】

```
class Animal {
    String voice;
    String name;
    public Animal(String n) {
        name＝n;
    }
    public void shout( ){
        System. out. println(voice);
    }
}
```

Java 没有析构方法的概念,由 Java 虚拟机来自行释放资源,这也避免了 C＋＋中的由于没有主动释放指针,造成内存耗尽的情况。

4.4.3 Java 语言的封装

封装也称为信息隐藏,是指利用抽象数据类型(类)将数据和基于数据的操作封装在一起,使其构成一个不可分割的独立实体。数据被保护在类的内部,尽可能地隐藏其内部的细节,只保留一些对外接口。系统的其他部分只有被授权相关操作,才能与这个类进行交流与交互。也就是说,用户无需知道对象内部方法的实现细节,但可以根据对象提供的外部接口来访问该对象。

Java 中修饰符,即为 Java 中访问控制权限的设置,很好地体现了封装的概念。访问权限首先看类前的修饰符,其次再看属性或方法的修饰符。即如果一个类 A 要使用另一个类 B 中的方法,首先要保证类 A 有访问类 B 的权限,其次要保证类 A 有访问类 B 中具体方法的权限。

Java 共有如下修饰符 public、protected、private、默认(无任何修饰符),这些修饰符体现了被修饰方的权限。在 Java 当中,可以修饰的地方有三处:

(1)修饰类。

[类修饰符] class 类名{ }

(2)修饰类的属性(成员变量)。

(3)修饰类的成员方法。

其中,"类修饰符"只能为 public 或默认。若"类修饰符"为 public,则其余所有的类都可以访问被修饰的类。而如果"类修饰符"为默认,则只有与被修饰类处于同一个包体之下的类,才有访问被修饰类的权限。

属性与方法的修饰符可以为 public、protected、private、默认。访问属性或方法的前提为,此类具有被访问的权限,具体的访问权限见表 4-1。

表 4-1　　　属性与方法的访问权限

名称	权限
public	所有类
protected	本包中的类及子类
默认	本包中的类
private	本类

【例 4-12】

```java
package com. study;
class Animal {
    private String name;
    private String voice;
    public Animal( ){

    }
    public void setName(String name) {
        this. name= voice;
    }
    public String getName( ){
        return this. name;
    }
    public void setVoice(String voice) {
        this. voice= voice;
    }
    public String getVoice( ){
        return this. voice;
    }
    public void shout( ){
        System. out. println(getVoice( ));
    }
}
package com. test;
public class TestAnimal {
    public static void main(String args[]) {
        Animal dog= new Animal( );
        //dog. voice="汪汪"; //①
        dog. setVoice("汪汪"); //②
```

```
        dog. shout( ); //③
    }
}
```

　　如上例 4-4,很好地体现了访问权限的用处。由于类 Animal 的 voice 属性是私有属性,所以在 TestAnimal 类中对其直接访问时,编译器会报错误(参见①处代码)。此时若要对其进行访问,可以调用公有方法 setVoice 与 getVoice 间接地操作私有属性 voice(参见②③处代码)。如果在面向对象设计当中,很好地使用封装,可以实现"高内聚,松耦合"的软件设计要求,从而有利于系统的扩展和维护。

4.4.4　Java 语言的继承

　　Java 的继承是使用已存在的类的定义作为基础来建立新类。相对于 C++的多继承,Java 只支持单一继承,即一个类只允许有一个父类。新建立的类称为子类,子类可以增加新的属性和方法,也可以从父类继承相应的属性和方法。

　　Java 继承是通过 extends 关键字来实现的,在定义类时使用 extends 关键字指明新定义类的父类,就在两个类之间建立了继承关系。Java 的继承是单继承,新定义的类成为子类,它可以从父类那里继承相应的属性和方法。

　　例如,一个子类 Cat 继承了例 4-4 描述的类 Animal,参见图 4-10。对于子类 Cat 的实例对象,就拥有了类 Animal 与类 Cat 的所有属性和方法。

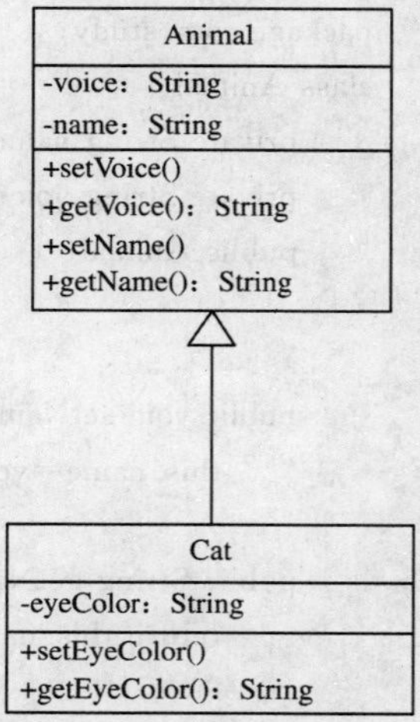

　　例 4-13 就是对图 4-10 的具体实现。

【例 4-13】

```
class Cat extends Animal {
    private String eyeColor;
    public void setEyeColor(String eyeColor) {
        this. eyeColor=eyeColor;
    }
    public String getEyeColor( ){
        return eyeColor;
    }
}
public class TestCat {
    public static void main(String args[]) {
        Cat persiaCat=new Cat ( );
        persiaCat. setName("波斯猫 Tom");
        persiaCat. setVoice("喵喵");
        persiaCat. setEyeColor("一只眼睛蓝色,一只眼睛绿色");
        persiaCat. shout( ); //输出"喵喵"声
        System. out. println(persiaCat. getEyeColor( )); //输出"一只眼睛蓝色,一只眼睛绿色"
    }
}
```

图 4-10　继承示意图

上例中,类 Animal 与类 Cat 的属性和方法都被复制到了 Cat 的实例对象 persiaCat 中,包括 Animal 的私有属性,但是 persiaCat 对象不可以直接访问从父类继承来的私有属性,必须通过调用 setName、getName、setVoice、getVoice 来间接进行访问。

子类在继承父类时,首先要满足父类可以被访问。其次要注意,凡是"类修饰符"为 public 或 protected 的父类属性和方法,能被子类直接访问;private 修饰的属性和方法不可以被直接访问。

4.4.5 Java 语言的多态

Java 的多态是指一个程序中,方法名相同,但方法内容不同的一种情况。方法的重载 Overloading 和覆盖 Overriding 是 Java 多态性的不同表现。

如果在同一个类中定义了多个同名的方法,但这些方法的参数不同(参数个数不同或参数类型不同),则称这些方法为重载(Overloading)的方法。如果在子类中定义的某方法与其父类有相同的名称和参数,我们即称该方法被覆盖(Overriding)。子类的对象在使用这个方法时,将调用本身的定义,而父类中的同名方法如同被"隐藏"了。

重载 Overloading 是一个类中多态性的一种表现,而覆盖 Overriding 是父类与子类之间多态性的一种表现。

【例 4-14】
```java
public class Calculate {
    //方法①
    public int add(int a) {
        return a++;
    }
    //方法②
    public int add(int a, int b) {
        return a+b;
    }
    public static void main(String args[]) {
        Calculate cal=new Calculate( );
        cal. add(3);
        cal. add(3,4);
    }
}
```

上例中,定义了一个计算器的类 Calculate,此类拥有两个重载方法 add。当传入一个 int 型参数时,编译器调用方法①,完成整数的自加操作。当传入两个 int 型参数时,编译器会调用方法②,完成两个整数的相加操作。

【例 4-15】
```java
public class Father {
    public String getName( ){
        return "Father";
    }
}
```

```
public class Son extends Father{
    public String getName( ){
        return "Son";
    }
    public static void main(String args[]){
        Son s＝new Son( );
        System. out. println(s. getName( ));        //控制台输出"Son"
    }
}
```

上例中,定义了两个类 Father 与一个继承了 Father 的类 Son,Son 中的 getName( ) 方法覆盖了 Father 类的 getName( )方法,因此对于 Son 的实例 s,调用 getName( )方法 时,会调用子类 Son 的 getName( )方法,进而返回"Son"。

在 Java 中使用多态,可以使程序更加灵活,提高代码的复用性及可扩展性,大大简化 了对应用软件的代码编写和修改过程。深入理解多态的概念,有助于正确使用多态,设计 出更加高效、灵活、健壮的 Java 编程程序。

4.4.6　面向对象高级应用

1. 静态修饰符 static

用 static 修饰符修饰的变量与方法是属于类的,而不属于任何一个类的对象。它被 保存在类的内存区的公共存储单元中,而不是保存在某个对象的内存区中。其访问方式 为类名,加点操作符,再加方法名或变量名。

【例 4-16】

```
class Count {
    static int i＝0;
    static int getCount( ){
        return i;
    }
}
public class TestStatic {
    public static void main(String[] args) {
        for(int i＝0; i ＜ 5; i＋＋) {
            Count. i＋＋;
        }
        System. out. println(Count. getCount( ));//控制台输出 5
    }
}
```

2. this 与 super

this 关键字在程序中主要指代当前对象,使用 this. 变量、this. 方法,即意味着调用当 前对象的变量与方法。

【例 4-17】

```
public class TestThis {
    int i;
```

```
    public void increasement( ){
        this. i++;
    }
}
```

上例中的 this. i++的含义是指,对于 TestThis 类的对象,调用方法 increasement 时,会使此对象的变量 i 进行自加操作。

this 除了指代当前对象之外,还有一种特殊用途,就是在构造方法中,调用重载的其他构造方法,这样极大地提高了对现有代码的复用,减少程序维护的工作量。

【例 4-18】
```
class Add {
    public int x=0;
    public int y=0;
    Add(int x) {
        this. x=x;
    }
    Add(int x, int y) {
        this(x);
        this. y=y;
    }
    public int add( ){
        return x+y;
    }
}
public class TestAdd {
    public static void main(String[] args) {
        Add a=new Add(3,4);
        System. out. println(a. add( ));//控制台输出 7
    }
}
```

上例中,实例化 a 的代码 Add a=new Add(3,4),首先调用构造方法 Add(int x, int y),并在运行该构造方法第一行代码时,调用重载的构造方法 Add(int x)。

super 关键字在使用上与 this 类似,也有两种使用方式:

(1)当需要在子类中调用父类的同名变量或同名方法时,可用 super 关键字来指代。

【例 4-19】
```
class Father {
    public String getName( ){
        return "父亲";
    }
}
class Son extends Father {
    public String getName( ){
        return super. getName( );
```

```
    }
}
class Test {
    public static void main(String[] args) {
        Son s=new Son( );
        System. out. println("我是"+s. getName( ));
    }
}
```

此例中 Son 类继承于 Father,并在 getName( )方法中,调用父类的同名方法 getName( ),最终控制台输出:我是父亲。

(2)子类调用父类的构造方法时,使用 super 关键字。

【例 4-20】

```
class Add {
    …//同例 4-18
}
class SonAdd extends Add {
    int a=0,b=0;
    SonAdd(int x) {
        super(x);
        this. a=x+1;
    }
    SonAdd(int x, int y) {
        super(x,y);
        this. a=x+3;
        this. b=y+3;
    }
    public int add( ){
        System. out. println("super:x+y="+super. add( ));
        return a+b;
    }
}
class Test {
    public static void main(String[] args) {
        SonAdd sa=new SonAdd(2,5);
        System. out. println("a+b="+sa. add( ));
    }
}
```

控制台输出:

super:x+y=7

a+b=13

子类可以通过在自己的构造方法中使用 super 关键字调用父类构造方法,但需要注意的是,该方法必须是子类构造方法中的第一条可运行语句。

3. Java 语言的抽象类与接口

（1）抽象类

抽象类往往用来表征我们在对问题领域进行分析、设计中得出的抽象概念，是对一系列看上去不同，但是本质上相同的具体概念的抽象。比如：从前面章节中举的例子，我们会发现，狗、猫都是一些具体的概念，它们是不同的，但是它们又都属于动物这样一个概念，动物这个概念就可以看做是一个抽象概念。而狗、猫都是从动物这个抽象概念派生出来的具体事例。

在 Java 中，凡是用 abstract 修饰符修饰的类称为抽象类，凡是用 abstract 修饰符修饰的成员方法称为抽象方法。

理解抽象类需要注意以下几个方面：

①抽象类中可以有零个或多个抽象方法，抽象类也可以包含非抽象的方法，抽象类可以有构造方法。

②抽象类和具体类的关系也就是一般类和特殊类之间的关系，是一种继承和被继承的关系。抽象类不能创建对象，创建对象的工作由抽象类派生的具体子类来实现。

③对于抽象类中的抽象方法来说，在抽象类中只指定其方法名及其类型，而不需要给出具体的实现代码，抽象方法具体由抽象类的派生类来实现。如果继承抽象类的子类是具体类，则该具体子类中必须实现抽象类中定义的所有抽象方法；如果具体子类还是抽象类，则子类不需要实现父类中的抽象方法，但也不能定义和父类同名的抽象方法。

④在抽象类中，非抽象方法也可以调用抽象方法，因为在具体子类中抽象方法必定被实现，从而在具体子类中，相当于具体方法调用具体方法。

⑤abstract 不能与 final 并列修饰同一个类（因为 final 修饰的类为最终类，不能有子类，这与抽象类必定有子类产生逻辑矛盾）；abstract 不能与 private、static、final、native 并列修饰同一个方法。

【例 4-21】

```java
abstract class Animal {
    public abstract String shout( );
    private String name;
    public void setName(String name) {
        this. name＝name;
    }
    public String getName( ){
        return this. name;
    }
}
class Cat extends Animal {
    public String shout( ){
        return "喵喵";
    }
}
class Dog extends Animal {
    public String shout( ){
```

```
                return "汪汪";
            }
        }
        public class Test {
            public static void main(String args[]) {
                Cat c＝new Cat ( );
                Dog d＝new DoG( );
                c. setName("小花");
                d. setName("小宝");
                System. out. println(c. getName( )＋"的声音是"＋c. shout( ));
                System. out. println(d. getName( )＋"的声音是"＋d. shout( ));
            }
        }
```

控制台输出：

小花的声音是喵喵

小宝的声音是汪汪

上例中定义了一个抽象类 Animal，此类有一个抽象方法 shout 及两个具体方法 setName( )与 getName( )。又定义了两个具体的类 Cat、Dog，继承于抽象类 Animal，这两个具体类必须实现父类中的抽象方法 shout( )，否则编译器会提示错误信息。

抽象类的抽象方法在具体子类当中必定被实现（相当于一种特殊形式的子类覆盖父类），正是有了这一规则，抽象类的声明才能向所有具体子类对象发送统一消息，才有了面向对象的共享方法设计。但是，在确定抽象类的抽象方法时，一定要确保这些方法就是同类对象共同行为的抽取，否则会因设计不当而经常需要调整、改动抽象方法，造成维护上的麻烦。

（2）接口

Java 是一种单继承的语言，若一个具体类已经集成了一个抽象类，此具体类只能通过实现接口（interface）来继承另一个抽象体中的一些方法与属性。

Java 中的接口是一系列方法的声明，是一些方法特征的集合，一个接口只有方法的特征没有方法的实现，因此这些方法可以在不同的地方被不同的类实现，而这些实现可以具有不同的行为（功能）。

Java 中接口定义格式如下：

［public］interface 接口名 ［extends 父接口名列表］

{

　　//静态常量域变量名声明

　　［public］［static］［final］域类型 域名＝常量值

　　//抽象方法声明

　　［public］［abstract］返回值 方法名（参数列表）［throw 异常列表］

}

定义接口要注意以下几点：

①接口不能创建实例对象，接口修饰符要么为 public，要么为默认。

②接口中定义的域变量名都是 final static 的，即静态常量。即使没有任何修饰符，其

效果完全等效。

　　③接口不可以有具体的方法,所有成员方法都是抽象方法,且接口没有构造方法。即使没有任何修饰符,其效果完全等效。

　　④接口也具有继承性,可以通过 extends 关键字声明该接口的父接口。

【例 4-22】

```
public interface Entertainment{
    public abstract void photo( );
    public abstract void playGame( );
    public abstract void watchFilm( );
    public abstract void call( );
}
```

　　以上例子是一个"娱乐"的接口定义,可以看到其有 4 个方法,并且所有方法都是抽象方法。

　　接口的使用:

　　一个类要实现接口时,要注意以下几点:

　　①类使用 implements 关键字来实现接口。一个类可以实现多个接口,这时在 implements 后用逗号隔开多个接口的名字。

　　②接口的实现者可以继承接口中定义的常量与抽象方法,如果实现某接口的类不是 abstract 的抽象类,则在类的定义部分必须实现接口中的所有抽象方法。如果实现某接口的类是 abstract 的抽象类,则它可以不实现该接口所有的方法。但是对于这个抽象类的任何一个具体子类而言,都必须实现接口中的所有抽象方法。

　　③接口抽象方法的访问限制符如果为默认(没有修饰符)或 public,则类在实现时必须显式地使用 public 修饰符,否则将被编译器提示缩小了接口定义方法的访问控制范围。

【例 4-23】

```
public class SmartPhone implements Entertainment{
    public void photo( ){
        System. out. println("照相");
    }
    public void playGame( ){
        System. out. println("玩游戏");
    }
    public void watchFilm( ){
        System. out. println("看电影");
    }
    public void call( ){
        System. out. println("打电话");
    }
}
public class Test{
    public static void main(String args[]){
```

```
        SmartPhone sp＝new SmartPhone( );
        sp. photo( );
        sp. playGame( );
        sp. watchFilm( );
        sp. call( );
    }
}
```

控制台输出：

照相

玩游戏

看电影

打电话

上例定义了一个智能手机的类 SmartPhone，并实现接口 Entertainment，对于接口中的所有抽象方法，类 SmartPhone 中都有具体的实现。

抽象类和接口是 Java 语言中对于抽象方法进行支持的两种机制，正是由于这两种机制的存在，才赋予了 Java 强大的面向对象能力。抽象类和接口之间在对于抽象定义的支持方面具有很大的相似性，甚至可以相互替换，它们既有许多相同点，又有许多不同点。

①它们都具有抽象方法，但都不能实例化对象。它们都有子类来继承，并且如果子类不是抽象类，在抽象类或接口中定义的抽象方法必须在子类中有具体的定义。

②抽象类可以有具体的方法，但接口不可以。抽象类可以有域变量，接口只能具有静态常量。

③一个类只能继承一个抽象类，但一个类可以实现多个接口。

④接口较抽象类有较好的扩展性。接口与实现类不是继承关系，因此当接口需要增加新功能方法时，可以通过接口的继承，将变化体现在新接口中，从而保证原接口的稳定，进而保证原接口的实现类不必进行修改。但是如果在抽象类中增加新方法，必须对继承该抽象类的所有子类进行一番修改。因此选择实现接口来扩展功能要比继承抽象类扩展功能来得容易和简单，并且不破坏现有的继承关系，保证了原有系统的稳定性。

习　题

1. 解释概念

对象、类、实例、消息、属性、重载、多态性、OOP。

2. 举例说明类的继承性和多态性。

3. 简述什么是面向对象？

4. 面向对象的特点是什么？

5. 面向对象的基本原则是什么？

6. 什么是数据抽象？

7. 什么是抽象数据类型？

8. 怎样写构造函数？它有何作用？

9. 简述类方法与实例方法的区别。

10. 子类能够继承父类的哪些成员变量与方法？

11. 什么是 Java 继承？Java 语言中是否支持多继承？

12. 简述 Java 中接口与抽象类的区别。

13. 设计并实现一个时间类，用它能表示 24 小时之内的任何时刻。它具有设置一个新时刻、求下一秒的时刻、显示当前时间等功能。编写一个主程序测试它，使其在屏幕上显示一个时间并且每秒钟变化一次时间。

14. 设计一个整数栈，栈用数组表示。对栈的主要操作有：入栈 push 和出栈 pop。push 是在栈顶增加一个整数，pop 是从栈顶弹出一个整数。将动态数组和栈顶指针设计为私有部分，外部只能通过 push 和 pop 对其操作。还要考虑栈满和栈空的情况。

15. 仓库里有一堆木箱，工人们每天搬走一半多一个箱子，搬运五天即可全部搬完，问仓库里一共有多少个箱子？工人们每天搬运多少个箱子？用 Java 编程实现。

16. 回文数是指其各位数字左右对称的整数，例如 121,1331,82328 等。编写一个 Java 程序，输入一个整数，判断是否为回文数。

第 5 章

软件工程基础

5.1 软件工程概述

软件工程是计算机科学技术领域中的一门新兴工程学科,软件工程学以规模大、复杂程度高的软件系统为工程对象,研究如何采用工程的概念、原理、技术和方法指导软件系统的开发和维护,其目的是提高软件的生产率和质量,增加软件的可维护性,减少软件系统维护所需要的工作量和成本。

本章将以软件生存周期为导引,扼要介绍软件工程技术的基本概念,以及采用软件工程方法开发软件的一般方法。

5.1.1 软件与软件危机

1. 软件的发展

计算机软件是指与计算机系统操作有关的程序、数据以及相关文档资料,它与计算机硬件系统相互依存,共同组成完整的计算机系统。对"软件"的理解,在不同时期有着不同的定义。自从世界上公认的第一台计算机诞生以来,计算机硬件有了飞速的发展,伴随着硬件的发展,计算机软件业也从最初的简单"程序"的概念发展为今天庞大的软件产业。在这期间,计算机软件经历了三个发展阶段:

- 程序设计阶段:20 世纪 50 年代～60 年代。
- 程序系统阶段:20 世纪 60 年代～70 年代。
- 软件工程阶段:20 世纪 70 年代至今。

表 5-1 中给出三个发展阶段主要特征的对比。

表 5-1　　　　　　　　　计算机软件发展的三个阶段及其特点

特点	阶段		
	程序设计	程序系统	软件工程
软件所指	程序	程序及规格说明书	程序、文档、数据
主要程序设计语言	汇编及机器语言	高级语言	软件语言[①]
软件工作范围	编写程序	包括设计和测试	软件生存周期

（续表）

特点	阶段		
	程序设计	程序系统	软件工程
需求者	程序设计者本人	少数用户	市场用户
开发软件的组织	个人	开发小组	开发小组及大中型软件开发机构
软件规模	小型	中、小型	大、中、小型
决定质量的因素	个人程序设计技术	开发小组技术水平	管理水平
开发技术和手段	子程序、程序库	结构化程序设计	数据库、开发工具、开发环境、工程化开发方法、标准和规范、网络和分布式开发、对象技术
维护责任者	程序设计者	开发小组	专职维护人员
硬件特征	价格高、存储容量小、工作可靠性差	降价、速度、容量及工作可靠性提高	向超高速、大容量、微型化及网络化方向发展
软件特征	完全不受重视	软件技术的发展不能满足需要，出现软件危机	开发技术有进步，但未获突破性进展，价格高，未完全摆脱软件危机

①这里软件语言包括需求定义语言、软件功能语言、软件设计语言、程序设计语言等。

2. 软件的特点

计算机软件同其他的工业产品不同，有着独特的属性。它是一种逻辑实体，具有抽象性，主要工作集中在定义、开发和维护方面。人们可以把它记录在纸上、内存及磁盘上，但却无法看到软件本身的形态，必须通过观察、分析、思考、判断，才能了解它的功能、性能等特性。软件没有明显的制造过程，对软件的质量的控制，必须着重在软件开发方面进行控制。当软件成为产品之后，其制造只是简单地拷贝自己。软件在使用过程中，不会因为磨损而老化，但是为了适应硬件的发展、环境以及需求的变化需要进行适当修改，而这些修改又不可避免地会引入错误。因此，软件的维护工作远比硬件产品的维护复杂，维护的费用也比开发的费用大得多。

软件的上述特征决定了软件的开发不同于人们熟悉的其他工程（如建筑、机械、电子等），有着许多特有的属性，其中不仅包括一些技术问题，而且还涉及与社会生活密切相关的管理问题。因此，对于规模较大、复杂程度较高、涉及人员较多的软件系统的开发必须要采用特定的方法和技术去指导，才能获得如期满意的结果。

3. 软件危机

在计算机发展的初期，人们主要致力于计算机硬件的研究，而忽视对软件的研究。软件开发主要采用个体化手工作坊方式进行程序设计，编制程序完全是一种技巧，主要依赖于开发人员的素质和个人技能。当时的软件只是用所谓的机器指令编制的程序，人们把程序设计当成一种充分发挥个人才能的领域，认为软件开发就是写程序并能正确运行，而且过分注重程序设计的技巧，忽略软件的维护，对于软件开发的过程没有一个统一的规范。随着计算机硬件的飞速发展以及计算机的广泛应用，软件开发的规模越来越大，复杂程度越来越高，牵涉的人员越来越多，在软件开发和维护过程中也不同程度地出现了一系列的问题，造成了软件的危机。所谓软件危机即是指在计算机软件开发和维护过程中所遇到的一系列严重问题,它包含两方面的问题:一是如何开发软件,以满足不断增长的需求;二是如何维护数量不断膨胀的软件产品。软件危机的主要表现为:

(1)软件质量难以保证,出错率高,满足不了用户的需求,甚至无法使用;

(2)软件开发成本增长难以控制,极少在预定成本预算内完成;

(3)软件开发进度难以控制,周期拖得很长,不能按时交付使用;

(4)软件维护困难,维护人员和费用不断增加,甚至出现不可维护;

(5)软件缺乏适当的文档资料;

(6)软件生产率低下,不能满足社会发展需求。

造成软件危机的原因,一方面是与软件本身的特点有关,另一方面是与软件开发过程和维护的方法不正确有关。主要表现为在软件开发前,忽视前期的需求分析,开发过程没有统一的、规范的方法进行指导,软件的文档资料不齐全,在开发过程中忽视开发人员的交流,忽视测试阶段的工作,提交的软件质量差,不重视软件维护等。

这些矛盾表现在具体的软件开发项目上,最突出的实例就是美国 IBM 公司在 1963 年至 1966 年开发的 IBM 360 机的操作系统。该项目花了 5000 人年的工作量,最多时有 1000 人投入开发工作,编写了近 100 万行源程序。尽管投入了如此多的人力和物力,得到的结果却不尽如人意。据统计,这个操作系统每次发行的新版本都是从上一版本中找出约 1000 个程序错误而修正的结果。

已完成的软件不能满足用户的需要的另外一个案例是在 1984 年,经过 18 个月的开发,一个耗资 2 亿美元的系统交付给了美国威斯康星州的一家健康保险公司。但是该系统却不能满足用户的实际工作需要,只好追加了六千万美金,又花了 3 年时间才解决了问题。

由于在软件开发过程中,起着主要作用的是开发者的逻辑思维过程。如果开发的软件若干年后,需要由其他人修改,那么修改者必须要理解开发者当时的思维过程,因此说读懂别人的程序比重新编写难度更大。

为了解决这种现象,人们在认真分析了软件危机产生的原因之后,开始探索使用工程的方法进行软件开发的可能性。1968 年在北大西洋公约组织召开的一次计算机科学学术研讨会上,专家们首次提出了"软件工程"的概念,试图建立并使用正确的工程方法在规定的投资和时间限制内开发出成本低、可靠性好而且运行稳定高效、符合用户需要的高质量的软件产品,从而解决或缓解软件危机。它应用计算机科学、数学及管理学等原理,借鉴传统工程的原则和方法来组织和规范软件开发的过程,解决软件开发中面临的问题,促进软件的发展。其中计算机科学、数学应用构造模型与算法,工程科学用于制定规范、评估成本,管理科学用于计划、资源、质量、成本等管理。

在这以后的实践中,人们逐渐对软件有了新的认识,抛弃了那种单独追求技巧,而不注重程序的可读性、可维护性的观点,软件的开发也从单纯的个体化作坊式编程变成了一种团队协作的工程活动,软件工程的研究与应用取得了很大成就,并不断进行了软件开发模型、软件开发方法、软件开发工具及管理方面的研究,提出了许多科学实用的开发方法,大大缓解了软件危机造成的被动局面,为软件产业的发展起到了很好的促进作用。

5.1.2 软件生存周期

1. 什么是软件生存周期

同人的生命的发展要经历一个孕育、诞生、成长、成熟和衰亡的生命周期一样,软件从其产生、发展到最后被淘汰也要经历这样一个全过程,即软件产品从提出开发要求、功能确定、设计,到开发成功投入使用,并在使用中不断修改、完善,直至被新的需要所替代而停止使用的全过程。我们把软件开发的这一全过程称为软件的生存周期。通常我们将按工程的方法和思想对一个软件项目的生存周期进行划分,目前划分的标准尚不统一,一般可大致分为六个或七个阶段,即制订计划、需求分析、概要设计、详细设计、编码、测试及运行维护。

2. 软件生存周期模型

为了反映软件生存周期内各阶段如何组织及如何衔接,需要用一个软件生存周期模型来直观表示。软件生存周期模型是从软件项目需要定义直至软件经使用最后被废弃为止,跨越整个生存周期的系统开发运作和维护所实施的全部过程、活动和任务的结构框架,也称软件开发过程模型。软件生存周期模型对软件工程的发展和软件产业的进步,起到了不可估量的积极作用。软件生存周期模型有瀑布模型、演化模型、螺旋模型、智能模型等。最为流行的是瀑布模型。

(1)瀑布模型(Waterfall Model)

瀑布模型开发方法按照软件生存周期的划分,明确规定了软件工程活动每个阶段的任务,即制订计划、需求分析、软件设计、编码、测试、运行和维护,并且规定了它们自上而下相互衔接的固定次序,如同瀑布流水,逐级下落。开发方法和开发过程如图 5-1 所示。这种模型表明,在生存周期中,对应于下落流线,任何一个软件都要按顺序经历六个步骤。同时,为了确保软件产品的质量,每个步骤完成后都要进行复查,如果发现问题就应返回到上一级去修改。这就构成了图中向上的流线。

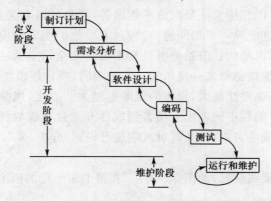

图 5-1 瀑布模型

瀑布模型适合于在软件开发中需求比较明确,开发技术比较成熟,工程管理比较严格的情况下使用,各种应用软件的开发均可使用这种方法。但是瀑布模型缺少灵活性,无法解决软件需求不明确的问题,可能导致开发出的软件不是用户所需要软件的情况。

（2）演化模型（Evolutional Model）

与瀑布模型不同的是，演化模型开发方法不要求从一开始就有一个完整的软件需求定义，常常是用户自己对软件需求的理解还不甚明确，或者讲不明白。演化模型开发方法允许从部分需求定义出发，先建立一个不完全的系统，通过测试运行系统取得经验和反馈，加深对软件需求的理解，进一步完善和扩充系统，如此反复进行，直至软件人员和用户对所设计完成的软件满意为止。演化模型如图 5-2 所示。

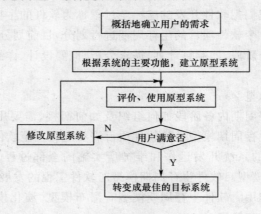

图 5-2　演化模型

由于演化模型开发的软件是逐渐增长和完善的，所以软件从总体结构上不如瀑布模型开发的软件清晰。演化模型的特点是，软件人员和用户共同参与软件的开发过程，一旦发现问题就可以立即修改，使用这种方法开发出的软件可以很好地满足用户的需求。演化模型适合于用户需求不太明确，需要在开发过程中不断认识的系统。

（3）螺旋模型（Spiral Model）

对于复杂的大型软件，开发一个原型往往达不到要求，螺旋模型将瀑布模型与演化模型结合起来，并且增加了两种模型都没有的风险分析，弥补了两者的不足。

在制订软件开发计划时，系统分析员必须回答：项目的需求是什么，需要投入多少资源以及如何安排开发进度等一系列问题。然而，若要他们当即给出准确无误的回答是不容易的，甚至几乎是不可能的。但是分析员又不可能完全回避这一问题。凭借经验的估计出发给出初步的设想难免带来一定风险。实践表明，项目规模越大，问题越复杂，资源、成本、进度等因素的不确定性越大，承担的风险也越大。总之，风险是软件开发不可忽视的潜在不利因素，它可能在不同程度上损害到软件开发过程或软件产品的质量。软件风险驾驭的目标是在造成危害之前，及时对风险进行识别、分析，采取对策，进而消除或减少风险的损害。

螺旋模型沿着螺旋线旋转，如图 5-3 所示，在笛卡尔坐标的四个象限上分别表达了四个方面的活动，即：

· 制订计划：确定软件目标，选定实施方案，弄清项目开发的限制条件；

· 风险评析：分析所选方案，考虑如何识别和消除风险；

· 实施过程：实施软件开发；

· 客户评估：评价开发工作，提出修正建议。

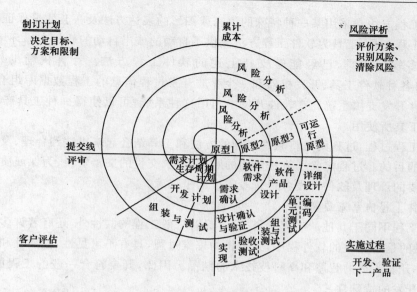

图 5-3　螺旋模型

　　沿螺旋线自内向外每旋转一圈便开发出更为完善的一个新的软件版本。例如,在第一圈,确定了初步的目标、方案和限制条件以后,转入右上象限,对风险进行识别和分析。如果风险分析表明,需求有不确定性,那么在右下方的过程象限内,所建的原型会帮助开发人员和客户考虑其他开发模型,并对需求做进一步修正。

　　客户对过程成果做出评价之后,给出修正意见,在此基础上需要再次计划,并进行风险分析。在每一圈的螺旋线上,风险分析的重点作出是否继续下去的判断。加入风险过大,开发者和用户无法承受,项目有可能终止。多数情况下沿着螺旋线的活动会继续下去,自内向外,逐步延伸,最终得到所期望的系统。

　　如果开发人员对所开发项目的需求已有了较大把握,则无需开发原型,可采用普通的瀑布模型。这在螺旋模型中可认为是单螺旋线。与此相反,如果对所开发项目的需求理解较差,则需要开发原型,甚至需要不止一个原型的帮助,也就需要经历多圈螺旋。在这种情况下,外圈的开发包含了过多的活动。

　　螺旋模型适合于大型软件的开发,可谓最为实际的方法,它吸收了软件工程“演化”的概念,使得开发人员和客户对每个演化层出现的风险有所了解,继而做出应有的反应。

5.1.3　软件工程的要素和原则

1. 软件工程的定义和要素

　　1983 年 IEEE 对软件工程给出的定义为:“软件工程是开发、运行、维护和修复软件的系统方法”,其中,软件的定义为“计算机程序、方法、规则、相关的文档资料以及在计算机上运行时所必需的数据”。

　　软件工程包括三个要素:即方法、工具和过程。

　　软件工程方法:方法为软件开发提供了“如何做”的技术。它包括了多方面的任务,如项目计划与估算、软件系统需求分析、数据结构、系统总体结构的设计、编码、测试以及维护。软件工程方法常采用某一种特殊的语言或图形的表达方法及一套质量保证标准。

软件工程工具:工具为软件工程方法提供了自动的或半自动的软件支撑环境。目前,推出的许多软件工具,已经能够支持上述的软件工程方法。计算机辅助软件工程(CASE)将各种软件工具、开发机器和一个存放开发过程信息的工程数据库组合起来,形成一种软件开发支撑系统。在软件开发中利用这种系统,可以使得一种工具产生的信息为其他的工具所使用。

软件工程过程:过程则是将软件工程的方法和工具结合起来以达到合理、及时地进行软件开发的目的。过程定义了方法使用的顺序、要求交付的文档资料、为保证质量和协调变化所需要的管理及软件开发各个阶段完成的里程碑。

2. 软件工程的基本原则

软件工程不同于其他的工程学科,除了具有一般工程的共性外,还有着许多特殊的属性,所开发的是计算机的软件程序,是逻辑的思维过程,具有不可见性、抽象性和知识密集性,是软件开发人员的智慧和高科技技术的结晶。因此,既要符合一般的工程原则,也要适应软件开发的特殊性。

自从提出"软件工程"这一术语以来,研究软件工程的专家学者们陆续提出了 100 多条关于软件工程的原则。美国著名的软件工程专家 Boehom 综合这些专家的意见,并结合自己多年开发软件的经验,于 1983 年提出软件工程的 7 条基本原则。并指出这 7 条基本原则是确保软件产品质量和开发效率的最小集合。它们是相互独立的,是缺一不可的,同时,它们又是完备的。软件工程的 7 条基本原则概括如下:

(1)用分阶段的生存周期计划严格管理

计划和评审是软件工程的主要原则之一。应在开发前,在时间上进行分解,将软件开发过程分解为一系列的阶段任务。有调查结果表明,不成功的软件开发项目,50%以上是由于计划不周造成的。因此,建立周密的计划,并在开发过程中严格按照计划进行管理,是软件项目成功的先决条件。

在软件开发与维护的漫长的生存周期中,需要完成各阶段的工作和任务。应该将软件生存周期划分成若干阶段,并相应地制订出切实可行的计划,然后严格按照计划对软件的开发与维护进行管理。在软件的生存周期中应该严格运行 6 类计划,即项目概要计划、里程碑计划、项目控制计划、产品控制计划、测试计划、运行和维护计划。

(2)坚持进行阶段评审

应该在软件开发中的每个阶段严格进行审查,以便尽早发现软件开发过程中的错误,软件的质量保证工作不能等到编码阶段结束之后再进行。大量的统计数据表明,大部分错误是在编码之前造成的,其中设计错误占 63%,编码错误仅占 37%。错误发现得越晚,所付出的代价就越大。

(3)实行严格的产品控制

在软件开发过程中应注意不要随意改变需求。但是由于外部环境的变化,进行相应的变化是一种客观需要,改变需求是难免的。不能绝对禁止改变需求,而只能靠科学的产品控制技术来顺应这种要求。其中主要的技术是实行基准配置管理,即一切有关修改软件的建议,特别是涉及对基准配置的修改建议,都必须按照严格的规程进行评审和控制,获得批准后才能实施修改。当发生变化时,其他各阶段的文档或代码都随之相应修改,以保证软件的一致性。

(4)采用现代程序设计技术

在进行编码阶段时,应该选择采用目前先进的程序设计语言进行开发,采用先进的程序设计技术既可以提高软件开发和维护的效率,又可以提高软件质量。

(5)明确规定责任和产品标准

在开发过程中,应该根据软件开发的总目标及完成期限,明确规定开发小组的责任和产品标准,使产品能及时进行审查。

(6)选择合适的开发小组人员

开发小组人员的素质和数量是影响软件产品质量和开发效率的主要因素,开发人员不宜过多,应该少而精,以免造成信息沟通和接口的工作量增加。

(7)不断改进软件工程实践

软件工程是一门年轻的学科,随着计算机技术、电子技术的发展,不断有新的技术和方法出现。因此,在软件开发过程中,不仅应该积极主动地采纳新的软件技术,而且要不断总结经验和教训。

除此之外文档的编写是软件开发过程中的一个重要部分,文档对软件工程具有非常重要的意义。在软件开发中,为了实现对软件开发过程的管理,在开发的每一阶段都要按规定的格式编制出需要的完整文档。文档的作用如下:

(1)作为开发人员在一定阶段内承担任务的工作结果和结束标志。

(2)向管理人员提供软件开发的各种进展情况,把软件开发过程中的一些"不可见"的事物转换成文字资料,以便管理人员在各个阶段检查开发计划的实施情况,使之能够对各种结果进行清晰的审计。

(3)记录开发过程中的技术信息,以便协调工作,并作为下一阶段工作的基础。

(4)提供有关软件的维护、培训、流通和运行的信息,有助于管理人员、开发人员、操作人员和用户之间工作的了解。

(5)向未来用户介绍软件的功能和能力,使之能够判断该软件能否适合使用者的需要,并能正确地操作软件。

5.1.4　软件工程方法

为了实现软件研制和维护的自动化,提高软件的生产率,软件研制的方法经历了不断发展的过程。人们在实际工作中提出了许多系统化的分析和设计方法。从 20 世纪六七十年代的结构化系统分析与设计方法,到 80 年代初期的快速原形方法,以及 90 年代兴起的面向对象方法,虽然特点不同,应用背景不同,但在软件研制与开发的社会活动中都得到了广泛、成功的应用。结构化的系统分析与设计方法是软件工程领域的经典方法,为软件工程的产生与发展发挥了重要作用,是目前最成熟的,也是应用最多、最广的方法。后来的许多方法都是对它的改进或扩充,如快速原形方法。面向对象的系统分析与设计方法在 90 年代开始逐渐走向成熟,表现了蓬勃的生命力,为软件工程的发展注入了新的活力。毫无疑问,面向对象方法将是未来最有发展前途的软件工程技术。

1. Parnas 方法

D. L Parnas 在 1972 年发明了 Parnas 方法,该方法主要包括信息隐蔽技术和错误预防措施。信息隐蔽技术的主要内容是,在概要设计时列出可能发生变化的因素,并在模块划分时将这些因素放到个别模块的内部。一旦由于这些因素变化需要修改软件时,只需修改相应个别模块,其他模块不受影响。信息隐蔽技术的主要目的是提高软件的可维护性,减少模块之间的相互影响,提高软件的可靠性。错误预防的主要内容是,在可能产生错误之前增加一些判断,防止软件出现不可预料的结果。

由于 Parnas 方法没有明确的工作流程和具体的实施步骤,所以不能够独立使用,只能作为其他方法的补充。

2. Yourdon 方法

1978 年,E. Yourdon 和 L. L. Constantine 提出了 Yourdon 方法,即结构化分析与结构化设计方法(SA/SD),也称为结构化方法或面向数据流的方法。

Yourdon 方法是 20 世纪 80 年代使用最广泛的软件开发方法,至今仍然有许多软件开发机构使用。它采用结构化的分析方法进行需求分析,用结构化设计方法进行总体设计和详细设计,采用结构化编程方法进行编程。该方法的精髓是采用自顶向下、逐步求精的方法,将软件的功能逐步分解,直到人们可以理解和控制为止。但是该方法也存在一定的问题,当用户的功能可能经常变化时,会导致软件系统的框架结构不稳定。另外从数据流程图到软件结构图之间的过渡有明显的断层,导致设计回溯到需求有一定困难。

3. 面向数据结构的软件开发方法

面向数据结构的方法有两种,一种是 Warnier 方法,于 1974 年由 J. D. Warnier 提出;另一种是 Jackson 方法,由 M. A. Jackson 于 1975 年提出。该方法的基本思想是,从要求的输入输出数据结构入手,导出程序框架结构,再补充其他细节,最终得到完善的程序结构。这两种方法的差别有三点:一是使用的图形工具不同,分别使用 Warnier 图和 Jackson 图;二是使用的伪码不同;三是在构造程序框架时,Warnier 方法仅考虑输入数据结构,而 Jackson 方法不仅考虑输入数据结构,而且还考虑输出数据结构。

面向数据结构方法比较适合针对中小型软件进行设计,由于它无法构架软件系统的整体框架结构,因此不适合进行详细设计。

4. 面向对象的软件开发方法

面向对象(Object Oriented)方法是一种非常实用的软件开发方法,是建立在"对象"概念基础上的方法学。该方法与人类习惯的思维方式一致,开发出的软件稳定性、可重用性、可维护性好,并易于测试和调试,近年来发展很快,现已成为计算机科学研究的重要领域,受到计算机领域研究人员的广泛重视。20 世纪 80 年代中期相继出现了一系列描述能力较强、运行效率较高的面向对象的编程语言。90 年代面向对象方法已处于适用阶段,面向对象的方法与技术向着软件生命期的前期阶段发展,即人们对面向对象方法的研究与运用,不再局限于编程阶段,而是从系统分析和系统设计阶段就开始采用面向对象方法,这就标志着面向对象方法已经发展成为一种完整的方法论和系统化的技术体系。

面向对象方法开发过程一般分为 3 个阶段:

(1)面向对象分析(OOA)。分析和构造问题域的对象模型,区分类和对象,整体和部分关系;定义属性、方法和约束。

(2)面向对象设计(OOD)。根据面向对象分析的结果,设计软件体系结构,划分子系统,确定软硬件元素分配,确定类的结构和关系。

(3)面向对象编程(OOP)。使用面向对象语言实现面向对象设计。

面向对象方法从建立问题模型开始,然后是识别对象、构造类。这种方法是一种迭代和渐增的反复过程,随着迭代的范围扩大,使系统不断完善。从 20 世纪 80 年代末至今,面向对象的开发方法已日趋成熟。目前流行的面向对象开发方法主要有 Booch 方法、Coad 方法、OMT 方法、OOSE 方法。

5.1.5　软件工程工具

工具是人类进步的标志,熟练地掌握和应用软件工程工具对于提高生产效率、保障软件质量具有重要作用。与其他传统的工程类似,软件工程工具按照功能、用途和使用阶段可分为计划管理类、分析设计类、文档与版本管理类、集成化平台工具和软件测试类等。

1. 图稿绘制工具

图稿绘制工具提供了丰富的信息领域的物理元素图形符号,有助于系统建模和人员沟通,能够将难以理解的复杂文本通过图形符号表现。目前常用的有微软公司的 Office Visio 2007,它提供了画流程图、网络图、数据库模型图和软件图等图稿的可用模板,并且所画图形可以嵌入到 Word 中,而且操作简单,使用方便。

2. 源码浏览工具

这类工具通常与具体的编程语言相关,用于管理和组织源程序。典型的源代码浏览工具有 Source Insight、Cscope 和 ETags。通常界面分为三部分:左边树形结构提供工程内的所有变量、函数、宏定义;右边提供程序阅读和编辑;下边显示鼠标所在源代码涉及的函数或者变量定义,关键字以高量显示。

3. 配置管理工具

配置管理工具是一类由于对软件产品及其开发过程进行控制、规范的软件,通过对软件开发过程中产生的变更进行跟踪、组织、管理和控制,建立规范化的软件开发环境,确保软件开发者在各个阶段都能得到精确的产品配置。常用的配置工具有微软公司的 VSS、IBM 公司的 ClearCase 等。

4. 数据库建模工具

常用的数据库建模工具有 CA 公司的 ERWin 和 Sybase 公司的 Power Design,主要采用实体关系模型,分别从概念模型和物理模型两个层次对数据库进行建模,并且能够产生数据库管理系统需要的 SQL 脚本,还支持增量的数据库开发和局部更新。

5. UML 建模工具

UML 是统一建模语言,目前支持 UML 建模语言的最佳工具有 IBM 公司推出的可视化建模工具 Rational Rose。它集中体现了统一软件建模的思想,能够通过一套统一的图形符号表达各种设计思想,可以完成 UML 的 9 种标准图形,即静态建模图形:用例图、类图、对象图、组件图、配置图;动态建模图形:合作图、序列图、状态图、活动图。

6. 项目管理工具

用于软件工程项目管理工具主要有 Primavera 公司推出的 P3E 和微软公司推出的 MS Project。这类工具主要进行计划确定、任务运行进度管理和变更控制等管理功能。

5.2　软件开发计划的制订

制订软件开发计划与可行性论证是软件生存周期中第一个阶段的任务。在制订计划时,要准确弄清软件项目最终要解决的问题,估算项目的费用和大致的工作量,并考虑相应的对策。许多软件项目开发的实践经验表明,软件计划中的疏漏和错误可能会导致开发后期问题的急剧膨胀,影响项目的正常完成和软件的质量。

5.2.1　系统定义及描述

系统定义及描述是软件开发过程的第一步,应首先确定所开发软件的总体方案和技术路线,进行课题分解,对所采用的关键技术进行论证,给出项目的总体目标和阶段目标。其任务包括:

(1)确定所开发软件系统的总体要求和使用范围;

(2)描述所开发软件与外界的接口关系;

(3)确定所需要的软硬件支持;

(4)对开发成本和进度作初步估计;

(5)分析系统的可行性及背景;

(6)确定所开发的软件与原有软件的兼容关系或其他关系。

参加人员有用户、项目负责人、系统分析员等有关人员。产生的文档有项目计划书。

5.2.2　可行性论证

问题的定义明确之后,应该对系统的可行性进行研究,包括技术可行性、经济可行性和社会可行性等。可行性论证的主要任务是对将要开发的软件系统的基本思想和过程进行充分的论证,也就是要在系统开发前,对整个系统开发的总体目标、时间与周期、人员安排、投资情况等做出客观的分析与评价。产生的文档有可行性论证报告。可行性论证主要包括如下内容:

(1)技术可行性研究

技术可行性研究应分析技术风险的各种因素,弄清楚现有技术条件能否顺利完成开发工作。如所采用的有关技术是否成熟,有没有胜任开发系统的熟练技术人员,项目中所使用的硬件资源、软件资源是否能如期得到等。

(2)经济可行性研究

经济可行性研究是对项目所需要的开发成本进行研究,包括成本效益分析,比较项目的成本与预期得到的效益,目标是以最小的成本获取最佳的经济效益。

(3)社会可行性研究

社会可行性研究是指在开发软件前要对该软件开发将要涉及的法律问题、版权纠纷等问题进行分析论证。同时还要分析目前国内外发展水平、历史现状和市场需求。

5.2.3　编写实施计划报告

根据上述被开发软件的定义和可行性研究,要对被推荐的方案给出一个明确的结论性意见,即要完成编写开发项目的实施计划报告。这一报告只是对实施方案进行粗略的描述,报告主要有四个方面的内容:开发进度、人员投入计划、人员的组织以及资源的利用。下面给出实施计划报告的一个推荐的纲要:

(1)软件开发项目名称	(6)其他资源的利用
(2)任务概述	设备
(3)负责单位	资料
管理机构	(7)开发进度
开发机构	阶段的划分
(4)开发人员组织	各阶段的评审时间
组织结构	提供开发进展报告时间
任务的分解	(8)项目完成检验
(5)人员投入计划	检验机构
总估计	检验方式
各阶段投入计划	交付产品的清单

很显然,这样编写的实施计划报告只是对如何开展项目的初步设想,它还有待于进一步完善,但它仍然可以反映出实施方案的主要内容,在将其送交管理部门审批后,方可进入开发阶段。

5.3　软件需求分析

需求分析是软件生存周期中第二阶段的任务,是软件开发过程中最重要的一个阶段。需求分析的主要任务是在开发软件前对用户的各项需求进行全面的了解,了解业务的流程,了解每一个细节,对可行性论证与开发计划中提出的系统目标和功能做进一步详细论证,对系统环境,包括用户需求、硬件要求、软件要求进行更深入的分析,对开发计划进一步细化。需求分析工作做得好坏,直接影响到软件开发的质量,影响到开发的软件是否满足用户的需求。

5.3.1　需求分析的任务与步骤

需求分析阶段研究的对象是软件项目的用户要求,因此,在进行需求分析调查时,要全面理解用户的各项要求。由于用户提出的要求并非都是合理可行的,因此,对用户提出的要求也不一定都完全接受,对其中模糊的要求要予以澄清,决定是否可以采纳,对于无法实现的要求应向用户做充分的解释,并求得谅解。准确地表达被接受用户的要求,是需求分析的另一个重要方面。只有经过确切描述的软件需求才能成为软件设计的基础。

需求分析阶段的具体任务包括以下几个方面:

1. 确定系统的要求

(1)系统功能要求。确定系统所能完成的所有功能。

(2)系统性能要求。与系统的具体实现有关,包括系统的响应时间、存储空间、系统的可靠性等。

(3)系统的运行要求。即系统运行时所处的环境要求,包括支持系统运行所需要的硬件、支撑软件是什么,采用哪种开发工具,采用哪种数据库管理系统,采用什么样的数据通信接口等。

(4)系统将来可能提出的要求。明确地列出那些虽然目前不属于当前系统开发范畴,但是据分析将来可能会提出来的要求。这样做的目的是在设计过程中对系统将来可能的扩充和修改做准备,以便需要时能及时进行扩充和修改。

(5)安全性、保密性及可靠性方面的要求。

2. 分析系统的数据要求

任何一个软件本质上都是信息处理系统,系统必须处理的信息和系统应产生的信息在很大程度上决定了系统的面貌,对软件设计有深远的影响。因此分析系统的数据要求是需求分析中的一个重要任务。系统分析包括基本数据元素、数据之间的关系及数据量等。然后给出系统的逻辑模型。

通常软件开发项目是要实现目标系统的物理模型,就是要确定被开发软件系统的系统元素,并将功能和信息结构分配到这些系统元素中。它是软件实现的基础。但是目标系统的具体物理模型是由它的逻辑模型经实例化,即具体到某个业务领域而得到的。与物理模型不同,逻辑模型忽视实现机制与细节,只描述系统要完成的功能和要处理的信息。作为目标系统的参考,需求分析的任务就是借助于当前系统的逻辑模型导出目标系统的逻辑模型,解决目标系统"做什么"的问题。其实现步骤如图 5-4 所示。

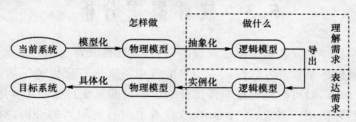

图 5-4　根据当前系统建立目标系统模型

(1)获得当前系统的物理模型。所谓当前系统可能是需要改进的某个已在计算机上运行的数据处理系统,也可能是一个人工的数据处理过程。在这一步首先分析现实世界,到现场调查研究,理解当前系统是如何运行的,了解当前系统的组织机构、输入输出、资源利用情况和日常数据处理过程,并用一个具体模型反映自己对当前系统的理解。这一模型应客观地反映现实世界的实际情况。

(2)抽象出当前系统的逻辑模型。在理解当前系统"怎样做"的基础上,抽取其"做什么"的本质,从而从当前系统的物理模型抽象出当前系统的逻辑模型。

(3)建立目标系统的逻辑模型。分析目标系统与当前系统逻辑上的差别,明确目标系统到底要"做什么",从而从当前系统的逻辑模型导出目标系统的逻辑模型。

（4）补充目标系统的逻辑模型。为了对目标系统进行完善的描述，还需要对全面得到的结果做一些补充：说明目标系统的用户界面，说明至今尚未详细考虑的细节以及其他内容。

3. 修正开发计划

通过需求分析阶段的工作，对所开发的系统有更深入的了解，因此，可以对系统的成本和进度做出更准确地估计，在此基础上可对开发计划做出修正。

4. 编写需求分析报告

经过分析确定了系统必须具有的功能和性能，定义了系统中的数据并且简略地描述了数据处理的主要算法，接着就要把分析结果记录下来，形成需求分析报告，作为最终软件配置的一个重要组成部分。需求分析阶段应产生两份文档报告，软件需求规格说明书和初步用户手册。

5.3.2　需求分析的结构化分析方法

目前系统分析中采用的方法有很多种，结构化分析方法采用 DFD（数据流程图 Data Flow Diagram）和 DD（数据字典 Data Dictionary）的方法来描述。

结构化分析方法（Structure Analysis）是面向数据流进行需求分析的方法。该方法使用数据流图和数据字典的描述工具，适合于数据处理类型软件的需求分析。结构化分析方法利用图形来表达需求，描述清晰、简明，避免了重复、难于阅读和修改等缺点，易于学习和掌握。结构化分析方法包括数据流图、数据字典、判定表、判定树及结构化语言几种工具。其中数据流图用以表达系统内数据的运动情况，数据字典定义系统中的数据；判定表、判定树和结构化语言用来描述数据流的加工。这里我们仅介绍数据流图和数据字典。

1. 数据流图

数据流图 DFD 从数据传递和加工的角度，以图形的方式描述数据处理系统的工作情况，它有四种基本符号：数据流、加工、文件和数据源点或数据终点，见表 5-2。为了便于在计算机上输入输出，数据流图也常采用直线和方框表示方法，见表中右边对应的符号表示。

表 5-2　　　　　　　　数据流图中常用符号

名称	含义	形式1	形式2
数据流：	带有命名的箭头	数据流名 →	→
加工：	内有加工名的圆圈	数据加工名	加工编号 / 数据加工名
文件：	标有名字的短粗线	文件名	编号 | 文件名
数据源点或数据终点：		数据源 / 终点名	数据源点 / 终点

数据流是沿箭头方向传递数据的通道，它们大多数是在加工之间传递数据的命名通道。同一数据流图上不能有两个同名的数据流。多个数据流可以指向同一个加工，也可

以从一个加工散发出许多数据流。

加工以数据结构或数据内容作为结构的对象,结构的名字通常可写为一个动宾结构,简明扼要地表明完成的是什么加工。

文件在数据流图中起着保存数据的作用,所以也称做数据存储,它可以是数据库或任何形式的数据组织。指向数据的数据流表示写入文件,从文件引出的数据流表示从文件读取数据或得到查询结果。

数据源点或数据终点表示图中所出现的数据的来源或处理结果要送往处。在图中只是一个符号,并不需要任何设计和处理,因此它是数据流图的外围环境部分。在实际问题中它可能是人员、计算机外围设备等。图 5-5 是一个具体的两种画法的数据流图,该图描述了客户到银行取款的业务流程。

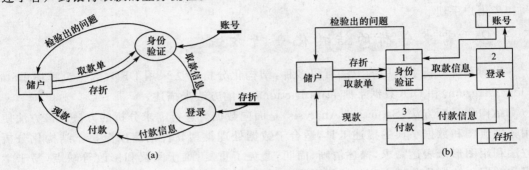

图 5-5　数据流图实例

2. 数据字典

数据字典和数据流图密切配合,能清楚地表达数据处理的要求,是结构化分析的另一有力工具。数据流图给出了系统的组成及其相互关系,但并未说明数据元素的含义。数据字典的任务就是对数据流图中出现的所有数据元素(数据流名、加工名字、文件名字)给出明确的定义。所有名字按词条给出定义,就构成了数据字典。不同的词条给出的内容不同:

(1)数据流词条

数据流词条给出某个数据流的定义,应包括组成数据流的各项数据,如数据流名、编号、简述、组成、来源、去向、数据量、峰值和注释等。

(2)文件词条

包括文件名、简述、组成、文件组织、读文件、写文件、数据量和注释。

(3)数据项词条

包括数据项名、编号、简述、单位、类型、值域、编辑方式、与其他数据项的关系、注释。

(4)加工词条

包括加工名、编号、加工号、简述、输入数据流、输出数据流、输入文件、输出文件、加工逻辑、异常处理、加工激发条件、运行频率和注释。

数据流图 DFD 从数据传递和加工的角度,以图形的方式描述数据处理系统的工作情况。数据字典 DD 是分析数据处理的工具,通常与 DFD 配合使用。数据字典的任务是对 DFD 中出现的所有元素给出明确的定义,使 DFD 中的数据流名称、加工名字和文件名字具有确切的解释。所有名字按词条给出定义。全体定义构成数据字典，DD 和 DFD 密切配合，可以更清楚地表达数据处理的要求。

5.3.3　需求分析报告

《软件需求规格说明》是在需求分析的基础上书写的一份十分重要的文档，是系统设计的依据，对保证软件质量和开发项目的成功与否起着十分重要的作用。《软件需求规格说明》一般分为引言、概述、具体要求和附录四部分。

1. 引言

引言部分主要是说明书写《软件需求规格说明》的目的，说明项目的名称、委托单位、用户单位、开发单位和主管部门，并列出参考资料目录。

2. 概述

部分的内容有：

(1)明确项目的任务。

(2)画出用户单位或部门的组织结构图。

(3)决定系统的处理方法。

(4)数据描述，包括对静态数据、动态输入输出数据和系统内部生成数据的描述。

(5)数据字典描述，写出数据字典。

(6)数据约束，即对机内数据采取的各种约束，以确保数据的准确性、一致性和完整性。

(7)用户特点约束，即对用户参与软件设计和使用软件的要求，以及对用户的培训要求与方法。

3. 具体要求

具体要求部分主要包括功能要求、外部接口、软件内部接口、性能要求和系统运行要求等，说明如下：

(1)功能要求：需要画出系统的各层次的数据流图。

(2)外部接口：需要确定用户界面，与外界的硬件接口、软件接口和通信接口。

(3)软件内部接口：明确软件各子系统、各模块之间数据的传递，程序的调用，变量的公用等要求。

(4)性能要求：包括对数据精度、时间特性、适应性、保密性、可维护性和可移植性等的要求。

(5)系统运行要求：包括确定系统操作的规程，各子系统的时间顺序，以及数据采集方法和保留方法的要求。

4. 附录

为使《软件需求规格说明》简明扼要，把《软件需求规格说明》中的一部分专题性的内容单独划出来，作为附录放在《软件需求规格说明》文档的后面。例如，数据流图、数据字典等。

5.4 软件设计与实现

软件设计阶段的任务包括概要设计和详细设计,实现即是采用语言工具进行代码设计。

软件的研制工作经过了需求分析阶段以后,已经完全弄清了用户的需求,也就是已经解决了要让所开发的软件"做什么"的问题。并且这些肯定了的需求已经在软件需求规格说明书中得到了详尽的叙述和充分的表达。进入设计阶段以后,便可开始着手解决软件需求的实现工作,也就是开始着手解决"怎样做"的问题。

通常把设计阶段的工作又分成两步,即概要设计(也称为总体设计或结构设计)和详细设计。概要设计阶段应着重解决实现需求的程序模块设计问题,包括考虑如何把被开发的软件系统划分成若干个模块,并决定模块的接口,即模块间的相互关系以及模块之间传递的信息。详细设计则要决定每个模块内部的处理过程,即具体算法。在概要设计和详细设计完成以后都要进行必要的阶段评审,其目的在于使设计中发生的问题能够及时发现并得到及时的解决,而不致将其带到开发的后期,造成更大的危害。

5.4.1 概要设计

概要设计也称为总体设计,它的任务主要有两个:一是设计软件系统结构,也就是要确定系统中每个程序是由哪些模块组成,以及这些模块相互之间的调用关系;二是设计主要数据结构。

1. 概要设计的过程

(1)选择最佳实现方案

在概要设计阶段,分析员要仔细考虑、分析各种可能实现的系统方案,并从中选择一个最佳方案。通常选取低成本、中成本和高成本三种方案,对每种方案进行成本效益分析,分别制订出进度计划,并征求用户的意见。经过专家和用户认真分析、对比各种方案的利弊,推荐一个最佳方案,并且为最佳方案制订详细的实现计划。最后用户和专家应认真审查最后方案。

(2)设计软件总体结构

通过对软件进行功能分解,划分出功能模块。在划分过程中应注意构造良好的层次系统,上层调用下层模块,最下层模块完成最基本、最具体的功能。软件结构一般采用层次图或结构图表示。

(3)设计数据库结构和文件结构

决定系统的数据结构、文件结构或数据库模式。对于使用数据库的应用领域,应该设计出数据库模式和子模式,对数据的完整性和安全性做进一步的考虑。

(4)编写概要设计文档

在概要设计阶段,应该对需求分析阶段编写的用户手册进行审定和修改,在概要设计的基础上确定用户的需求。同时还要制订出初步的测试计划,对测试的策略、方法和步骤提出明确的要求,提交概要设计文档报告。

（5）概要设计的审查与复审

最后应对概要设计的工作进行评审。评审包括软件整体结构和各子系统的结构、各部分之间的联系以及用户接口等。

2. 模块化软件设计的基本概念和原理

（1）模块化

模块化是把一个系统划分成若干个小的部分，每部分完成一个子功能。这些子功能可以独立进行开发，把这些模块组合在一起，就构成了一个完整的系统。

模块化是开发复杂的大型系统必须采用的方法。采用模块化可以使软件结构清晰，既容易设计又容易阅读。但是对模块的划分并不是模块数越多，划分得越细越好。因为模块越多，模块之间的接口就会越复杂，从而增加成本，降低效率。

（2）信息隐蔽和局部化

信息隐蔽是指在划分模块时，应该让一个模块内包含的信息对于其他不必访问的模块来说，是不能访问的。局部化是把一些关系密切的软件元素尽可能地放在一起。局部化有利于实现信息隐蔽，即将可能发生变化的因素隐蔽在某个模块的内部，与其他模块无关，当发生变化时，只需修改包含这个因素的模块即可。

（3）模块独立

模块独立是指系统中的每个模块完成一个相对独立的特定子功能，与其他模块之间的关系尽可能简单。衡量模块独立的标准有两个——耦合和内聚。耦合是指模块之间联系的紧密程度。耦合度越高，则模块的独立性越差。我们在软件设计时，应该追求尽可能松散耦合的系统。由于模块之间联系简单，发生在一处的错误传播到整个系统的可能性很小，因此，模块间的耦合对系统的可理解性、可测试性、可靠性及可维护性具有很重要的影响。内聚是对模块内各元素彼此结合的紧密程度的度量。内聚度越高越好。

（4）模块划分的原则

在进行模块划分时，应遵循以下原则：

①改进软件结构提高模块的独立性，降低模块接口的复杂程度。

②模块规模应适中，经验表明，一个模块的规模不应过大，最好能写在一页纸内。

③模块的内部深度以及模块的直接调用数不应过大。

④设计单出口单入口的模块。

3. 表示软件结构的图形工具

（1）层次图

在概要设计时，通常采用层次图来描述软件的层次结构，它很适合在自顶向下设计软件的过程中使用。层次图中用矩形方框代表一个模块，方框间的连线表示调用关系。图5-6是软件层次图的一个实例。

（2）结构图

软件结构描述方法还有其他一些方法，如结构图。结构图是 Yourdon 提出的进行软件结构设计的另一个有力的工具。结构图和层次图类似，也是描述软件结构的图形工具。图中一个方块代表一个模块，框内注明模块的名字或主要功能。方块之间的箭头（或直线）表示模块的调用关系。因为按照惯例，总是图中位于上方的方块代表的模块调用下方

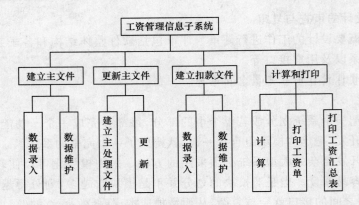

图 5-6　工资管理层次图

的模块,也可以用直线而不是用箭头表示模块间的调用关系。

　　在结构图中通常还用带注释的箭头表示模块调用过程中来回传递的信息。如果希望表明传递的信息是数据还是控制信息,还可以利用箭头尾部的形状来区分,尾部是空心圆表示传递的是数据,是实心圆表示传递的是控制信息。结构图的基本成分有模块、调用和数据,见表 5-3。图 5-7 是结构图的一个例子。

表 5-3　　　　　　　　　　　　　结构图的基本成分

成分	含义	成分	含义
 ▭	表示模块	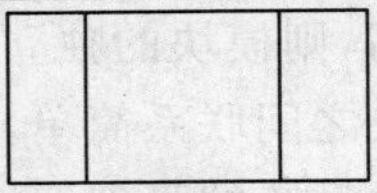 ▯▯▯	表示已有模块
 ——	表示调用	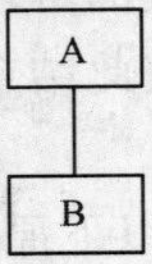 A B	表示模块 A 调用模块 B
 ○—→	表示数据	 ●—→	表示控制信息

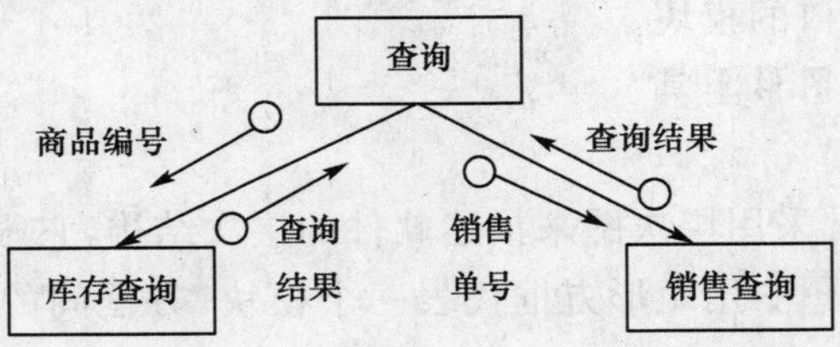

图 5-7　　一个简单的结构图示例

　　上面介绍的层次图和结构图并不能严格表示模块的调用次序,也没有指明什么时候调用下层模块。通常上层模块中除了调用下层模块的语句之外可能还有其他语句,究竟是先调用下层模块还是先运行其他语句,图中并没有指明。因此,实际应用中,通常使用层次图作为描述软件结构的文档,结构图作为文档有时并不很合适,因为图上包含的信息太多,降低了清晰度。但是利用 IPO 图或数据字典中的信息得到模块调用时传递的信息,从而由层次图导出结构图的过程,却可以作为检查设计正确性和评价模块独立性的好方法。可以验证传递的每个数据元素是否都是完成模块功能所必需的。反之,完成模块功能必需的每个元素是否都传递出来了,所有数据元素是否都只和单一的功能有关,如果发现结构图上模块间的联系不容易解释,则应该考虑是否设计上存在问题,应该及时修改。

5.4.2　详细设计

详细设计的任务是为每个模块设计实现的细节。经过详细阶段的设计,应该得出对目标系统的精确描述,以便编码阶段可以很容易地把描述翻译成某种程序设计语言。详细设计的工具分为图形、表格和语言三种。采用这些工具都能正确地描述程序的处理过程,即指明控制流程、处理功能、数据组织以及其他方面的细节,都应该为编码阶段提供无歧义的描述。

下面以结构化设计方法叙述详细设计的过程。结构化设计(Structure Design)简称 SD 方法,是一种面向数据流的设计方法,是由模块化及自顶向下逐层细化的设计思想发展形成的。结构化设计可以很方便地将用数据流图表示的信息转换成系统结构图,可以和需求分析的结构化分析方法很好地衔接。采用结构化设计方法的步骤首先要研究分析数据流图,然后根据数据流图决定问题的类型;由数据流图导出系统的初始结构图;改进系统初始结构;修改和补充数据字典。

1. 设 计 的 工 具

(1)程序流程图(PFC)

程序流程图又称程序框图,从 20 世纪 70 年代起一直是程序设计人员使用最广泛的图形描述工具。程序流程图中采用的基本符号如图5-8所示。

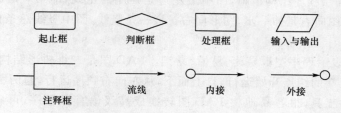

图 5-8　流程图的基本符号

程序流程图具有对控制流程的描绘直观、便于掌握的优点。但是它也存在一些缺点,如本质上不是逐步求精的、细化的好工具,它诱使程序员过早考虑程序的控制流程,而不去考虑程序的全局结构;程序流程图中用箭头代表控制流,程序员可以在流程图中随意画流线,违背了结构化设计的思想;不易表示数据结构。

(2)盒图(NS 图)

盒图是由 Nassi 和 Shneiderman 提出的一种符合结构化程序设计思想的图形描述工具,也称为 NS 图。盒图中没有箭头,因此不允许随意转移控制。

盒图具有如下特点:

①功能域(即一个特定控制结构的作用域)明确;

②不能任意转移控制;

③容易确定局部和全局数据的作用域;

④容易表现嵌套关系,也可以表示模块的层次结构。

盒图的缺点是修改比较困难。图 5-9 给出了盒图的表示结构。

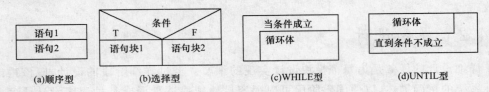

图 5-9　盒图的表示结构

（3）PAD 图

PAD(Problem Analysis Diagram)方法用二维树形结构图来表示程序的控制流,可以很容易地将这种图翻译成代码。图 5-10 给出了 PAD 图的基本符号。

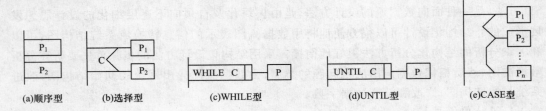

图 5-10　PAD 图的基本符号

PAD 图具有如下特点:

①使用 PAD 设计出来的程序必然是结构化的。

②PAD 图描绘程序结构清晰,图中最左边是程序的主线,即第一层的结构。以后每增加一层,PAD 图向右延伸一步,图形向右扩展一条竖线,图中竖线总条数就是程序的总层数。

③用 PAD 表示程序逻辑易读、易懂、易记。PAD 图是二维树形结构的图形,程序从图中最左竖线上端的结点开始运行,自上而下,从左向右顺序运行,遍历所有结点。

④利用软件工具,很容易地将 PAD 图转换成高级语言源程序,可省去人工编码的工作。

⑤PAD 图既可以表示程序逻辑,又可以表示数据结构。

⑥PAD 图支持自顶向下、逐步求精方法。开始设计时可以定义一个抽象的程序,随着设计工作的深入逐步增加细节,直至完成详细设计。

5.4.3　软件编码

编码阶段的主要任务是把系统设计和详细设计的结果转换成某种计算机语言书写的程序代码。程序的质量取决于软件设计的质量,也与程序设计语言的特性和编码风格有关。选择一种好的语言,具有良好的程序设计习惯是软件编码阶段成功的关键。

1.软件编码的任务

编码阶段的任务首先是要选择一个适当的程序设计语言。目前,计算机还不能运行自然语言,通常是用人工语言,如 C 语言、FORTRAN、数据库语言、VB、VC 或汇编语言甚至机器语言编写程序代码。有了系统的详细设计,可以看出编写程序已不是很复杂的问题,只要根据程序流程、数据记录的格式、输入输出的格式等,就可以编写源程序了。但要编写出高质量的程序还要用结构化程序设计的思想和风格,根据详细设计的文档,编写源程序。最后把源程序输入到计算机中去,进行编译、测试和调试。

编码阶段的任务完成与否的标志是提供一份完整的源程序清单和可运行的程序。

2.编码语言的选择原则

目前程序设计语言有很多种,选择优秀的、适合项目开发、效率高的开发工具对软件开发成功是非常重要的。

通常根据下列几个因素进行程序设计语言选择的综合考虑。

(1)软件的应用领域:软件的应用领域是首先要考虑的因素。计算机的应用大致可以分为:科学工程计算、数据处理和企业管理、计算机控制、计算机仿真、计算机辅助设计和辅助制造(CAD 和 CAM)、计算机辅助教育、系统程序设计、人工智能等领域。只有掌握了各种语言的应用特点,才能做出恰当的选择。

(2)系统用户的要求:如果所开发的软件系统要由用户负责维护,那么用户一般要求用他们所熟悉的语言编写程序。

(3)运行环境:所编写的程序要在所选择的机器上运行,因此该机器应该已经配置了所选用的语言并且可以运行。

(4)程序设计的环境:有效的软件开发工具可以大大缩短程序设计时间、提高程序质量。许多语言具有相应的编译程序、连接程序、调试纠错程序、源代码格式化程序、编辑程序、标准子程序库、交叉编译器和宏处理器等大量的软件工具支持。有的语言还有丰富的程序生成器以及面向对象的程序设计功能,为快速、方便、高质量地编制软件提供了条件,可以写出更容易阅读和维护的程序。

(5)数据结构的复杂性:语言应具有与所处理的问题相适应的数据结构。例如,数据处理和企业管理程序需要文件或数据库;系统程序需要栈、队列、树等动态数据结构;计算机辅助教育程序需要动画等图像、图形文件。因此,要根据构造数据类型的能力选取合适的语言。

(6)系统的性能:结合软件系统的性能要求,选取语言。例如,实时系统要求响应时间快,最好选用汇编语言。

(7)软件可移植性:如果目标系统将在几台不同的计算机上运行,或预期的使用寿命很长,那么选择一种标准化程度高、程序可移植性好的语言是很重要的。

(8)程序员的知识、习惯和心理:在计算机的效率、容量和其他条件相同的情况下,程序员总是希望选用自己熟悉的、有过类似项目开发经验和成功先例的语言,或者选用简单易学、使用方便的语言,这有利于减少出错的概率和提高软件的可靠性和成功率。新的功能更强的语言应当是更好的选择,但鉴于程序员的知识,可能需要下很大的工夫学习才能使用。因此,程序员有时会由于心理及习惯的影响,对新的语言采取保守的态度。

3. 程序设计的风格要点

在计算机发展的最初阶段,由于程序不太大,程序只由程序员一个人编写、调试和使用即可,所以人们普遍认为程序只是给计算机运行而不是供人阅读的,只要逻辑正确、能被计算机理解和运行就足够了。随着软件规模的扩大,复杂性的增加,程序经常被人阅读。尤其在测试和维护阶段,程序编写者和使用者要反复阅读程序。程序实际上已成为一种供人阅读的"文章",也有一个"文章"的风格问题。因此,程序员在编写程序时,应当编写出逻辑上正确又易于阅读、易于理解的程序。为了使程序具有良好的风格,程序则应当具有比较强的语言表达能力。程序的风格通常包含:设计的风格、语言运用的风格和程序书写的风格等方面。

编写程序时应注意以下几个方面的问题:

(1)源程序文档化

源程序文档化包括标识符的命名、注释语句以及程序的格式等内容。

在编程中,选择具有一定意义的标识符,使它能明确代表程序中对象所代表的含义,标识符的名字不宜过长,也不要采用相似的名字,以免混淆产生错误。在程序中的关键地方适当添加一些注释,以利于自己以后阅读或别人阅读理解。注释包括序言性注释和功能性注释。在程序的布局上适当采用缩进格式,可使程序结构清晰,增加可读性。

(2)语句结构化

程序中的每条语句都应该简单明了,不要为了追求技巧、提高效率而使程序过分复杂。也不要为了节省空间将多条语句写在一行。应该一行书写一条语句,并采用适当的缩进格式。

(3)输入输出设计标准化

设计和编写程序时,要考虑有关输入输出的规则,尽量方便用户,对所有的数据都进行校验,检查输入项组合的正确性,保持输入格式简单,给出清晰的提示交互输入请求信息,并详细说明输入的有效范围和正确选择。关于输出的设计,应按用户的要求设计符合要求的良好的输出报表。

(4)程序的效率

程序的效率包括运行的时间和占用的存储空间。源程序的效率直接由详细设计阶段确定的算法的效率确定,但是编码风格也能对程序的运行速度和存储效率产生影响。为了提高程序的运行效率,在编程之前,可先简化表达式计算,尽量使用运行时间短的算术运算,不要混合使用不同的数据类型,尽量避免使用指针和复杂的表。另外,程序设计中尽量将循环内与循环无关的运算提到循环外,以提高程序的运行效率。可选用有紧缩存储特性的编译程序,以提高存储效率。

4. 代码重构

重用(Reuse)也叫再用或复用,是指同一事务不作修改或稍加修改就多次重复使用。重用是软件过程的一部分,在软件开发工程中,为了快速地做出复杂的应用,采用重用技术是一条捷径。软件的重用分为:代码重用、设计结果重用和分析结果重用三部分。

代码重用可以分为源代码剪贴、源代码包含和继承三种。

（1）源代码剪贴

这是最原始的一种代码重用，即将源程序的代码剪来贴去。如果一旦最初的代码有错误或需要变更，程序员需要记得曾经粘贴在什么地方，并修改所有粘贴过的代码，致使程序的维护和调试不出现问题。

（2）源程序包含

由于许多程序设计语言提供了 include 语句，用于在当前程序中重用已有的程序代码。只要修改了所包含的源代码，所有包含的程序必须重新编译，而不必逐一修改。

（3）继承

利用面向对象机制中的继承手段可以重复使用已有的类，如果需要做少量的修改，可以在继承之后修改。当父类修改后，继承类可以直接接受父类的修改结果，子类的修改不影响父类和同层次的其他类。

代码重构是对源程序代码内部结构的一种调整过程，目的是在不改变软件功能的前提下提高可理解性，降低维护成本。通过代码重构可以改进软件设计、保障良好的程序结构，提高软件的质量和可维护性，杜绝重复的代码，使代码具有更好的可重用性。

5.5　软件测试与维护

软件测试和维护是软件开发过程中非常重要的环节，在软件生存周期中占用重要的位置。不仅因为测试阶段占用的时间、花费的人力和成本的开销占总的软件生存周期的比重很大，而且因为测试工作完成的好坏，直接影响到软件的质量。软件测试是保证软件质量的关键，也是对需求分析、软件设计和编码工作的最终评审。

5.5.1　软件测试

提高程序的可靠性是每一个软件工作者追求的目标，也是用户对软件开发人员的基本要求。虽然科学、有效的软件设计方法可以大大提高软件的可靠性，但是，由于各种各样的原因，软件产品的缺陷总是难免的。因此，为了保证软件产品的质量，提高程序的可靠性，软件工程要求把测试作为软件开发中一个非常重要的阶段。其目的是在精心控制的环境下运行程序，以发现程序中的错误，从而给出程序可靠性的鉴定。

1. 软件测试的目标和原则

（1）软件测试的目标

软件测试的目标是采用特定的测试数据，对软件的各项功能进行测试验证，找出那些尚未发现的错误，提高软件的可靠性。

（2）软件测试的原则

测试工作不应由开发软件的个人或小组承担，应按测试计划，由特定测试小组完成。

2. 软件测试的方法

软件测试是为了更好地实现软件测试的目的而提出的途径和做法。根据不同目的，站在不同的角度有不同的分类方法。如站在对被测对象内部实现情况了解程度的角度，可分为黑盒测试和白盒测试；站在是否运行被测系统的角度，可以分为静态测试和动态测试;站在测试工具支持的角度,可以分为手工测试和自动测试;站在以显示被测对象是否工作角度,分为正向测试和反向测试;站在测试内容角度,分为功能测试、结构测试和非功能测试等。

在实际的测试过程中,可以依据不同的测试需求和考虑因素,综合运用这些测试方法,以尽可能多地发现软件中的缺陷和问题。白盒测试和黑盒测试是非常经典的两种测试方法。

（1）黑盒测试法

黑盒测试法也称为功能测试或数据驱动测试。它把程序看成一个黑盒子,完全不考虑程序的内部结构和处理过程,只对程序的接口进行测试,检查程序是否可由适当的数据输入产生正确的输出信息。

黑盒测试法主要是为了发现是否有不正确或遗漏了的功能,在接口上输入能否正确地接受？能否输出正确的结果？是否有数据结构错误或外部信息（例如数据文件）访问错误。性能上是否能够满足要求？是否有初始化或终止性错误？所以,用黑盒测试发现程序中的错误,必须在所有可能的输入条件和输出条件中确定测试数据,检查程序是否都能产生正确的输出。

（2）白盒测试法

白盒测试法是把程序看成一个透明的白盒子,要求测试人员完全了解程序内部的结构和处理过程。按照程序内部的逻辑来测试,设计或选择测试用例,检查程序中的每条路径是否都能正确工作,因此白盒测试法又称为结构测试或逻辑驱动测试。

白盒测试法对程序模块的所有独立的运行路径至少测试一次,对所有的逻辑判定,取"真"与取"假"的两种情况都能至少测试一次,在循环的边界和运行界限内运行循环体,测试内部数据结构的有效性等。但是对一个具有多重选择和循环嵌套的程序,不同的路径数目可能是天文数字,而且即使精确地实现了白盒测试,也不能断言测试过的程序完全正确。

3. 软件测试的步骤

软件测试的步骤一般分为单元测试、集成测试和确认测试。

（1）单元测试

单元测试的目的是发现编码和详细设计中产生的错误,通常放在编码阶段。测试的目标是模块的接口、模块的内部数据结构、重要的运行路径、错误处理路径以及边界条件。

（2）集成测试

集成测试也称组装测试,主要任务是按照选定的策略,采用系统化的方法,将各模块进行组装而进行测试,主要检查模块间接口和通信,目的是发现设计阶段的错误,检查与模块接口有关的错误。进行组装测试时,可以自顶向下,也可以自底向上进行。

（3）确认测试

确认测试的任务是检验所开发的软件,是否与用户的需求一致,是否符合需求说明书中确定的技术指标。确认测试的软件,若符合要求,就应是合格软件,就可交付用户使用了。

4. 测试用例设计

目前实用的测试用例设计方法主要有：逻辑覆盖、等价类划分、边界值分析、因果图等。其中，逻辑覆盖属于白盒测试，等价类划分、边界值分析、因果图等属于黑盒测试。逻辑覆盖是以程序内部的逻辑结构为基础的设计测试用例的技术。这一方法要求测试人员对程序的逻辑结构有清楚的了解，甚至要能掌握源程序的所有细节，逻辑覆盖测试的目标不同，逻辑覆盖又可分为：语句覆盖、判定覆盖、条件覆盖、判定/条件覆盖、条件组合覆盖。

（1）语句覆盖

语句覆盖准则是完全不考虑路径测试，只用足够多的测试用例，使程序中的每条语句至少运行一次，从而尽可能多地发现程序中的错误。

【例5-1】 一个子程序：

```
SUBXU(a,b,x)
    IF(a>1)and(b=0) THEN LET x=x/a
    IF(a=2)or(x>1) THEN LET x=x+1
END SUB
```

在程序中有两条语句，我们设计测试用例，使得这两条语句至少运行一次，显然，只要取 a=2，b=0，x 为任意值，均可完成这一测试任务。

但是，这个准则很不好。例如，当把第一条条件语句中的"and"错写为"or"时，上述测试用例也能满足语句覆盖，这个错误检查不出来。把第二条条件语句中的"x>1"错写为"x>0"时，这个错误也检查不出来。因此，语句覆盖准则太弱，以致通常认为它是无用的。

（2）判定覆盖

判定覆盖准则也称分支覆盖准则。这个准则要求编写足够的测试用例，使得每个分支都必须至少经过一次。或者说，使得每个判定至少有一次"真"和一次"假"的结果。

如例5-1中，可以选用两组数据：①选用 a=3，b=0，x=2，可以使"(a>1)and(b=0)"和"(a=2)or(x>1)"均为"真"。②选用 a=1，b 为任意值，x=1，可以使"(a>1)and(b=0)"和"(a=2)or(x>1)"均为"假"。

判定覆盖准则虽然比语句覆盖准则强，但仍然不够充分。因为两个判定中往往包含有多个条件，而用判定覆盖并不一定能将每个条件都试一次。

例如，例5-1子程序错写成：

```
SUBXU(a,b,x)
    IF(a>1)and(b=0) THEN LET x=x/a
    IF(a=3)or(x>2) THEN LET x=x+1
END SUB
```

时，这两组测试用例就测不出其中的错误来。

（3）条件覆盖

条件覆盖准则要求写出足够的测试用例，使每个判定中的每个条件都至少使用一次。在例5-1中有四个条件：

条件1：a>1；条件2：b=0；条件3：a=2；条件4：x>1。

如下两组测试用例，可以将每个条件都使用一次：

①a＝2,b＝0,x＝6,使条件1为"真",条件2为"真",条件3为"真",条件4为"真";
②a＝1,b＝1,x＝1,使条件1为"假",条件2为"假",条件3为"假",条件4为"假"。虽然同样只要两个测试用例,但比判断覆盖方法优越,因为它使得判定中的每一个条件都取得了两种可能的结果,而判定覆盖则不能办到这一点。

但是,并不是条件覆盖总比判定覆盖强,这里有相反的测试用例:

①a＝2,b＝1,x＝1,使条件1为"真",条件2为"假",条件3为"真",条件4为"假";
②a＝1,b＝0,x＝6,使条件1为"假",条件2为"真",条件3为"假",条件4为"真"。这两组测试用例既不能使程序运行x＝x/a,也不能使程序不运行x＝x+1。因此,比判定覆盖还弱。

（4）判定/条件覆盖

为了克服条件覆盖准则的不足,可以把条件覆盖与判定覆盖结合起来。判定/条件覆盖准则要求选用足够多的测试用例,使得判定中每个条件的所有可能结果至少出现一次,每个判定本身的所有可能结果也至少出现一次,同时每个入口点都至少要进入一次。判定/条件覆盖也有弱点,即尽管它看起来测试了所有条件的所有结果,但因为某些条件掩盖了另一些条件,因此常常做不到这一点。

例如,在有"与"和"或"的表达式中条件的结果可能掩盖或者阻碍了其他条件的赋值,如果在"与"表达式中某一个条件为"假",则说明这个表达式中随后的几个条件都不必赋值了,同样,在"或"表达式中某一个条件为"真",则这个表达式中随后的几个条件也不必赋值。因此,采用判定/条件覆盖的准则,逻辑表达式中的错误不一定能全部暴露出来。

（5）条件组合覆盖

解决判定/条件覆盖问题的办法是可以采用条件组合覆盖的准则。条件组合覆盖准则要求选用足够多的习惯用例,使得多数中的各条件的所有可能组合至少出现一次,同时每个入口点都至少要进入一次,如例5-1中,第一个判定有四种条件组合:条件组合1:a＞1,b＝0;条件组合2:a＞1,b<>0;条件组合3:a<=1,b＝0;条件组合4:a<=1,b<>0。第二个判定也有四种条件组合:条件组合5:a＝2,x＞1;条件组合6:a＝2,x<=1;条件组合7:a<>2,x＞1;条件组合8:a<>2,x<=1。

要测试八种条件组合的结果并不是意味着需要八种测试用例,要看具体情况才能确定。这里,可以用四种测试用例来覆盖它们。下面四种测试用例（输入值）,可以使上述八种条件组合至少出现一次。

①a＝2,b＝0,x＝6,覆盖条件组合1,5;
②a＝2,b＝1,x＝1,覆盖条件组合2,6;
③a＝1,b＝0,x＝2,覆盖条件组合3,7;
④a＝1,b＝1,x＝1,覆盖条件组合4,8。

但是条件组合覆盖,还存在问题。例如,上述四种测试用例还没有包括使程序运行x＝x/a,但不运行x＝x+1的情况。因为,要使程序运行x＝x/a,则要使逻辑表达式"(a＞1)and(b＝0)"为"真",此时必须选第一种测试用例;而这种测试用例却使逻辑表达式"(a＝2)or(x＞1)"也为"真",从而也运行x＝x+1。另一方面,如果要使逻辑表达式"(a＝2)or(x＞1)"为"假",从而不运行x＝x+1,此时必须选择第四种测试用例,但这种测试用例却使逻辑表达式"$(a>1)and(b=0)$"也为"假"。

由此可见,要将程序中所有的情况都测试到是多么不容易。因此,即使通过了测试,也决不能幻想程序没有错误。

下面介绍几种黑盒测试的测试用例设计:

(1)等价分类法

等价分类法是一种典型的用黑盒法设计测试用例的方法。如果能把程序输入数据的可能值划分成若干"等价类",每一类中有一组代表性的数据,在测试功能上等价于其他数据。这种测试用例的设计方法就称为等价分类法。等价分类法设计测试用例时要分两步:划分等价类,选择测试用例。

第一步:划分等价类

划分等价类的基本方法是,从程序的功能说明中,找出所有输入条件,然后对每一个输入条件划分等价类。其中等价类可分为两类:有效等价类和无效等价类,见表 5-4。所谓有效等价类是指属于程序的合理输入范围的那些数据;无效等价类是指那些非法的输入数据。划分等价类取决于程序的功能要求、定义域,也取决于测试人员对问题的理解力、创造力和经验。

第二步:选择测试用例

利用等价类来确定选择测试用例的步骤是:

①为每一个等价类规定一个编号。

②设计一个测试用例,使其尽可能多地覆盖未被覆盖的有效等价类。重复这一步,直到所有的有效等价类都被覆盖为止。

③设计一个测试用例,使其仅仅包含一个无效等价类。重复这一步,直到所有的无效等价类都被覆盖为止。

【例 5-2】 输入三个数,计算以这三个数为边长的三角形的面积。

输入的条件和相应的等价类见表 5-4。

表 5-4　　　　　　　　　　　例 5-2 表

输入条件	有效等价类	无效等价类
输入数据数 n	① $n=3$	② $n<3$　③ $n>3$
三个数的值	④ $a>0,b>0,c>0$	⑤有一个数小于零 ⑥有一个数等于零
三个数的关系	⑦ $a+b>c$	⑧ $a+b=c$　⑨ $a+b<c$

选择测试用例。先为每一个等价类规定一个编号,见表 5-4。再选择有效等价类,输入三个数:$a=3,b=4,c=5$,即可覆盖编号①④⑦。最后为每个无效等价类设计一个测试用例:为编号②设计 $n=2$;为编号③设计 $n=4$;为编号⑤设计 $a=-1$,……;为编号⑧设计 $a=3,b=4,c=7$;为编号⑨设计 $a=3,b=4,c=8$。于是就可以进行测试了。

(2)边缘值分析法

经验表明,很多程序的错误多发生在有边缘值的情况。因此,检查边界条件的测试用例是比较有效的。所谓边界条件,是指黑盒测试中输入等价类和输出等价类边缘上的数据。

(3)因果图法

边缘值分析法和等价分类法的不足之处是只独立地测试各个输入条件,而没有考虑输入情况的各种组合。然而即使对输入条件进行了等价类划分,其组合数字仍是一个天文数字,所以测试输入情况的组合不是一件简单的事情,没有一种系统的方法是不行的。

因果图法是帮助人们系统地设计测试用例的方法。其基本思想是把输入条件视为"因",把输出条件视为"果",把黑盒视为从因到果的逻辑网络图。通过因果图可以得到一张判定表的每一列设计测试用例。

5.调试方法过程

测试的目的是要尽量发现程序中的错误,但决不能证明程序的正确性。而调试则不同于测试,调试主要是推断错误的原因,从而进一步改正错误。调试一般由软件设计人员承担。测试和调试是软件测试阶段的两个密切相关的过程,通常是交替进行的。调试是软件开发过程中最艰巨的脑力劳动,花费的时间也比编程长得多。

调试过程一般分为:错误侦查、错误诊断和改正错误。

为了尽快进行错误定位和纠正错误,人们已经研究出一些有用的调试方法,其中有些调试方法是高级语言或系统软件提供的。主要有以下四种:

(1)通过上机试运行程序

在源程序上机试运行时,系统就会把程序中的故障以错误信息的方式提供给操作员。程序设计人员可以根据系统提供的信息,查阅有关资料,或采取有效方法确定错误的原因,然后进行修改。

(2)插入语句进行调试

调试语句是一些不影响程序的功能,仅为调试而插入的并显示某些重要信息的语句,使用起来比较方便。缺点是要修改源程序,并且插入的调试语句可能会给程序带来新的错误。

(3)调试用例的利用

利用调试用例,迫使程序逐个通过所有可能出现的运行路径,排除无错的程序分支,逐步缩小检查的范围。

(4)借助调试工具

有些高级程序设计语言常常提供一些标准的程序调试工具,可以尽可能地使用它们,提供中断、单步、追踪等调试功能,分析程序的动态行为。对于一个具体的软件,要根据具体情况选用某些调试技术。另外,人们在具体进行软件调试时,常采用一些调试策略,如试探法、回溯法、折半查找法、归纳法和演绎法等。

5.5.2　软件维护

软件维护是软件生存周期的最后一个阶段,是指在已完成软件开发工作,交付使用以后对软件产品所进行的一些软件工程活动。因为任何一个软件在经过测试验收后,还会存在没有暴露的错误,这些错误在使用中会逐渐暴露出来,必须投入人力,进行维护。软件维护的工作量非常大,大型软件维护的成本通常是开发成本的几倍。但是实际中人们往往不重视软件维护环节,很多软件最终因为维护工作跟不上而废弃使用。

1. 软件维护的必要性

(1)改正运行中新发现的软件错误和设计上的缺陷。

(2)适应软件功能需求的变化,增加软件的功能,提高软件的性能。

(3)使已运行的软件适应特定的硬件、软件的工作环境或已变动的数据文件。

(4)使软件的功能得到必要的扩充。

2. 软件维护的内容

软件维护的内容主要包括以下几方面:

(1)正确性维护。在软件运行时发生异常或故障时进行的维护工作,主要原因可能是遇到了未暴露的错误。

(2)适应性维护。使软件能适应环境的变化而作的必要改动,如硬件的变动以及操作系统的升级等。财务软件因财务政策的变化而导致程序的改动。

(3)完善性维护。为了扩充软件的功能,提高原有软件性能而进行的维护。如软件在使用了一段时间后,用户又提出了新的要求,希望在已开发的基础上进行修改。

5.6　软件开发的管理技术

在软件开发过程中,如同管理一项工程一样,也要对软件开发中的质量、计划及文档进行科学严格的管理。软件也是一种产品,尤其是软件产品的生产周期长、耗资巨大,更要注意加强管理,严格保证质量,只有这样,才能确保软件开发的成功。软件开发中的管理技术大致分为以下三种。

5.6.1　质量管理

在软件开发中,人们往往重视软件所完成的功能,而忽视了软件的质量保证,这就导致了日后软件维护或移植的困难。国际标准化组织 ISO 于 1985 年提出了一个衡量软件质量模型,该模型由高、中、低三个层次组成,其中对高、中层建立了国际标准,低层由用户自行制定标准。

如在高层模型中,其衡量质量的 8 个因素为

(1)正确性:程序满足规范书写及完成用户目标的程度;

(2)可靠性:程序在所需精度下完成其功能的期望程度;

(3)效率:软件完成其功能所需的资源;

(4)安全性:对未经许可人员接近软件或数据所施加的控制程度;

(5)可使用性:人们学习软件、准备输入和输出所需的努力;

(6)可维护性:在软件需求变更时,更改软件或弥补软件缺陷的难易程度;

(7)灵活性:改变一个操作程序所需的努力;

(8)连接性:与其他系统耦合所需的努力。

为保证软件开发的质量,可以采取三项措施:一是技术审查,在软件生存周期的每个

阶段结束之前,都正式使用结束标准对该阶段生产出的软件进行严格的技术审查。这样可检查本阶段的工作是否达到了预期的目标,是否具备了开始下阶段工作所需的条件。二是管理审查,向管理部门提供项目的总体情况、成本和进度情况,以便从管理的角度对项目开发工作进行审查。三是进行有效的软件测试工作。

5.6.2　组织管理

组织管理是指如何更好地将开发人员组织起来,更好地提高工作效率,一个良好、有序的组织机构也是软件开发工作的一项重要保证。

1.组织原则

在软件开发项目初期,要尽早落实责任,各尽所能,各负其责。另外,要尽量减少人与人之间的接口,以提高工作效率。

2.组织机构模式

通常有三种组织机构模式:

(1)按课题划分。把软件人员按课题组成小组,小组成员自始至终完成课题的全部任务。

(2)按职能划分。参加工作的人员按任务的工作阶段分成若干专业小组,即按软件开发的几个阶段进行划分。

(3)矩阵模式。将上述两种结构结合起来,就成为矩阵模式。矩阵模式一方面按工作性质成立专门小组,另一方面每个项目又有它的管理人员负责管理。

3.开发小组内部形式

(1)民主制。小组人员处于平等地位,组员之间平等地交换意见。在这种组织形式中,成员能互相学习,并形成一个良好的工作合作气氛。对于研制周期较长,难度较大的项目,这种形式的组织更为有利。

(2)主程序员制。主程序员制的小组设主程序员 1 人,程序员 2~3 人,有时还有资料员等其他人员。主程序员负责设计并实现项目中的关键部分,对主要的技术问题做出决定,并给程序员分配工作。程序员负责编写代码和文档资料,完成单元测试工作,资料员负责维护程序清单、文档资料、测试计划等。主程序员制突出了主程序员的领导作用,主程序员的技术水平和管理能力对小组工作具有决定性的影响。这种方法最早在 IBM 公司中采用,后来取得巨大成功,从而引起了人们的普遍关注。

5.6.3　计划与文档管理

1.计划管理

一个大型软件的开发计划应包括下列内容:

(1)阶段计划,详细说明每个阶段应完成的日期,并指出不同阶段可以互相重叠的时间等。

(2)组织计划,规定从事这个开发项目的每个小组的具体责任。

(3)测试计划,概述应进行的测试和需要的工具。

(4)变动控制计划,确定在系统开发中需求变动时的管理机制。

（5）文档计划，定义和管理文档。

（6）培训计划，培训从事开发工作的程序员和使用系统的用户计划。

（7）复审和报告计划，讨论如何报告项目的状况，确定对项目进展情况进行正式复审的计划。

（8）安装和运行计划，描述在现场安装系统的过程。

（9）资源和配置计划，概述按开发进度、阶段和合同规定应交付的系统配置。

2．文档管理

文档的编写和管理在软件开发过程中是一项非常重要的工作。文档在项目的各类人员中起桥梁作用，是软件人员各阶段的工作成果的体现和后序阶段工作的依据；软件的计划报告，以及所需的配置等，都要以文档的形式提交给管理人员。

编写文档时根据不同的对象要注意具有针对性，文档的叙述要简明、清晰、准确，不要出现含糊不清的描述。每个文档都应是完整的，自成体系。软件文档的类型有以下几种：

（1）可行性报告；

（2）项目开发报告；

（3）软件需求说明书；

（4）概要设计说明书；

（5）详细设计说明书；

（6）用户操作手册；

（7）测试计划；

（8）开发进度报告；

（9）项目开发总结报告。

习　题

1．什么是软件危机？产生软件危机的原因是什么？

2．什么是软件的生存周期？软件生存周期是如何划分的？每个阶段的主要任务是什么？

3．数据流图包括哪些部分？如何使用结构化的分析方法进行系统分析？

4．什么是模块的内聚与耦合？它们与软件的移植、软件的结构有什么关系？

5．简述软件测试的黑盒测试和白盒测试方法。

6．软件维护内容有哪些？

7．为提高软件的质量和效率，在软件编码中应注意的问题是什么？

参 考 文 献

［1］李延珩,李振业,朱鸣华,等.计算机软件基础.大连:大连理工大学出版社,2002

［2］汤小丹,梁红兵,哲凤屏,等.计算机操作系统(第3版).西安:西安电子科技大学出版社,2011

［3］Andrew S. Tanenbaum, Albert S Woodhull. Operating Systems Design and Implementation(3rd Edition). Prentice Hall,2006

［4］Andrew S. Tanenbaum. Modern Operating Systems（3rd Edition）. Prentice Hall,2007

［5］张尧学,史美林,张高.计算机操作系统教程(第3版).北京:清华大学出版社,2006

［6］何炎祥,李飞,李宁.计算机操作系统(第2版).北京:清华大学出版社,2011

［7］庞丽萍.计算机操作系统.北京:人民邮电出版社,2010

［8］李大友.操作系统.北京:机械工业出版社,2000

［9］张不同.操作系统原理及应用课程考试仿真试题精解.大连:大连理工大学出版社,2008

［10］严蔚敏,吴伟民.数据结构题集(C语言版).北京:清华大学出版社,2008

［11］严蔚敏,吴伟民.数据结构(C语言版).北京:清华大学出版社,2008

［12］傅清祥,王晓东.算法与数据结构.北京:电子工业出版社,2001

［13］郑守春.计算机软件技术基础.大连:大连理工大学出版社,2001

［14］谭耀铭.操作系统.北京:中国人民大学出版社,2007

［15］徐士良,朱明方.软件应用技术基础.北京:清华大学出版社,2011

［16］王斌君.面向对象的方法学与C＋＋语言.北京:清华大学出版社,2012

［17］张国峰.面向对象的程序设计与C＋＋教程.北京:电子工业出版社,1995

［18］何亮等.Visual C＋＋程序开发指南(一)概念与实例.北京:科学出版社,1995